기 하 학

유클리드 기하학 비유클리드 기하학

윤 갑 진 지음

KyoWooSa 教友社

머리말

이 책은 수학을 전공하는 학생들이 학부 2학년 때 배우는 기하학개론 과정에 적합하도록 구성되었다. 중·고등학교에서 직관적으로 배우는 유클리드 기하학을 공리론적 방법을 사용하여 보다 엄밀하고 추상적으로 다루었으며 유클리드의 다섯 번째 공리인 평행공리에 대한 역사적 배경과 동치인 명제들을 언급하였다. 또한 평행공리의 부정으로부터 비유클리드 기하학이 발생한 과정을 설명하고 특히 비유클리드 기하학인 쌍곡기하학과 유클리드 기하학의 차이점에 대하여 다루었다. 평행공리는 내각의 합이 180°인 삼각형의 존재성과 동치이며 이는 직사각형의 존재성과도 동치이다. 따라서 유클리드 기하학에서는 자연스럽게 받아들여지는 내각의 합이 180°인 삼각형과 직사각형의 존재성이 쌍곡기하학에서는 더 이상 존재하지 않는다. 실제로 쌍곡기하학에서는 삼각형의 내각의 합이 180°보다 작으며 직사각형은 존재하지 않는다. 또한 쌍곡기하학에서는 두 삼각형이 서로 닮음이면 합동이다. 이와 같이 우리가 살고 있는 세상과는 어울리지 않아 보이는 쌍곡기하학은 리만(Riemann)을 거쳐 유클리드 기하학과 비유클리드 기하학을 아우르는 보다 일반적인 리만기하학(Riemannian geometry)으로 발전되었으며 20세기 초 아인슈타인의 일반상대성 이론에서 리만기하학을 사용함으로써 비유클리드 기하학뿐만 아니라 리만기하학은 가치를 인정받게 되었다.

이 책은 비유클리드 기하학의 대표적인 것으로 쌍곡기하학과 구면기하학에 대하여 다루었으며 특히 기하학의 기본이 되는 도형인 삼각형에 대한 여러 가지 성질에 대하여 알아보았다. 유클리드 기하학에서 삼각형에 대하여 여러 가지 성질이 성립하듯이 쌍곡기하학과 구면기하학에서도 삼각형에 대하여 유클리드 기하학과 비슷한 성질이 성립한다. 대표적인 성질로 사인법칙과 코사인법칙

등 삼각형에 대한 삼각함수를 들 수 있다.

이 책은 한 학기용으로 사용할 수 있도록 구성되었다. 1장에서는 유클리드 기하학의 시발점인 유클리드의 다섯 가지 공리에 대하여 언급하였으며, 유클리드 기하학의 불완전성을 보강한 힐베르트의 공리군인 결합공리, 순서공리, 합동공리와 연속공리에 대하여 다루고 이로부터 얻을 수 있는 잘 알려진 성질에 대하여 다루었다. 2장에서는 유클리드 평행공리의 부정으로부터 얻을 수 있는 비유클리드 기하학인 쌍곡기하학과 그 모형인 푸앵카레 모형에 대하여 언급하였으며, 쌍곡기하학의 독립성과 무모순성에 대하여 다루었다. 특히 유클리드 기하학에서도 중요한 반전사상(inversion)을 이용하여 쌍곡기하학의 여러 가지 성질들을 증명하였다. 3장에서는 유클리드 평면에서 거리를 보존하는 사상인 유클리드 등장사상(isometry)에 대하여 다루었다. 1872년 클라인(Klein)은 그의 ErLangen Program에서 기하학과 등장사상의 중요성에 대하여 언급하였다. 이와 같은 관점에서 살펴보면 기하학에서 등장사상은 매우 중요하다. 이 책에서는 유클리드의 등장사상에 대하여 가급적이면 좌표를 도입하지 않고 이론을 전개하였으며 마지막 부분에 좌표를 도입하여 등장사상을 구체적으로 나타내고 벡터를 이용하여 나타내기도 하였다. 4장에서는 쌍곡기하학의 모형인 쌍곡반평면(hyperbolic half-space)에 대하여 쌍곡거리와 쌍곡넓이 등 여러 가지 성질을 다루었다. 그러나 쌍곡기하학에서 쌍곡거리를 보존하는 쌍곡등장사상은 매우 복잡한 구조를 지니고 있기 때문에 유클리드 기하학에서 다루었던 내용을 참고하여 기본적인 쌍곡등장사상만을 언급하였다. 4장 끝부분에서는 복소수를 도입하여 복소평면에서 쌍곡기하학을 나타내고, 복소함수를 이용하여 쌍곡등장사상을 표현하였다. 5장에서는 유클리드의 평행공리에 대한 불능이 성립하는 구면기하학(타원기하학)에 대하여 측지삼각형의 각과 넓이, 삼각함수 등에 대하여 다루었다. 6장에서는 기하학적 대상을 어떤 직선이나 평면에 정사영시킨 도형에 대하여 고찰하는 사영기하학에 대한 기본적인 내용을 다루었다.

기하학의 이론을 전개하는 데에는 좌표를 도입하여 기하학적 대상이나 도형을 좌표로 나타내고 이를 이용하여 기하학적 성질들을 증명하는 방법이 있고, 좌표를 도입하지 않고 기하학적 공리나 사실 등을 이용하여 기하학적 성질을 논증적으로 증명하는 방법이 있다. 이 책은 기본적으로 후자의 방법을 따랐으며 필요한 경우나 필요한 부분에서는 전자의 방법을 도입하기도 하였다. 후자의 장

점은 모든 내용이 수학적 논리를 바탕으로 하기 때문에 수학을 전공하는 입장에서 연역적 추론이나 귀납적 추론 등 수학을 하는 힘의 바탕인 논리력을 키울 수 있다는 것이고 단점으로는 이 방법이 학생들에게 어렵게 느껴진다는 것이다. 유클리드의 경우 직관적으로 당연한 사실처럼 보이는 것을 공리나 다른 기초적인 사실을 이용하여 증명한다는 것이 언뜻 보기에는 불필요해 보이기도 하고 어렵게 느껴지기도 한다. 그러나 인류는 이러한 논리적 힘을 바탕으로 수학을 발전시켜 오늘날의 문명을 이루게 되었다.

본 교재를 통하여 학생들이 기하학개론 과정에서 충분한 성과를 거두어 소기의 목적을 달성하기를 바라는 마음 간절하다. 끝으로 여러 가지 어려움 속에서도 본 교재가 발간될 수 있도록 도와 준 도서출판 교우사 오판근 사장님과 편집부 직원들에게 감사를 드린다.

2009년 7월

지은이

차례

제 1 장

유클리드 기하학

1.1 유클리드의 공리

무정의 용어(undefined term)

어떤 명제가 참임을 수학적으로 증명하기 위해서는 정당화할 필요가 없는 기본적인 사실을 이용한다. 이와같이 정당화할 필요가 없는 기본적인 사실은 모든 사람들이 참임을 인정할 수 있는 내용으로 이를 수학적으로 '공리'라고 한다. 또한 우리가 수학에서 사용하는 언어와 용어를 모두 설명한다는 것은 매우 불합리하고 비효율적이다. 한 용어를 정의하기 위해 다른 용어를 사용하고 다시 이 용어를 정의하기 위해 또 다른 용어를 사용하면 제자리걸음에서 나아가지 못할 수 있다. 유클리드는 모든 기하학적 용어를 정의하려고 시도했지만 우리는 [5]과 같이 무정의 용어를 사용하기로 하고 필요할 때 새로이 정의하는 것으로 한다.

- 점(point)
- 직선(line)
- 위에 있다(lie on) (예: 두 점이 한 직선 위에 있다.)
- 사이(between) (예: 점 C가 점 A와 점 B 사이에 있다.)
- 합동(congruent)

유클리드의 공리

공리 1.1.1 (유클리드 공리 I) 서로 다른 두 점 P, Q를 지나는 직선은 오직 하나뿐이다.

다시 말해서, '서로 다른 두 점은 한 직선을 유일하게 결정한다'고 할 수 있다. 두 점 P, Q를 지나는 유일한 직선을 $\overleftrightarrow{PQ}$로 나타낸다.

그림 1.1.

정의 1.1.2 서로 다른 세 점 A, B, C가 같은 직선을 결정하고 점 B가 점 A와 점 C 사이에 있을 때, 기호 $A * B * C$ 또는 $C * B * A$로 나타낸다.

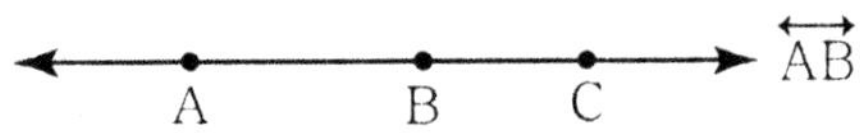

그림 1.2.

유클리드의 두 번째 공리를 이야기하기 위하여 이미 알고 있는 내용인 선분의 정의를 하자. 이때 한 점이 다른 두 점 사이에 있다는 기호 $A * B * C$를 이용하면 선분의 정의를 다음과 같이 집합의 형태로 나타낼 수 있다.

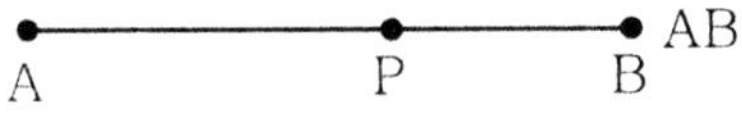

그림 1.3.

정의 1.1.3 서로 다른 두 점 A, B에 대하여 점 A와 B 사이의 점과 A, B로 이루어진 집합을 **선분**(segment)이라 하고 기호 AB로 나타낸다. 즉,

$$AB = \{P \mid A * P * B \quad \text{또는} \quad P = A,\ P = B\}$$

이때 두 점 A, B를 선분 AB의 **끝점**(end point)이라고 한다.

두 번째 유클리드의 공리는 임의의 선분 AB와 또 다른 선분 CD에 대하여 선분 AB는 선분 CD와 합동인 선분으로 연장될 수 있음을 보장해준다.

공리 1.1.4 (유클리드 공리 II) 두 선분 AB, CD에 대하여, $A * B * E$이고 선분 BE가 선분 CD와 합동이 되는 점 E가 유일하게 존재한다.

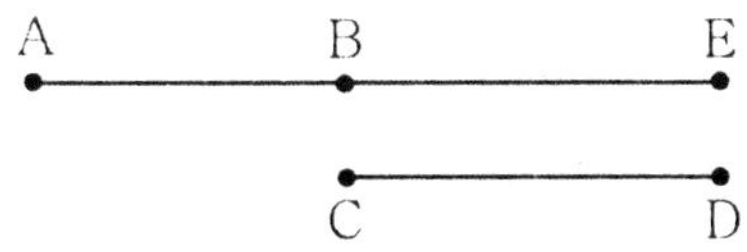

그림 1.4.

두 선분 BE와 CD가 합동일 때, 기호 $BE \cong CD$로 나타낸다.

정의 1.1.5 두 점 O, A에 대하여 선분 OP가 선분 OA와 합동이 되는 모든 점 P의 집합을 **원**이라 한다. 이때 O를 원의 **중심**, 선분 OP를 **반지름**이라고 한다.

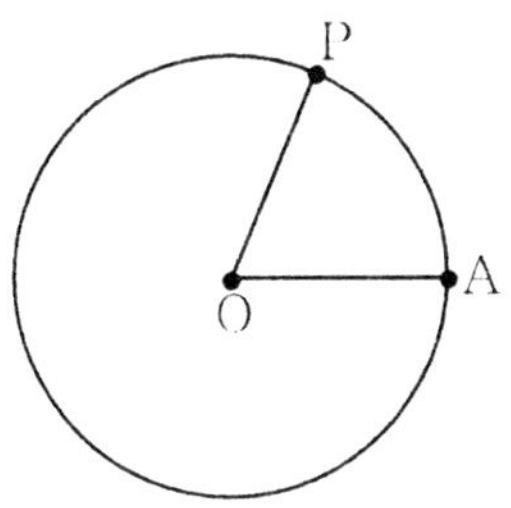

그림 1.5.

모든 기하학적 대상은 자기 자신과 항상 합동이라는 것을 가정한다. 따라서 $OA \cong OA$이므로 점 A도 중심이 O이고 반지름이 OA인 원에 속한다.

공리 1.1.6 (유클리드 공리 III) 서로 다른 두 점 O, A에 대하여 중심이 O이고 반지름이 OA인 원이 존재한다.

정의 1.1.7 두 점 A, B에 대하여 $A * P * B$ 또는 $A * B * P$인 모든 점 P와 두 점 A, B의 합집합을 **반직선**(ray)이라 하고 기호 $\overrightarrow{AB}$로 나타낸다. 즉

$$\overrightarrow{AB} = \{P \mid A * B * P\} \cup AB$$

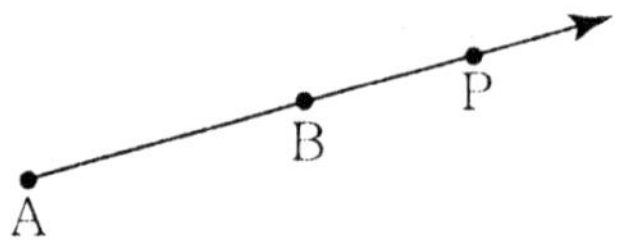

그림 1.6.

두 점 A, B에 대하여 $\overrightarrow{AB}$를 점 A에서 방사(放射, emanating)되는 반직선이라고 하고, A를 반직선 $\overrightarrow{AB}$의 **꼭짓점**이라고 한다.

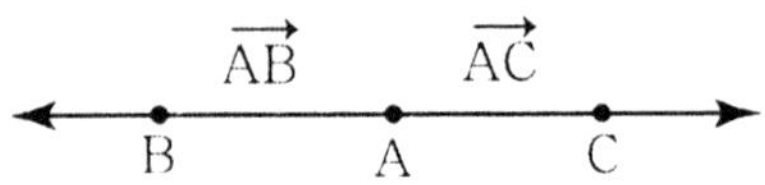

그림 1.7.

정의 1.1.8 $\overrightarrow{AB}$와 $\overrightarrow{AC}$가 꼭짓점 A에서 방사된 서로 다른 반직선이고 $\overleftrightarrow{AB} = \overleftrightarrow{AC}$일 때, $\overrightarrow{AB}$와 $\overrightarrow{AC}$를 **반향반직선**(opposite rays)이라고 한다(그림 1.7).

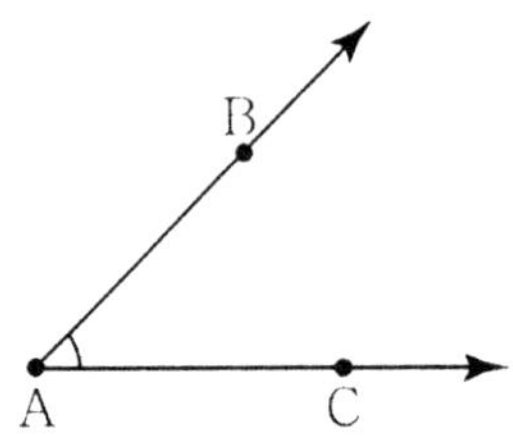

그림 1.8.

정의 1.1.9 반향반직선이 아닌 두 반직선 $\overrightarrow{AB}$, $\overrightarrow{AC}$와 점 A를 한 조로 하는 쌍을 꼭짓점이 A인 **각**(angle)이라고 한다. 이때 반직선 $\overrightarrow{AB}$와 반직선 $\overrightarrow{AC}$를 각 A의 **변**(side)이라고 한다(그림 1.8).

두 반직선 $\overrightarrow{AB}$, $\overrightarrow{AC}$와 점 A로 주어지는 꼭짓점이 A인 **각**을 $\angle A$, $\angle BAC$ 또는 $\angle CAB$로 나타낸다.

정의 1.1.10 두 각 ∠BAD와 ∠CAD에 대하여 $\overrightarrow{\text{AD}}$가 공통변이고 나머지 두 변 $\overrightarrow{\text{AB}}$와 $\overrightarrow{\text{AC}}$가 반향반직선일 때, 각 ∠BAD와 ∠CAD가 서로 **보각**(補角, supplementary angles)이라고 한다.

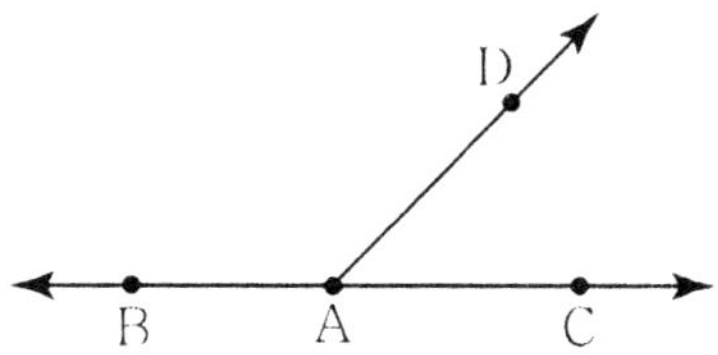

그림 1.9.

유클리드의 네 번째 공리는 각에 관한 내용으로 일반적으로 각은 그 크기로 정의할 수 있다. 그러나 보각과 무정의 용어인 합동을 사용하면 각의 크기를 말하지 않더라도 직각을 정의할 수 있다.

정의 1.1.11 각 ∠BAD가 그의 보각과 합동일 때, 각 ∠BAD를 **직각**(直角, right angle)이라고 한다.

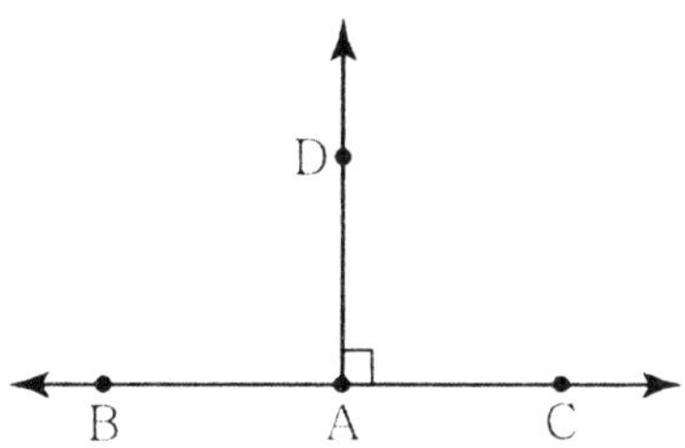

그림 1.10.

공리 1.1.12 (유클리드 공리 IV) 모든 직각은 서로 합동이다.

이 공리는 어떤 의미에서 동질성을 표현하고 있다. 즉, 두 직각이 서로 아무리 멀리 떨어져 있다고 해도 그것은 동일한 크기를 갖는다는 것을 나타낸다. 따라서 유클리드의 네 번째 공리는 각의 측정이나 크기에 대한 기준을 제공한다.

평행공리

정의 1.1.13 두 직선 l과 m이 만나지 않을 때, 즉 공유점을 갖지 않을 때 두 직선은 **평행하다**(parallel)고 하고, 기호 $l \parallel m$로 나타낸다.

그림 1.11.

정의 1.1.14 직선 t가 두 직선 l, m과 서로 다른 점에서 만날 때, t를 직선 l과 m의 **횡선**(橫線, transversal)이라고 한다.

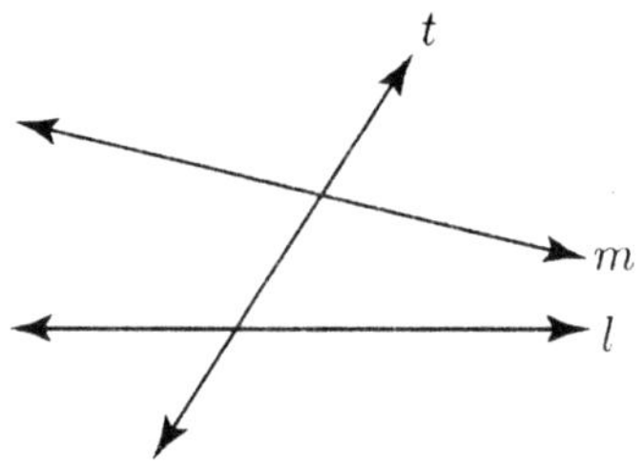

그림 1.12.

공리 1.1.15 (유클리드 공리 V; 평행공리) 두 직선 l과 m의 횡선 t에 대하여 t의 한 쪽에서 만들어지는 두 내각의 합이 $180°$보다 작으면 직선 l과 직선 m은 같은쪽에서 만난다.

유클리드의 평행공리를 설명하기 위해서는 횡선에 의해 만들어지는 내각과 직선에 의해 주어지는 반평면의 개념을 정의해야만 한다. 이에 대한 정의와 설명은 뒤에서 하기로 하고 여기에서는 우선 유클리드의 평행선공리와 동치인 공리를 언급하기로 한다.

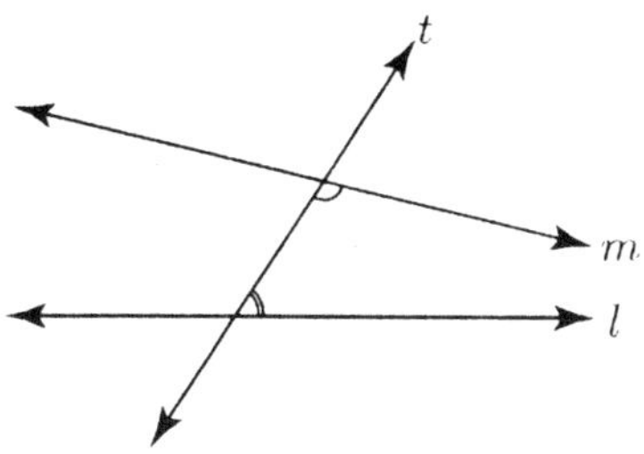

그림 1.13.

공리 1.1.16 (플레이페어의 평행공리) [1] 한 직선 l과 직선 l 위에 있지 않은 점 P에 대하여, 점 P를 지나고 직선 l과 평행한 직선이 유일하게 존재한다.

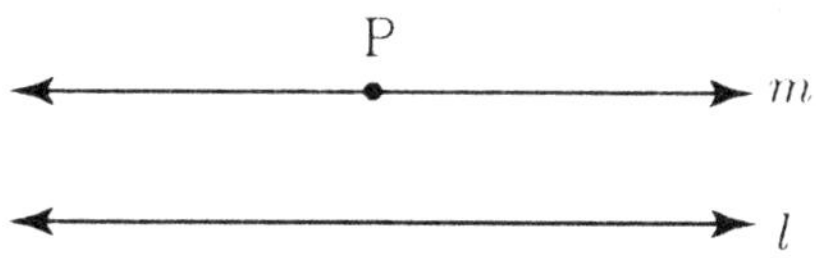

그림 1.14.

공리 1.1.17 (힐베르트의 평행공리) [2] 한 직선 l과 직선 l 위에 있지 않은 점 P에 대하여, 점 P를 지나고 직선 l과 평행한 직선이 많아야 하나 존재한다.

정리 1.1.18 다음은 서로 동치이다.

(1) 유클리드의 평행공리

(2) 플레이페어의 평행공리

(3) 힐베르트의 평행공리

(4) 삼각형의 내각의 합은 180°이다.

정리 1.1.18의 증명은 6절에서 하기로 한다.

---

[1] J. Playfair (1748-1818); 영국의 수학자·지질학자

[2] D. Hilbert (1862-1943); 독일의 수학자

1.2 결합공리

1절에서 '점', '선', '위에 있다', '사이', '합동'이라는 용어를 무정의 용어로 사용했듯이 이 절에서는 '결합'(incident)이라는 용어를 무정의 용어로 사용하기로 한다.

공리 1.2.1 (결합공리 I) 임의의 두 점 P, Q에 대하여, $P \neq Q$이면 P, Q와 결합되어 있는 직선 l이 유일하게 존재한다.

다시 말해서, 서로 다른 임의의 두 점 P, Q에 대하여 P와 Q를 지나는 직선 l이 유일하게 존재한다.

공리 1.2.2 (결합공리 II) 임의의 직선 l에 대하여, l과 결합되어 있는 점이 적어도 두 개 존재한다.

결합공리 II에 의하여 임의의 직선 l 위에는 항상 적어도 두 점이 존재한다.

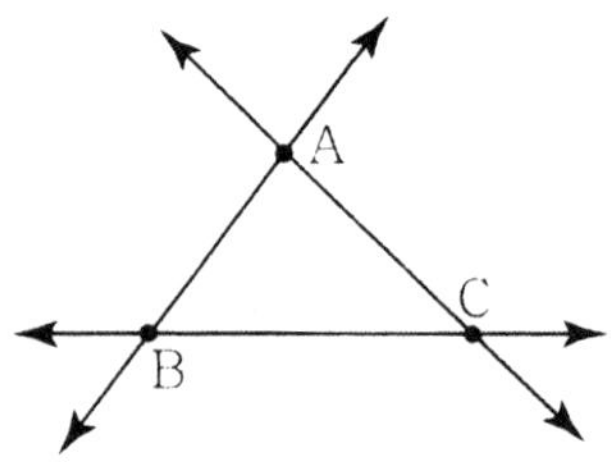

그림 1.15.

공리 1.2.3 (결합공리 III) 어떤 직선도 동시에 결합되어 있지 않은 서로 다른 세 점이 존재한다(그림 1.15).

결합공리 III은 다음과 같이 두 부분으로 나누어서 설명할 수 있다.

(i) 서로 다른 세 점 A, B, C가 존재한다.

(ii) 임의의 직선 l에 대하여 A, B, C 중에서 l에 있지 않은 점이 적어도 하나 존재한다.

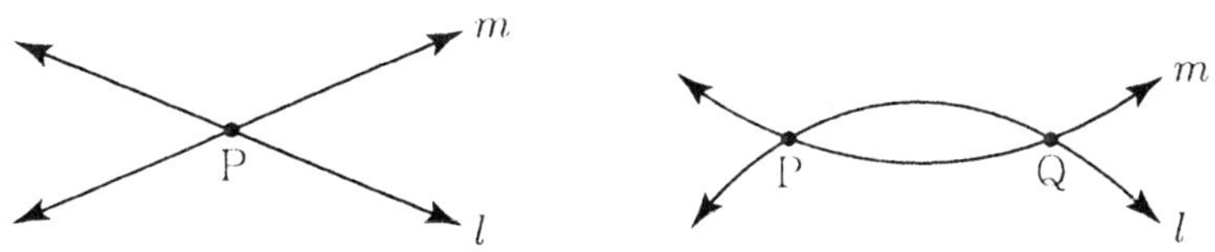

그림 1.16.

정리 1.2.4 평행이 아닌 서로 다른 두 직선은 오직 한 점에서 만난다.

증명. 두 직선 l, m이 평행하지 않으면 서로 만난다. 만일 서로 다른 두 점 P, Q에서 만나면 l과 m은 모두 두 점 P, Q와 결합되어 있다. 따라서, 결합공리 I의 유일성에 의하여 $l = m$이다. ∎

정리 1.2.5 임의의 직선에 대하여 그 위에 있지 않은 점이 적어도 하나 존재한다.

증명. 결합공리 III에 의하여 어떤 직선도 동시에 결합되어 있지 않은 서로 다른 세 점 A, B, C가 존재한다. 따라서, 임의의 직선 l에 대하여 세 점 A, B, C 중에서 직선 l에 있지 않는 점이 적어도 하나 존재한다. ∎

정리 1.2.6 임의의 점 P에 대하여 그 점을 지나지 않는 직선이 적어도 하나 존재한다.

증명. 결합공리 III에 의하여 어떤 직선도 동시에 결합되어 있지 않은 서로 다른 세 점 A, B, C가 존재한다. $P \neq B$라고 가정하면 점 P는 직선 $\overleftrightarrow{AB}$에 있지 않거나 직선 $\overleftrightarrow{BC}$에 있지 않다. ∎

정리 1.2.7 임의의 점 P에 대하여 P를 지나는 직선이 적어도 두 개 존재한다.

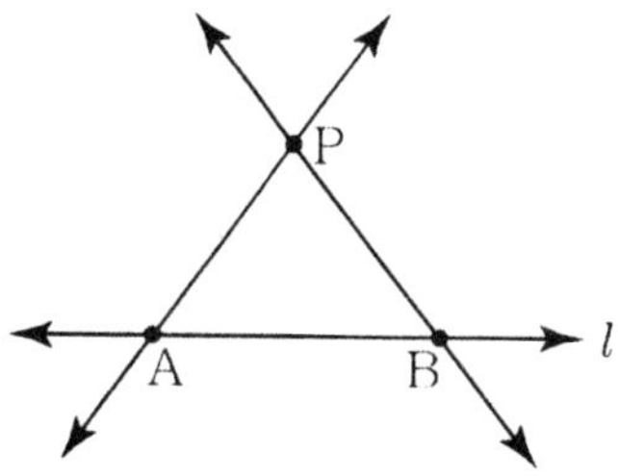

그림 1.17.

증명. 정리 1.2.6에 의하여 점 P를 지나지 않는 직선 l이 존재한다. 결합공리 II에 의하여 직선 l과 결합되어 있는 점이 적어도 두 개 존재하므로 이를 A, B라고 하자. 이때 두 직선 $\overleftrightarrow{AP}$, $\overleftrightarrow{BP}$는 점 P를 지나는 서로 다른 두 직선이다. ∎

정리 1.2.8 **한 점에서 만나지 않는 서로 다른 세 직선이 존재한다.**

증명. 결합공리 III에 의하여 어떤 직선도 동시에 결합되어 있지 않은 서로 다른 세 점 A, B, C가 존재한다. 특히, 점 A는 직선 $\overleftrightarrow{BC}$와 결합되어 있지 않고, 점 B는 직선 $\overleftrightarrow{AC}$와 점 C는 직선 $\overleftrightarrow{AB}$와 결합되어 있지 않으므로 세 직선 $\overleftrightarrow{AB}$, $\overleftrightarrow{BC}$, $\overleftrightarrow{AC}$는 모두 서로 다른 직선이다. 특히 세 직선 $\overleftrightarrow{AB}$, $\overleftrightarrow{BC}$, $\overleftrightarrow{AC}$는 한 점에서 만나지 않는다. ∎

1.3 순서공리

순서공리의 필요성을 알아보기 위하여 유클리드 기하학에서 잘 알려진 성질인 '이등변삼각형의 두 밑각은 합동이다'에 대한 다음 증명을 살펴보자.

정리 1.3.1 **삼각형 $\triangle ABC$에서 $AB \cong AC$이면 $\angle B \cong \angle C$이다.**

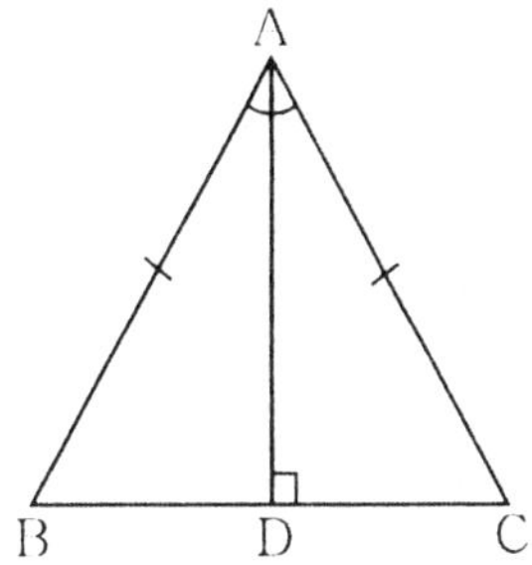

그림 1.18.

증명. 각 $\angle A$의 이등분선이 선분 BC와 점 D에서 만나면 삼각형 $\triangle ABD$와 $\triangle ACD$에서 선분 AD는 공통변이고

$$AB \cong AC, \quad \angle BAD \cong \angle CAD$$

이므로 SAS 합동판정법에 의하여 $\triangle ABD \cong \triangle ACD$이다. 따라서 $\angle B \cong \angle C$이다. ∎

위의 증명에서 각 $\angle A$의 이등분선이 직선 $\overleftrightarrow{BC}$ 또는 선분 BC와 만나다는 것에 대한 타당한 설명이 없을 뿐만 아니라, 더욱이 $B * D * C$가 성립한다는 것을 유클리드의 공리나 이로부터 증명된 정리를 이용하여 보일 수가 없다(그림 1.19).

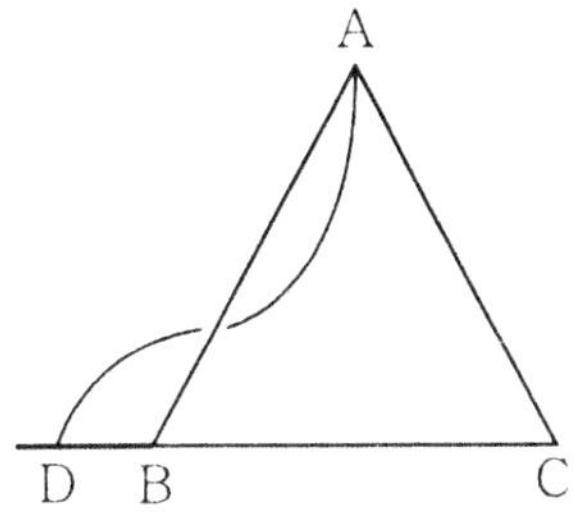

그림 1.19.

이와 같이 유클리드 기하학의 불충분한 부분을 보다 더 엄밀하게 설명하기 위해 순서공리가 필요하다.

직선 l 위에 있는 서로 다른 세 점 A, B, C에 대하여, 점 B가 점 A와 점 C 사이에 있을 때 기호 $A * B * C$ 또는 $C * B * A$로 나타내었다.

공리 1.3.2 (순서공리 I) $A * B * C$이면 $C * B * A$이다.

공리 1.3.2로부터 $A * B * C$이면 점 B는 점 C와 A 사이에 있다고 말할 수 있다. 즉, A와 C를 말하는 순서가 문제되지 않음을 말해준다.

공리 1.3.3 (순서공리 II) 서로 다른 두 점 B, D에 대하여 직선 $\overleftrightarrow{BD}$ 위에

$$A * B * D, \quad B * C * D, \quad B * D * E$$

인 서로 다른 세 점 A, C, E가 존재한다.

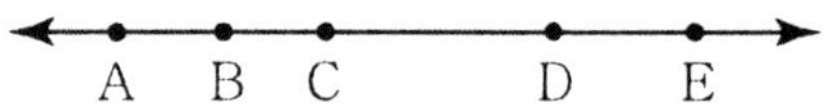

그림 1.20.

순서공리 II는 점 B와 D 사이에도 점이 있고 직선 $\overleftrightarrow{BD}$가 B와 D에서 끝나지 않음을 보장해준다.

공리 1.3.4 (순서공리 III) A, B, C가 한 직선 l에 있는 서로 다른 세 점이면

$$A * B * C, \quad A * C * B, \quad B * A * C$$

중 오직 하나만 성립한다.

다시 말해서, A, B, C가 한 직선에 있는 서로 다른 세 점이면 그 중 한 점만이 다른 두 점 사이에 있다.

정리 1.3.5 임의의 두 점 A, B에 대하여

(1) $\overrightarrow{AB} \cap \overrightarrow{BA} = AB$ (2) $\overrightarrow{AB} \cup \overrightarrow{BA} = \overleftrightarrow{AB}$

증명. (1) 선분과 반직선의 정의에 의하여

$$\mathrm{AB} \subset \overrightarrow{\mathrm{AB}}, \quad \mathrm{AB} \subset \overrightarrow{\mathrm{BA}}$$

이므로

$$\mathrm{AB} \subset \overrightarrow{\mathrm{AB}} \cap \overrightarrow{\mathrm{BA}}$$

이다. 역으로, C가 $\overrightarrow{\mathrm{AB}} \cap \overrightarrow{\mathrm{BA}}$에 속하는 점이라고 하자. $\mathrm{C} = \mathrm{A}$ 또는 $\mathrm{C} = \mathrm{B}$이면 $\mathrm{C} \in \mathrm{AB}$이므로 A, B, C가 모두 다른 세 점이라고 하자. 그러면 순서공리 I에 의해

$$\mathrm{A} * \mathrm{C} * \mathrm{B}, \quad \mathrm{A} * \mathrm{B} * \mathrm{C}, \quad \mathrm{C} * \mathrm{A} * \mathrm{B}$$

중 오직 하나만 성립한다. $\mathrm{A} * \mathrm{B} * \mathrm{C}$가 성립하면 $\mathrm{C} \notin \overrightarrow{\mathrm{BA}}$이고 $\mathrm{C} * \mathrm{A} * \mathrm{B}$가 성립하면 $\mathrm{C} \notin \overrightarrow{\mathrm{AB}}$이므로 $\mathrm{A} * \mathrm{C} * \mathrm{B}$가 성립해야만 한다. 따라서 $\mathrm{C} \in \mathrm{AB}$이므로

$$\overrightarrow{\mathrm{AB}} \cap \overrightarrow{\mathrm{BA}} = \mathrm{AB}$$

(2)의 증명은 (i)의 증명과 비슷하므로 연습문제로 남긴다. ∎

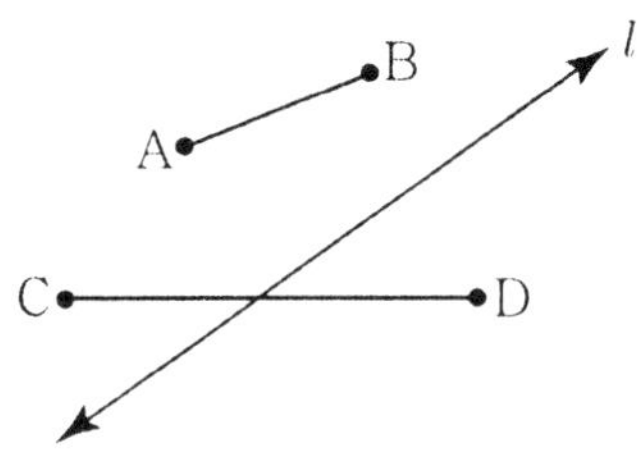

그림 1.21.

정의 1.3.6 직선 l과 직선 밖에 있는 서로 다른 두 점 A, B에 대하여 선분 AB가 직선 l과 만나지 않을 때, 점 A와 점 B는 직선 l에 대하여 **같은쪽에 있다**(on the same side of l)고 한다. 또, 선분 AB가 직선 l과 만날 때, 점 A와 점 B는 직선 l에 대하여 **반대쪽에 있다**(on the opposite side of l)고 한다.

점 A는 자기 자신과 직선 l에 대하여 같은 쪽이 있다.

공리 1.3.7 (순서공리 IV; 분리공리) 한 직선 l 위에 있지 않은 세 점 A, B, C에 대하여

(1) 점 A와 점 B가 직선 l에 대하여 같은쪽에 있고 점 B와 점 C가 l에 대하여 같은쪽에 있으면 점 A와 점 C는 l에 관하여 같은쪽에 있다.

(2) 점 A와 점 B가 직선 l에 대하여 반대쪽에 있고 점 B와 점 C가 l에 대하여 반대쪽에 있으면 점 A와 점 C는 l에 관하여 같은쪽에 있다.

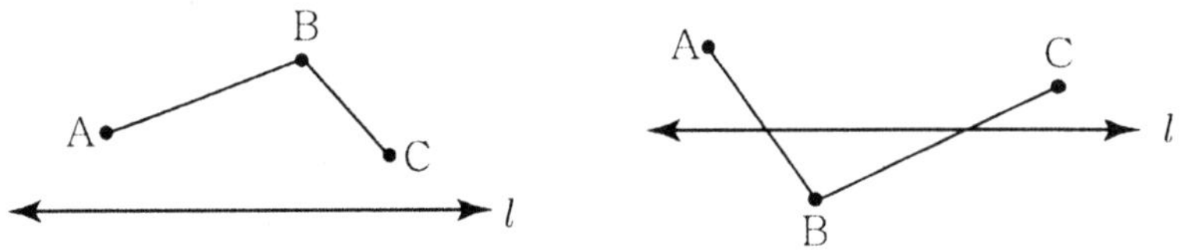

그림 1.22.

순서공리 IV (1)은 우리가 다루는 기하학이 2차원임을 간접적으로 의미한다. 즉, 3차원 공간에서는 일반적으로 그러한 성질이 성립하지 않는다.
점 A가 직선 l 위에 있지 않을 때, 직선 l에 대하여 점 A와 같은 쪽이 있는 점 전체의 집합을 l을 경계로 하고 A를 포함하는 **반평면**(half-plane)이라 하고 기호 H_{A}로 나타낸다.

정리 1.3.8 임의의 직선은 정확히 두 반평면의 경계이고 이들 두 반평면은 어떤 공유점도 갖지 않는다.

증명. 직선 l 위에 있지 않은 점 A와 직선 l 위에 있는 점 O를 택하자 (결합공리 III와 결합공리 II). 순서공리 II에 의해 $\mathrm{B} * \mathrm{O} * \mathrm{A}$인 점 B가 존재한다. 그러면 점 A와 B는 직선 l에 대하여 반대쪽에 있고 따라서, l은 적어도 두 개의 반평면 $H_{\mathrm{A}}, H_{\mathrm{B}}$를 갖는다.
$\mathrm{C} \notin l$이고 $\mathrm{C} \neq \mathrm{A}, \mathrm{C} \neq \mathrm{B}$라고 하자. 점 C가 직선 l에 대하여 점 B와 반대쪽에 있으면 순서공리 IV에 의해 점 C와 점 A는 직선 l에 대하여 같은쪽에 있다. 즉, $\mathrm{C} \in H_{\mathrm{A}}$이다. 따라서, l은 정확히 두 개의 반평면 H_{A}, H_{B}를 갖는다.

만일 $H_A \cap H_B \neq \emptyset$이면 순서공리 IV에 의해 점 A와 점 B는 직선 l에 대하여 같은쪽에 있으므로 모순이다. ■

정리 1.3.9 A ∗ B ∗ C이고 A ∗ C ∗ D이면 B ∗ C ∗ D이고 A ∗ B ∗ D이다.

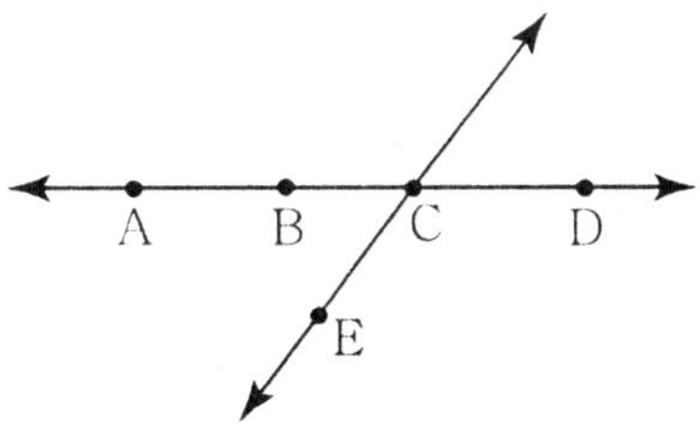

그림 1.23.

증명. 가정에 의해 A, B, C, D는 한 직선 위에 있는 서로 다른 네 점이다. 네 점 A, B, C, D를 지나는 직선 위에 있지 않은 점 E를 택하면(결합공리 III) 선분 AD가 직선 $\overleftrightarrow{EC}$와 점 C에서 만나므로 점 A와 점 D는 직선 $\overleftrightarrow{EC}$에 대하여 반대쪽에 있다.

점 A와 점 B는 직선 $\overleftrightarrow{EC}$에 대하여 같은쪽에 있다는 것을 보이자. 점 A와 점 B가 직선 $\overleftrightarrow{EC}$에 대하여 반대쪽에 있다고 가정하면 선분 AB는 직선 $\overleftrightarrow{EC}$와 만난다. $C \in \overleftrightarrow{AB}$, $C \in \overleftrightarrow{EC}$이고 $AB \subset \overleftrightarrow{EC} \subset \overleftrightarrow{AB} \cap \overleftrightarrow{EC} = \{C\}$이므로 선분 AB와 직선 $\overleftrightarrow{EC}$는 점 C에서 만난다. 따라서 A ∗ C ∗ B이므로 이는 가정 A ∗ B ∗ C에 모순이다. 그러므로 점 A와 점 B는 직선 $\overleftrightarrow{EC}$에 대하여 같은쪽에 있다.

결과적으로 점 A와 점 D는 직선 $\overleftrightarrow{EC}$에 대하여 반대쪽에 있고 점 A와 점 B는 직선 $\overleftrightarrow{EC}$에 대하여 같은쪽에 있으므로 순서공리 IV에 의해 점 B와 점 D는 직선 $\overleftrightarrow{EC}$에 대하여 반대쪽에 있다. 따라서, 직선 $\overleftrightarrow{EC}$와 $\overleftrightarrow{BD}$의 교점 C는 점 B와 점 D 사이에 있다. 즉 B ∗ C ∗ D가 성립한다.
직선 $\overleftrightarrow{EB}$에 위의 증명을 적용하면 A ∗ B ∗ D임을 보일 수 있다. ■

정리 1.3.10 (직선분리성질) C ∗ A ∗ B이고 l이 세 점 A, B, C를 지나는 직선이면 l 위의 임의의 점 P는 반직선 $\overrightarrow{AB}$ 위에 있거나 그의 반향반직선 $\overrightarrow{AC}$ 위에

있다. 즉

$$l = \overrightarrow{AB} \cup \overrightarrow{AC}$$

증명. $P \in l$이고 $P \notin \overrightarrow{AB}$이라고 하자. 그러면

$$P * A * B \tag{1.1}$$

이다. $P = C$이면 $P \in \overrightarrow{AC}$이다. $P \neq C$이면 A, C, P는 직선 l 위의 서로 다른 세 점이므로 순서공리 III에 의해

$$A * C * P, \quad A * P * C, \quad C * A * P$$

중 오직 하나만 성립한다.

$$C * A * P \tag{1.2}$$

가 성립한다고 가정하자. 세 점 B, C, P에 순서공리 III을 적용하면

$$B * C * P, \quad B * P * C, \quad P * B * C$$

중 오직 하나만 성립한다. $P * B * C$이면 $P * A * B$와 정리 1.3.9에 의해 $A * B * C$를 얻는데 이는 가정 $C * A * B$에 모순이다. $B * P * C \equiv C * P * B$이면 $C * A * P$와 정리 1.3.9에 의해 $A * P * B$를 얻는데 이는 (1.1)에 모순이다. $B * C * P$이면 가정 $B * A * C \equiv C * A * B$와 정리 1.3.9에 의해 $A * C * P$를 얻는데 이는 (1.2)에 모순이다. 세 경우 모두 모순이 발생하므로 식 (1.2)의 $C * A * P$는 성립하지 않는다. 따라서 $A * C * P$ 또는 $A * P * C$가 성립하므로 $P \in \overrightarrow{AC}$이다. ∎

정리 1.3.11 (파쉬의 정리) [3] 삼각형 △ABC와 직선 l에 대하여, l이 점 A와 점 B 사이의 한 점에서 변 AB와 교차하면 l은 변 AC 또는 변 BC와 교차한다. 또한, 점 C가 직선 l 위에 있지 않으면 l은 두 변 AC, BC 모두와 동시에 교차하지는 않는다.

---

[3]M. Pasch (1843-1930); 독일의 수학자

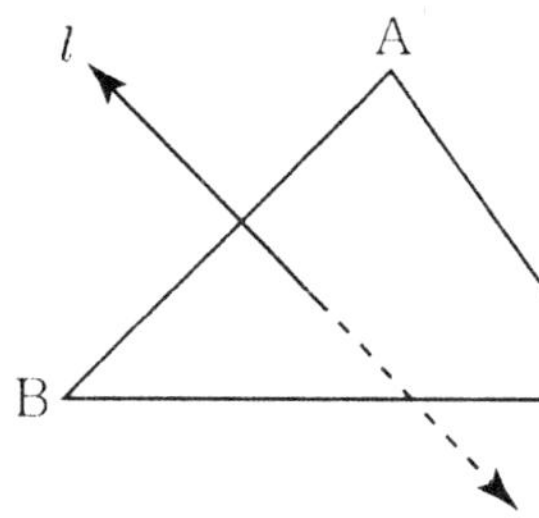

그림 1.24.

증명. 점 C가 직선 l 위에 있으면 정리가 성립하므로 C $\notin l$이라고 가정해도 된다. 가정에 의해 점 A와 점 B는 직선 l에 대하여 반대쪽에 있으므로 직선분리성질(정리 1.3.10)에 의해 점 C는 직선 l에 대하여 점 A와 같은쪽에 있거나 또는 점 B와 같은쪽에 있다. 점 A와 점 C가 직선 l에 대하여 같은쪽에 있으면 순서공리 IV에 의해 점 C와 점 B는 직선 l에 대하여 반대쪽에 있다. 따라서, 선분 BC와 직선 l은 만난다. 마찬가지로 점 C가 직선 l에 대하여 점 B와 같은쪽에 있으면 점 C와 점 A는 직선 l에 대하여 반대쪽에 있으므로 선분 AC와 직선 l은 만난다. ∎

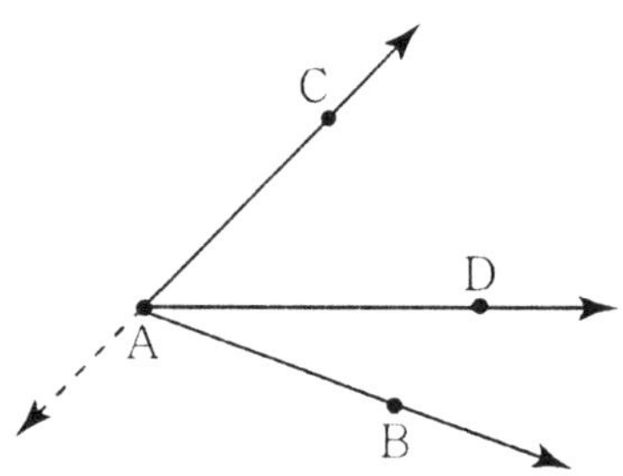

그림 1.25.

정의 1.3.12 각 ∠BAC에서 점 D가 직선 $\overleftrightarrow{AB}$에 대하여 점 C와 같은쪽에 있고 직선 $\overleftrightarrow{BC}$에 대하여 점 B와 같은쪽에 있을 때, 점 D는 각 ∠BAC의 **내부**(interior)에 있다고 한다.

정리 1.3.13 각 $\angle BAC$와 직선 $\overleftrightarrow{BC}$ 위의 점 D에 대하여, 점 D가 각 $\angle CAB$의 내부에 있을 필요충분조건은 $B * D * C$이다.

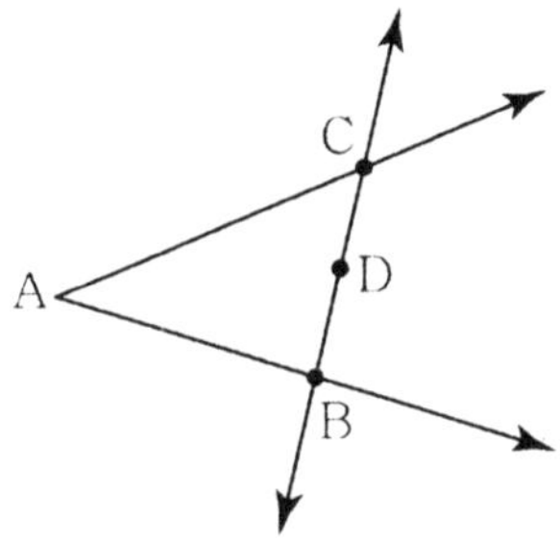

그림 1.26.

증명. 점 D가 각 $\angle CAB$의 내부에 놓여 있으면 $D \neq B, D \neq C$이고 두 점 B, D는 직선 $\overleftrightarrow{AC}$에 대하여 같은쪽에 있고 두 점 C, D는 직선 $\overleftrightarrow{AB}$에 대하여 같은쪽에 있다. $D \in \overleftrightarrow{BC}$이므로 순서공리 III에 의해

$$B * D * C,\ \ B * C * D,\ \ C * B * D$$

중 오직 하나만 성립한다. $B * C * D$이면 두 점 B와 D는 직선 $\overleftrightarrow{AC}$에 대하여 반대쪽에 있으므로 모순이고 같은 이유에 의해 $C * B * D$도 성립하지 않는다. 따라서 $B * D * C$가 성립한다.
역으로 $B * D * C$가 성립하면 $BC \cap \overleftrightarrow{AB} = \{B\}$이므로 $CD \cap \overleftrightarrow{AB} = \emptyset$이다. 또 $BC \cap \overleftrightarrow{AC} = \{C\}$이고 $B * D * C$이므로 $BD \cap \overleftrightarrow{AC} = \emptyset$이다. 따라서 점 D가 각 $\angle CAB$의 내부에 놓여 있다. ∎

도움정리 1.3.14 직선 l과 $A \in l, B \notin l$일 때, 반직선 $\overrightarrow{AB}$ 위의 임의의 점 $P(\neq A)$는 직선 l에 대하여 점 B와 같은쪽에 놓여 있다(그림 1.27).

증명. 연습문제 ∎

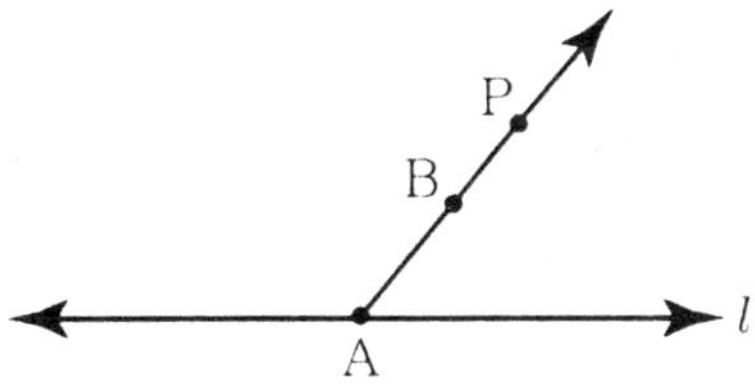

그림 1.27.

정리 1.3.15 점 D가 각 $\angle CAB$의 내부에 놓여 있을 때,

(1) $P \in \overrightarrow{AD}$, $P \neq A$이면 P는 각 $\angle CAB$의 내부에 놓여 있다.

(2) $F * A * D$이면 점 F는 각 $\angle CAB$의 내부에 놓여 있지 않다.

(3) $C * A * E$이면 점 B는 각 $\angle DAE$의 내부에 놓여 있다.

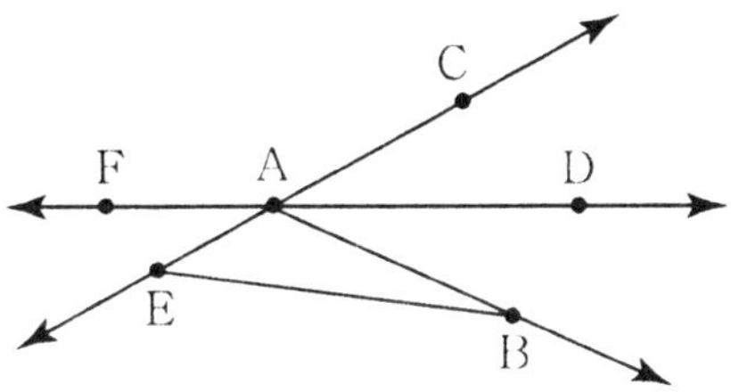

그림 1.28.

증명. 연습문제 ∎

정의 1.3.16 두 반직선 $\overrightarrow{AB}$와 $\overrightarrow{AC}$가 반향이 아니고 점 D가 각 $\angle CAB$의 내부에 있을 때, 반직선 $\overrightarrow{AD}$는 반직선 $\overrightarrow{AB}$와 반직선 $\overrightarrow{AC}$ 사이에 있다고 한다.

정리 1.3.17 (횡선정리) 반직선 $\overrightarrow{AD}$가 두 반직선 $\overrightarrow{AB}$와 $\overrightarrow{AC}$ 사이에 있으면 $\overrightarrow{AD}$는 선분 BC와 만난다.

증명. 증명을 두 단계로 나누어 하자.

(단계 1) $\mathrm{BC} \cap \overleftrightarrow{\mathrm{AD}} \neq \emptyset$임을 보이자.

결론을 부정하여 $\mathrm{BC} \cap \overleftrightarrow{\mathrm{AD}} = \emptyset$라고 가정하면 점 B와 점 C는 직선 $\overleftrightarrow{\mathrm{AD}}$에 대하여 같은 쪽에 있다. 이때 $\mathrm{E} * \mathrm{A} * \mathrm{C}$인 점 $\mathrm{E} \in \overleftrightarrow{\mathrm{AC}}$를 택하면 정리 1.3.15에 의해 점 E와 점 B는 직선 $\overleftrightarrow{\mathrm{AD}}$에 대하여 같은 쪽에 있다. 따라서 점 C와 점 E는 직선 $\overleftrightarrow{\mathrm{AD}}$에 대하여 같은 쪽에 있으므로 $\mathrm{CE} \cap \overleftrightarrow{\mathrm{AD}} = \emptyset$이다. 그러나 $\mathrm{CE} \cap \overleftrightarrow{\mathrm{AD}} = \{\mathrm{A}\}$이므로 모순이다.

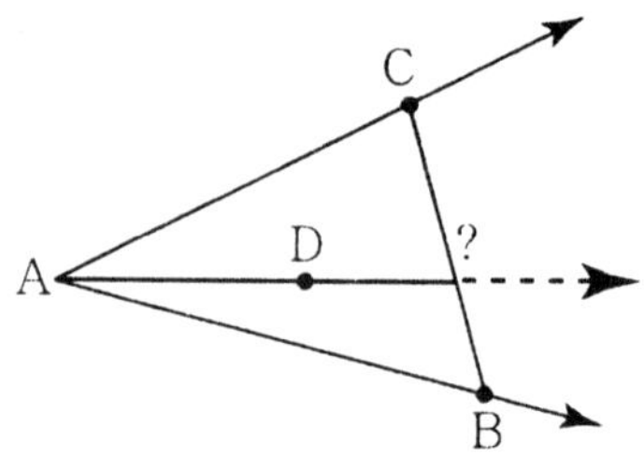

그림 1.29.

(단계 2) $\mathrm{BC} \cap \overrightarrow{\mathrm{AD}} = \emptyset$이면 $\mathrm{BC} \cap \overleftrightarrow{\mathrm{AD}} = \emptyset$임을 증명하자.

선분 BC가 직선 $\overleftrightarrow{\mathrm{AD}}$와 점 F에서 만나면 $\mathrm{BC} \cap \overrightarrow{\mathrm{AD}} = \emptyset$이므로 $\mathrm{F} * \mathrm{A} * \mathrm{D}$가 성립한다. 또 $\mathrm{F} \in \mathrm{BC}$이므로 $\mathrm{B} * \mathrm{F} * \mathrm{C}$이다. 따라서 정리 1.3.13에 의해 $\mathrm{F} \in \mathrm{int}(\angle\mathrm{CAB})$이고 또 $\mathrm{F} * \mathrm{A} * \mathrm{D}$이므로 정리 1.3.15, (b)에 의해 $\mathrm{D} \notin \mathrm{int}(\angle\mathrm{CAB})$이다. 이는 가정 반직선 $\overrightarrow{\mathrm{AD}}$가 두 반직선 $\overrightarrow{\mathrm{AB}}$와 $\overrightarrow{\mathrm{AC}}$ 사이에 있다는 것에 모순이다.

∎

정의 1.3.18 삼각형의 **내부**(interior)는 그의 세 각의 내부의 교집합이다. 한 점이 삼각형의 내부 또는 변 위에 있지 않을 경우 그 점은 삼각형의 **외부**(exterior)에 있다고 한다.

정리 1.3.19 삼각형 $\triangle\mathrm{ABC}$에 대하여

(1) 삼각형 ABC의 외점 P에서 방사된 반직선 r가 변 AB와 만나면 반직선 r는 변 AC 또는 변 BC와 만난다.

(2) 반직선 r가 삼각형 ABC의 내점 Q에서 방사되면 r는 삼각형의 한 변과 만난다. 또, r가 꼭지점을 지나지 않으면 오직 한 변과 만난다.

증명. 파쉬의 정리(정리 1.3.11)의 증명과 비슷하므로 연습문제로 남기기로 한다. ∎

1.4 합동공리

무정의 용어인 '합동'은 선분 사이의 관계나 각의 관계를 나타낼 때 사용한다. 그 동안 선분의 합동, 각의 합동, 삼각형의 합동 등에서 '합동'이라는 용어를 익숙하게 사용하였다. 통상적으로 선분의 길이나 각의 크기 등 기하학적 대상을 수량화했을 때 그 값이 같은 경우에 기하학적 대상들은 서로 합동이라고 할 수 있다.

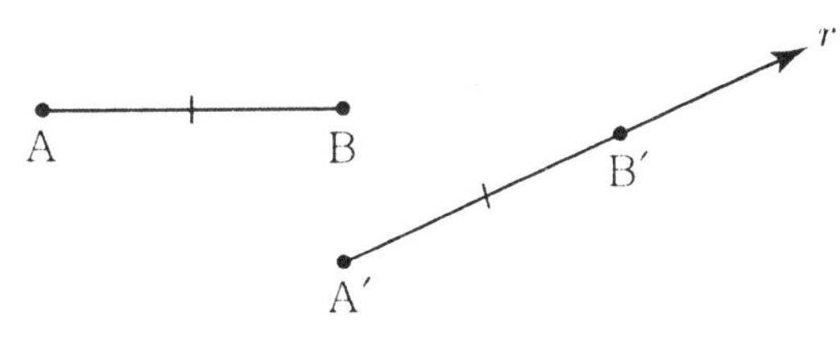

그림 1.30.

공리 1.4.1 (합동공리 I) 서로 다른 두 점 A, B와 점 A′에 대하여 점 A′으로부터 방사되는 반직선 r 위에 $\mathrm{B}' \neq \mathrm{A}'$이고 $\mathrm{AB} \cong \mathrm{A}'\mathrm{B}'$인 점 B′가 유일하게 존재한다.

합동공리 I은 임의의 선분 AB를 임의의 반직선 r 위로 옮겨놓을 수 있다는 것을 의미한다.

공리 1.4.2 (합동공리 II) AB ≅ CD이고 AB ≅ EF이면 CD ≅ EF이다. 특히 모든 선분은 자기 자신과 합동이다.

공리 1.4.3 (합동공리 III) $A * B * C$, $A' * B' * C'$이고 $AB \cong A'B'$, $BC \cong B'C'$이면 $AC \cong A'C'$이다.

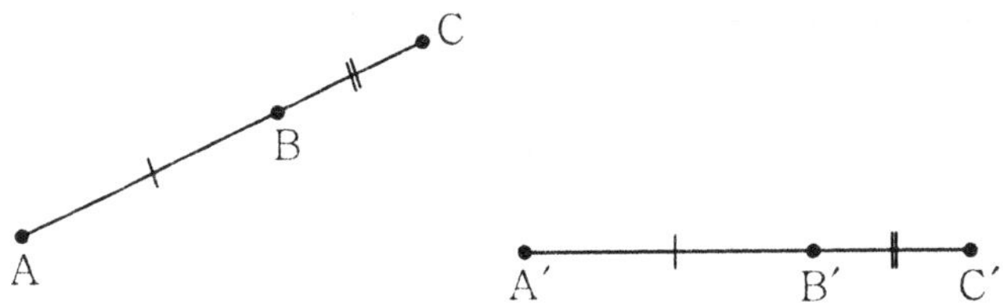

그림 1.31.

합동공리 III은 합동인 선분의 합도 합동임을 의미한다.

공리 1.4.4 (합동공리 IV) 각 ∠BAC와 점 A′에 대하여 반직선 $\overrightarrow{A'B'}$이 주어질 때 직선 $\overleftrightarrow{A'B'}$에 대하여 한 쪽에 $\angle B'A'C' \cong \angle BAC$인 반직선 $\overrightarrow{A'C'}$가 유일하게 존재한다.

그림 1.32.

다시 말해서, 각과 반직선이 주어지고 같은쪽 또는 반대쪽이 주어지면 반직선을 한 변으로 하고 주어진 각과 합동인 각이 유일하게 작도할 수 있다는 것을 의미한다.

공리 1.4.5 (합동공리 V) ∠A ≅ ∠B이고 ∠A ≅ ∠C이면 ∠B ≅ ∠C이다.

도움정리 1.4.6 ∠A ≅ ∠B이면 ∠B ≅ ∠A이다.

증명. $\angle A \cong \angle B$이고 $\angle A \cong \angle A$이므로 합동공리 V에 의해 $\angle B \cong \angle A$이다. ∎

정의 1.4.7 두 삼각형 $\triangle ABC$와 $\triangle EDF$에 대하여 꼭지점의 집합 $\{A, B, C\}$에서 $\{E, D, F\}$로 사상되는 일대일대응이 존재하여 대응하는 각과 대응하는 변이 모두 합동일 때, 두 삼각형 $\triangle ABC$와 $\triangle EDF$는 합동이라 하고, 기호 $\triangle ABC \cong \triangle EDF$로 나타낸다.

공리 1.4.8 (합동공리 VI; SAS 합동판정법) 두 삼각형에서 대응하는 두 변과 그 사잇각이 각각 합동이면 두 삼각형은 합동이다.

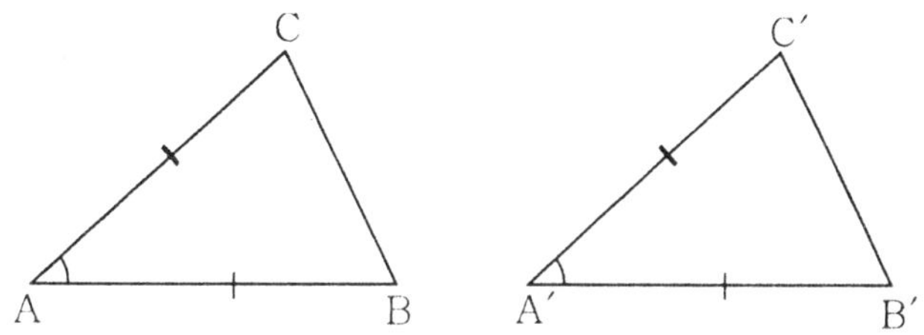

그림 1.33.

정리 1.4.9 $\triangle ABC$에서 $AB \cong AC$이면 $\angle B \cong \angle C$이다.

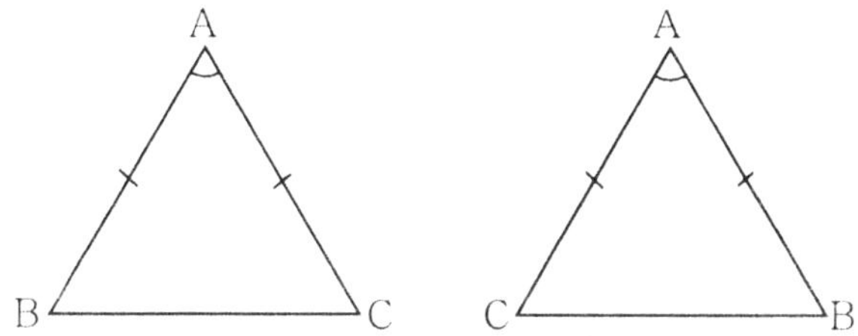

그림 1.34.

증명. 두 삼각형 $\triangle ABC$와 $\triangle ACB$에서 꼭지점의 대응 $A \leftrightarrow A, B \leftrightarrow C, C \leftrightarrow B$를 생각하자. 삼각형의 합동공리 SAS에 의해 $\triangle ABC \cong \triangle ACB$이므로 대응

하는 각 $\angle$B와 $\angle$C는 합동이다. ∎

정리 1.4.10 AC $\cong$ DF이고 A $*$ B $*$ C이면 AB $\cong$ DE이고 D $*$ E $*$ F인 점 E가 유일하게 존재한다.

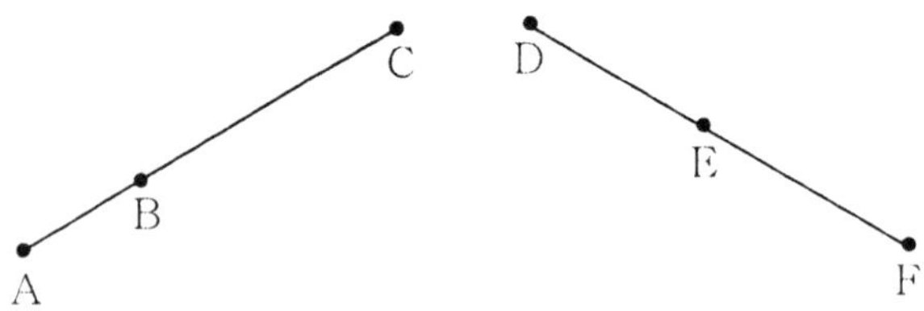

그림 1.35.

증명. 합동공리 I에 의해 AB $\cong$ DE인 점 E가 반직선 $\overrightarrow{DF}$ 위에 유일하게 존재한다. D $*$ E $*$ F가 성립하지 않는다고 가정하면 E $=$ F이거나 D $*$ F $*$ E이다. E $=$ F이면 AC $\cong$ DF $\cong$ DE $\cong$ AB이고 B, C는 반직선 $\overrightarrow{AC}$ 위의 서로 다른 두 점이므로 합동공리 I의 유일성에 모순이다.
D $*$ F $*$ E이면 FE $\cong$ CG인 점 G가 $\overrightarrow{CA}$의 반향반직선 위에 유일하게 존재한다. 그러면 B $\neq$ G이고 합동공리 III에 의해 AG $\cong$ DE이므로 AG $\cong$ DE $\cong$ AB이다. 그러나 B와 G는 반직선 $\overrightarrow{AC}$ 위의 서로 다른 두 점이므로 합동공리 I의 유일성에 모순이다. 그러므로 D $*$ E $*$ F가 성립한다. ∎

정의 1.4.11 두 선분 AB, CD에 대하여 AB $\cong$ CE이고 C $*$ E $*$ D인 점 E가 존재할 때, AB $<$ CD 또는 CD $>$ AB로 나타낸다.

정리 1.4.12 (선분의 순서) (1) 임의의 두 선분 AB, CD에 대하여 다음 세 가지 중 오직 한 경우만 성립한다:

(i) AB $<$ CD (ii) AB $\cong$ CD (iii) AB $>$ CD

(2) AB $<$ CD, CD $\cong$ FE이면 AB $<$ EF

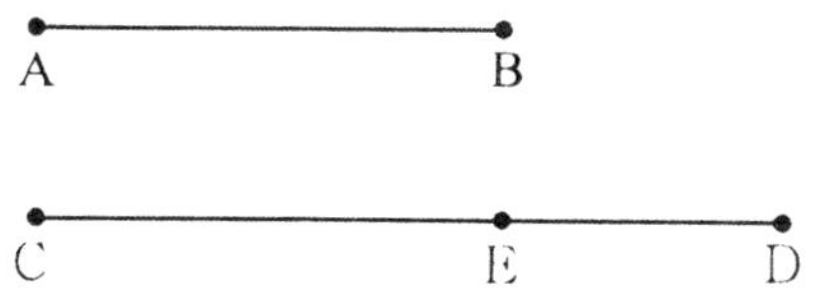

그림 1.36.

(3) AB > CD, CD ≅ EF이면 AB > EF

(4) AB < CD이고 CD < EF이면 AB < EF

증명. 연습문제 ∎

정리 1.4.13 임의의 직선 l과 임의의 점 P에 대하여, 점 P를 지나고 직선 l과 수직인 직선이 존재한다.

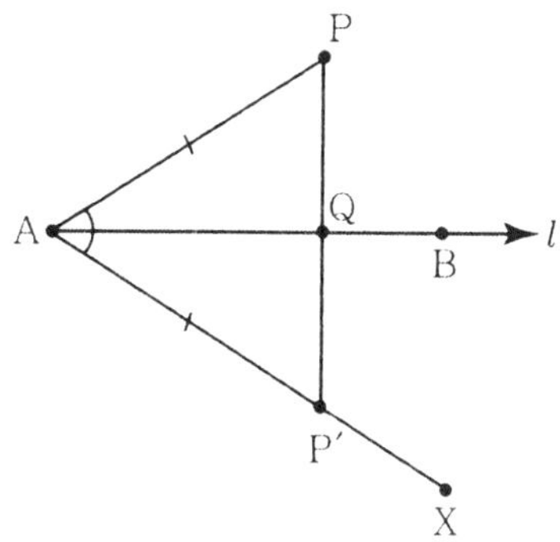

그림 1.37.

증명. 두 가지 경우로 나누어 증명하자.

(i) 점 P가 직선 l 위에 있지 않은 경우

직선 l 위에서 서로 다른 두 점 A, B를 잡자(결합공리 II). 합동공리 IV에 의해 직선 l에 대하여 점 P와 반대쪽에 ∠XAB ≅ ∠PAB인 반직선 $\overrightarrow{AX}$가 존재한다. 합동공리 I에 의해 $AP' \cong AP$인 점 P'이 반직선 $\overrightarrow{AX}$ 위에 존재한다. 두 점 P와 X는 직선 l에 대하여 반대쪽에 있고 두 점 X와 P'은 직선 l에 대하여 같은쪽에 있으므로 순서공리 IV에 의해 점 P와 P'은 직선 l에 대하여 반대쪽에 있다. 즉 $PP' \cap l \neq \emptyset$이다. 선분 PP'과 직선 l의 교점을 Q라고 할 때, $Q = A$이면 $\overleftrightarrow{PP'} \perp l$이다. $Q \neq A$이면 SAS 합동판정법에 의해 $\triangle PAQ \cong \triangle P'AQ$이므로 $\angle PQA \cong \angle P'QA$이고 따라서 $\overleftrightarrow{PP'} \perp l$이다.

(ii) 점 P가 직선 l 위에 있는 경우

결합공리 III에 의해 직선 l 위에 있지 않는 점 R가 존재한다. 위의 (i)에 의해 점 R를 지나고 직선 l에 수직인 직선이 존재하므로 한 직각을 얻는다. 합동공리 IV에 의해 점 P에서 이 직각과 합동인 각이 존재하므로 점 P를 지나고 직선 l에 수직인 직선이 존재한다.

∎

정리 1.4.14 (각의 덧셈) 반직선 $\overrightarrow{BG}$가 두 반직선 $\overrightarrow{BA}$와 $\overrightarrow{BC}$ 사이에 있고, 반직선 $\overrightarrow{EH}$가 두 반직선 $\overrightarrow{ED}$와 $\overrightarrow{EF}$ 사이에 있을 때, $\angle CBG \cong \angle FEH$이고 $\angle GBA \cong \angle HED$이면 $\angle ABC \cong \angle DEF$이다.

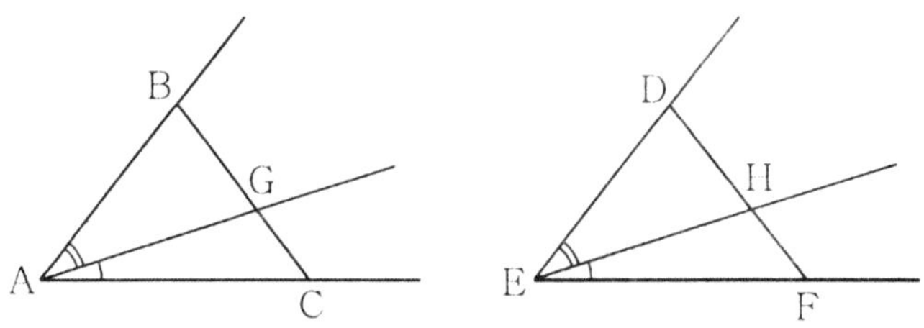

그림 1.38.

증명. 횡선정리(정리 1.3.17)에 의해 $A * G * C$라고 가정해도 된다. 또, 합동공리 I에 의해 $AB \cong ED$, $GB \cong EH$, $CB \cong EF$라고 가정해도 된다. 그러면 SAS 합동판정법에 의해 $\triangle ABG \cong \triangle DEH$, $\triangle GBC \cong \triangle HEF$이다. 따라서

$\angle DHE \cong \angle AGB$, $\angle FHE \cong \angle CGB$이고 $\angle AGB$는 $\angle CGB$의 보각이다. 그러므로 $\angle DHE$는 $\angle FHE$의 보각이고 세 점 D, H, F는 한 직선 위에 있다. 따라서 $D * H * F$가 성립하므로 합동공리 III에 의해 $AC \cong DF$이다. SAS 합동판정법에 의해 $\triangle ABC \cong \triangle DEF$이므로 $\angle ABC \cong \angle DEF$이다. ∎

정의 1.4.15 두 각 $\angle ABC$, $\angle DEF$에 대하여 $\angle ABC \cong \angle GEF$이고 반직선 $\overrightarrow{EG}$가 두 반직선 $\overrightarrow{ED}$와 $\overrightarrow{EF}$ 사이에 있을 때, $\angle ABC < \angle DEF$로 나타낸다.

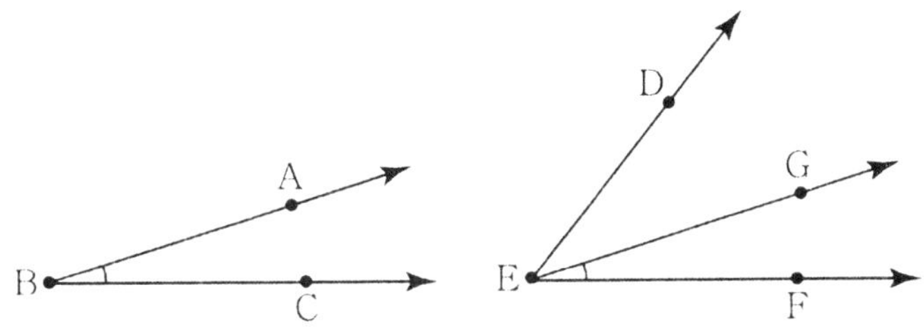

그림 1.39.

정리 1.4.16 (각의 순서성) 각의 크기에 대하여 다음이 성립한다.

(1) 두 각 $\angle P$, $\angle Q$에 대하여 다음 중 오직 하나만이 성립한다.

$$\angle P < \angle Q, \quad \angle P \cong \angle Q, \quad \angle P > \angle Q$$

(2) $\angle P < \angle Q$, $\angle Q \cong \angle R$이면 $\angle P < \angle R$이다.

(3) $\angle P > \angle Q$, $\angle Q \cong \angle R$이면 $\angle P > \angle R$이다.

(4) $\angle P < \angle Q$, $\angle Q < \angle R$이면 $\angle P < \angle R$이다.

증명. 연습문제 ∎

정리 1.4.17 (SSS 합동판정법) $\triangle ABC$와 $\triangle DEF$에서 $AB \cong DE$, $BC \cong EF$, $AC \cong DF$이면 $\triangle ABC \cong \triangle DEF$이다.

증명. AC $\cong$ DF이므로 합동공리 IV와 SAS 합동판정법에 의해 $\triangle$ACG $\cong$ $\triangle$DEF인 점 G가 직선 $\overleftrightarrow{AC}$에 대하여 점 B와 반대쪽에 존재한다. 따라서 A = D, C = F이고 두 점 B와 E는 직선 $\overleftrightarrow{AC} = \overleftrightarrow{DF}$에 대하여 반대쪽에 있다고 가정해도 된다.

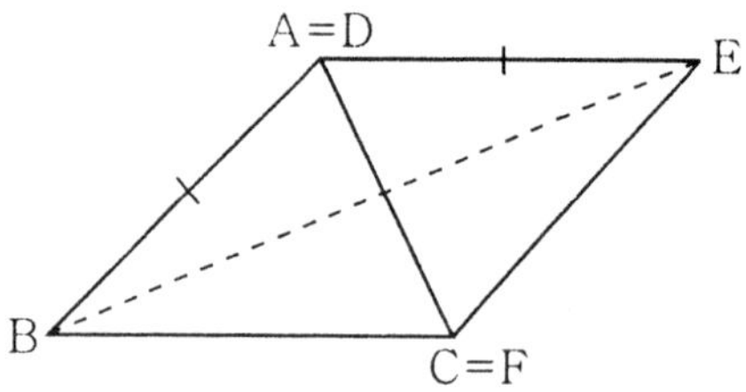

그림 1.40.

(i) 반직선 $\overrightarrow{BE}$가 두 반직선 $\overrightarrow{BA}$와 $\overrightarrow{BC}$ 사이에 있는 경우

가정에 의해 AB $\cong$ AE, BC $\cong$ CE이므로 삼각형 $\triangle$ABE와 삼각형 $\triangle$BCE는 이등변삼각형이다. 따라서

$$\angle ABE \cong \angle AEB, \quad \angle CBE \cong \angle CEB$$

그러므로 각의 덧셈에 대한 정리(정리 1.4.14)에 의해 $\angle$ABC $\cong$ $\angle$AEC이므로 SAS 합동판정법에 의해

$$\triangle ABC \cong \triangle ACE = \triangle DEF$$

이다.

(ii) $\overrightarrow{BE} = \overrightarrow{BA}$ 또는 $\overrightarrow{BE} = \overrightarrow{BC}$인 경우

$\overrightarrow{BE} = \overrightarrow{BA}$라고 가정하자. BC $\cong$ CE이고 $\angle$CBA $\cong$ $\angle$CEA이므로 SAS 합동판정법에 의해 $\triangle$ABC $\cong$ $\triangle$ACE이다

(iii) 반직선 $\overrightarrow{BE}$가 두 반직선 $\overrightarrow{BA}$와 반직선 $\overrightarrow{BC}$ 사이에 있지 않고

또, $\overrightarrow{BE} \neq \overrightarrow{BA}$, $\overrightarrow{BE} \neq \overrightarrow{BC}$인 경우

AB $\cong$ AE이므로 $\angle$ABE $\cong$ $\angle$AEB이다. 또, BC $\cong$ CE이므로 $\angle$CBE $\cong$ $\angle$CEB이다. 따라서 각의 뺄셈(연습문제 22)에 의해 $\angle$CBA $\cong$ $\angle$CEA이므로 SAS 합동판정법에 의해 $\triangle$ABC $\cong$ $\triangle$ACE이다.

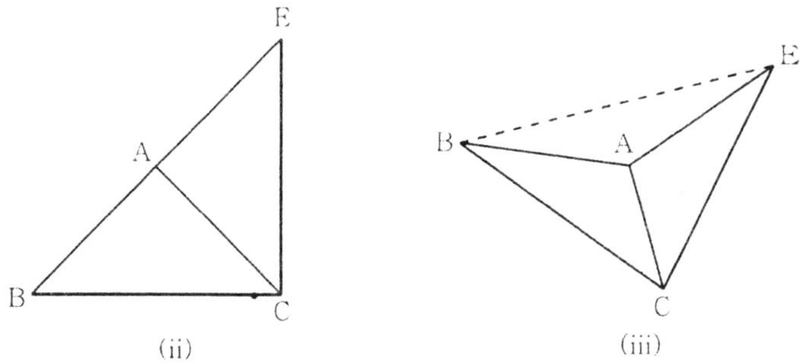

그림 1.41.

∎

다음 정리는 유클리드 공리 IV로 힐베르트의 공리군을 가정하면 증명할 수 있다. 따라서 힐베르트의 공리군이 유클리드의 공리를 완벽하게 보완해주는 것이 아니라 중복되는 것이 존재함을 알 수 있다.

정리 1.4.18 모든 직각은 서로 합동이다.

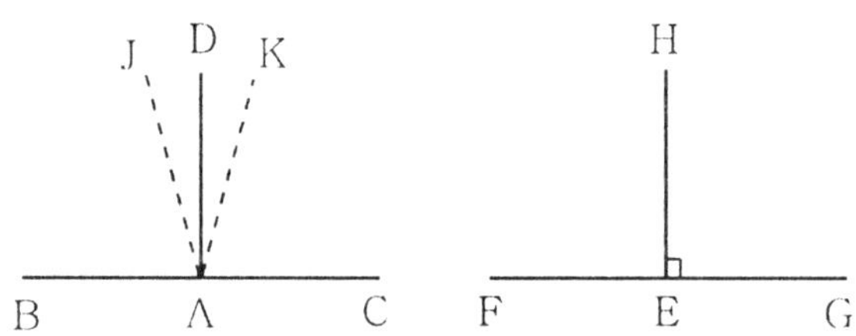

그림 1.42.

증명. 각 ∠BAD와 각 ∠FEH가 직각이라 하고 그 보각을 각각 ∠CAD, ∠GEH라고 하자. 결론을 부정하여 ∠BAD $\not\cong$ ∠FEH라고 가정하고 ∠FEH < ∠BAD라고 하자. 그러면 합동공리 IV에 의해

$$\angle BAJ \cong \angle FEH \tag{1.3}$$

인 반직선 $\overrightarrow{AJ}$가 두 반직선 $\overrightarrow{AB}$와 $\overrightarrow{AD}$ 사이에 존재한다. 특히, ∠BAJ < ∠CAJ이다.

각 ∠CAJ는 각 ∠BAJ의 보각이고 각 ∠GEH는 각 ∠FEH의 보각이므로 연습문제 9에 의해

$$\angle\mathrm{CAJ} \cong \angle\mathrm{GEH} \cong \angle\mathrm{FEH} \tag{1.4}$$

이 성립한다. 한편 ∠BAJ ≅ ∠FEH < ∠BAD ≅ ∠CAD, 즉 ∠BAJ < ∠CAD이므로

$$\angle\mathrm{BAJ} \cong \angle\mathrm{CAK} \tag{1.5}$$

인 반직선 $\overrightarrow{\mathrm{AK}}$가 두 반직선 $\overrightarrow{\mathrm{AD}}$와 $\overrightarrow{\mathrm{AC}}$ 사이에 존재한다. 따라서

$$\angle\mathrm{BAJ} \cong \angle\mathrm{FEH} \cong \angle\mathrm{CAJ}, \quad \angle\mathrm{CAD} > \angle\mathrm{CAK} \tag{1.6}$$

이다. 또

$$\angle\mathrm{CAJ} \cong \angle\mathrm{BAJ} \cong \angle\mathrm{CAK} \tag{1.7}$$

이므로 식 (1.6)와 (1.7)에 의해

$$\angle\mathrm{CAD} > \angle\mathrm{CAJ} \tag{1.8}$$

이 성립한다. 그런데 반직선 $\overrightarrow{\mathrm{AJ}}$가 두 반직선 $\overrightarrow{\mathrm{AB}}$와 $\overrightarrow{\mathrm{AD}}$ 사이에 놓여 있고, 또 반직선 $\overrightarrow{\mathrm{AB}}$와 반직선 $\overrightarrow{\mathrm{AD}}$는 반향반직선이므로 정리 1.3.15에 의해 반직선 $\overrightarrow{\mathrm{AD}}$는 두 반직선 $\overrightarrow{\mathrm{AJ}}$와 $\overrightarrow{\mathrm{AC}}$ 사이에 놓여 있다. 따라서

$$\angle\mathrm{CAJ} > \angle\mathrm{CAD} \tag{1.9}$$

이다. 이는 식 (1.8)에 모순이므로 ∠BAD ≅ ∠FEH가 성립한다. ∎

1.5 연속공리

실수의 연속성이나 함수의 연속성에 대한 이론과 성질이 명확하게 정립된 것이 18세기 이후로 유클리드 기하학에 비하여 상대적으로 최근이다. 기하학에서도

연속성에 관한 이론에 대하여 정확한 설명을 제공한 것이 19세기이어서 여기에서 다루는 연속공리군은 가장 미묘하고 또 이해하기도 힘들다. 따라서 이에 대한 철저한 논의는 생략하고 연속공리군에 대한 서술과 간단한 설명을 하는 것으로 한다. 그러나 유클리드의 공리에 대한 미흡한 부분을 보완하기 위해서 연속공리군은 꼭 필요하다. 다음 정리는 유클리드가 증명한 첫 번째 성질로 그 증명을 살펴보면 연속공리가 필요한 이유를 알 수 있다.

정리 1.5.1 (유클리드의 정리 1) 임의의 선분 AB에 대하여 AB를 한 변으로 하는 정삼각형이 존재한다.

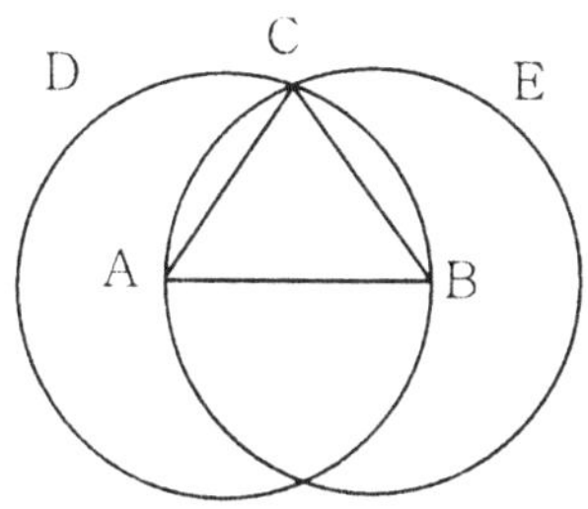

그림 1.43.

증명. 중심이 A이고 반지름이 AB인 원 BCD를 그리고, 또 중심이 B이고 반지름이 BA인 원 ACE를 그리자. 두 원이 교차하는 점 C에서 선분 CA와 CB를 그리면 삼각형 ABC는 정삼각형이다. 실제로 점 A가 원 CDB의 중심이므로 AC $\cong$ AB이고 점 B가 원 CAE의 중심이므로 BC $\cong$ BA이다. 따라서 AB $\cong$ AC $\cong$ BC이므로 $\triangle$ABC는 정삼각형이다. ∎

정리 1.5.1의 증명에 오류가 없는 것처럼 보이지만 두 원이 만난다는 것을 유클리드의 공리로부터 보장받을 수 없다. 따라서, 두 원의 교점이 존재한다는 것을 보장해주는 어떤 공리가 필요하다.

공리 1.5.2 (아르키메데스의 공리) [4] 두 선분 AB와 CD에 대하여 $n \cdot$ CD $\cong$ AE이고 A $*$ B $*$ E를 만족시키는 자연수 n과 점 E $\in \overrightarrow{\text{AB}}$가 존재한다.

[4] Archimedes (287-212 BC); 그리스의 수학자

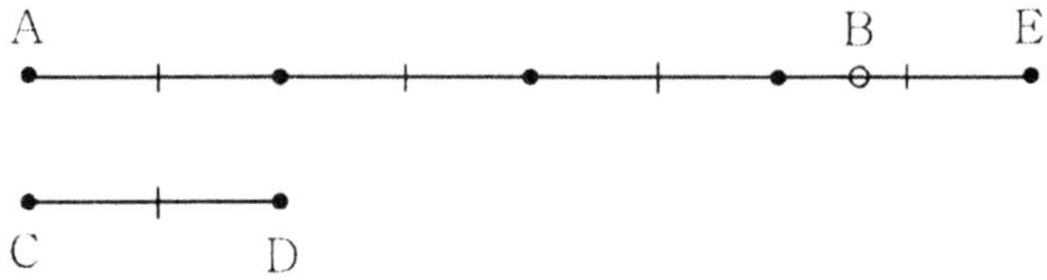

그림 1.44.

합동공리 I에 의해 선분 CD에 대하여 반직선 $\overrightarrow{CD}$ 위에 $CD \cong DD'$이고 $C * D * D'$인 점 D'이 존재한다. 이때 CD'을 $2 \cdot CD$로 나타낸다. 또 자연수 $n \geq 3$에 대하여 $CD_{n-1} \cong (n-1) \cdot CD$, $C * D * D_{n-1}$이라 하자. 이때 $D_{n-1}D_n \cong CD$이고 $C * D_{n-1} * D_n$일 때, CD_n을 $n \cdot CD$로 나타낸다.
아르키메데스의 공리는 두 선분 AB, CD에 대하여 점 B가 점 A와 멀리 있어도 선분 CD를 n번 이어서 붙이면 점 B를 넘어서게 할 수 있다는 것을 의미한다.

공리 1.5.3 (데데킨트의 공리) [5] 직선 l에 대하여 $l = \Sigma_1 \cup \Sigma_2, \Sigma_1 \neq \emptyset, \Sigma_1 \neq \emptyset$라고 하자. Σ_1의 어떤 점도 Σ_2의 두 점 사이에 있지 않고 역으로 Σ_2 어떤 점도 Σ_1의 두 점 사이에 있지 않으면 직선 l 위에 $P_1 * O * P_2$를 만족시키는 점 O가 유일하게 존재할 필요충분조건은 $P_1 \in \Sigma_1, P_2 \in \Sigma_2$이고 $O \neq P_1, P_2$이다.

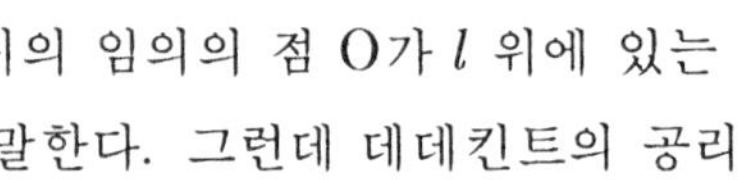

그림 1.45.

데데킨트의 공리는 직선분리성질(정리 1.3.10)의 역이라고 생각할 수 있다. 직선분리성질은 직선 l 위의 임의의 점 O가 l 위에 있는 다른 점들을 O의 왼쪽과 오른쪽으로 분리함을 말한다. 그런데 데데킨트의 공리는 역으로 l 위의 점들을 왼쪽과 오른쪽으로 나누는 분리가 유일한 점 O에 의해서 결정된다는 것을 말한다.

[5] R. Dedekind (1831-1916); 독일의 수학자

데데킨트의 공리를 만족시키는 두 부분집합의 쌍 (Σ_1, Σ_2)를 직선 l의 **데데킨트 절단**(Dedekind cut)이라고 한다. 정리 1.5.1의 증명에서 두 원 BCD와 ACE가 교차해야만 교점 C를 생각할 수 있는데 두 원이 만난다는 것을 보장을 받기 위해서 데데킨트의 연속공리가 필요하다.

공리 1.5.4 (원의 연속원리) 두 원 γ, δ와 δ 위의 두 점 A, B에 대하여 A는 원 γ의 내부에 있고 B는 원 γ의 외부에 있으면 두 원 γ와 δ는 서로 다른 두 점에서 만난다.

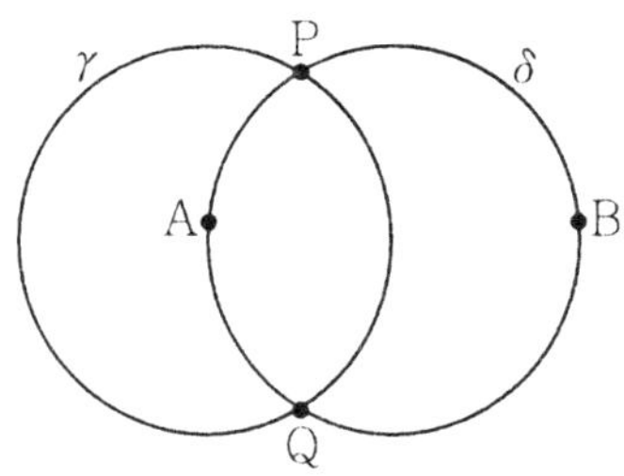

그림 1.46.

중심이 O이고 반지름이 OR인 원의 **내부**는 OP < OR를 만족시키는 점 P 전체의 집합을 나타내고, 외부는 OQ > OR를 만족시키는 점 Q 전체의 집합을 나타낸다.

정리 1.5.5 데데킨트의 공리 $\Rightarrow$ 원의 연속원리

증명. [6] 참고(238쪽) ∎

공리 1.5.6 (기본연속원리) 선분 AB와 원 γ에 대하여 A는 원 γ의 내부에 있고 B는 원 γ의 외부에 있으면 선분 AB와 원 γ는 만난다.

정리 1.5.7 데데킨트의 공리 $\Rightarrow$ 기본연속원리

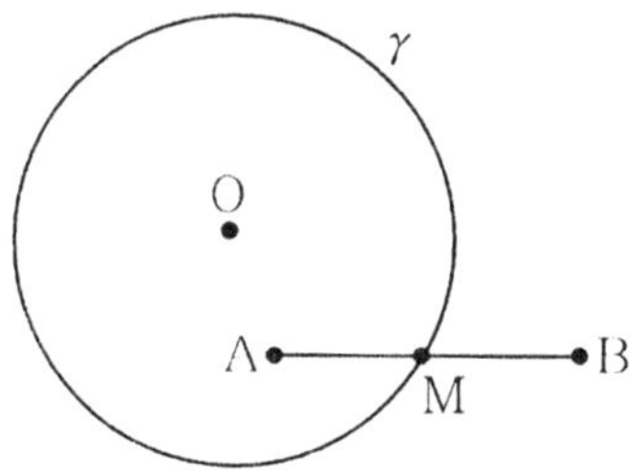

그림 1.47.

증명. 원 γ의 중심과 반지름을 각각 O, OR라고 하자. 그러면

$$\mathrm{OA} < \mathrm{OR} < \mathrm{OB}$$

직선 $\overleftrightarrow{\mathrm{AB}}$에 대한 데데킨트 절단을 다음과 같이 정의하자:

$$\begin{aligned}\Sigma_1 &= \{\mathrm{P} \mid \mathrm{A} * \mathrm{P} * \mathrm{B},\ \mathrm{OP} < \mathrm{OR}\} \cup \{\mathrm{P} \mid \mathrm{P} * \mathrm{A} * \mathrm{B}\},\\ \Sigma_2 &= \{\mathrm{Q} \mid \mathrm{A} * \mathrm{Q} * \mathrm{B},\ \mathrm{OQ} > \mathrm{OR} \quad \text{또는} \quad \mathrm{OQ} \cong \mathrm{OR}\} \cup \{\mathrm{Q} \mid \mathrm{A} * \mathrm{B} * \mathrm{Q}\}\end{aligned}$$

그러면 Σ_1, Σ_2는 데데킨트의 공리에 있는 조건을 모두 만족시키므로 $\mathrm{P}_1 \in \Sigma_1, \mathrm{P}_2 \in \Sigma_2$에 대하여 $\mathrm{P}_1 * \mathrm{M} * \mathrm{P}_2$인 점 M이 직선 $\overleftrightarrow{\mathrm{AB}}$ 위에 유일하게 존재한다. 그러면 귀류법에 의해 $\mathrm{OM} \cong \mathrm{OR}$임을 보일 수 있다. 즉 M은 원 γ 위에 있다. ∎

정리 1.5.8 **데데킨트의 공리 $\Rightarrow$ 아르키메데스의 공리**

증명. 두 집합 Σ_1과 Σ_2를 각각

$$\Sigma_1 = \{\mathrm{B} \mid \text{적당한 자연수 } n\text{에 대하여 } \mathrm{A} * \mathrm{B} * n \cdot \mathrm{CD} \ \text{ 또는 } \ \mathrm{B} = n \cdot \mathrm{CD}\}$$

과 $\Sigma_2 = r - \Sigma_1$이라고 정의하자.
이때 $\Sigma_2 \neq \emptyset$이라고 가정하면 (Σ_1, Σ_2)는 반직선 r의 데데킨트 절단이므로 $\mathrm{O} \in r$이 존재하여

$$\Sigma_1 = \mathrm{AO}, \quad \Sigma_2 = r - \Sigma_1$$

또는

$$\Sigma_1 = \mathrm{AO} - \{\mathrm{O}\}, \quad \Sigma_2 = r - \Sigma_1$$

이 성립한다.

(i) $\mathrm{O} \in \Sigma_1$인 경우

정의에 의해 $\mathrm{A} * \mathrm{O} * n \cdot \mathrm{CD} * (n+1) \cdot \mathrm{CD}$인 자연수 n이 존재한다. 또 순서공리 II에 의해 $n \cdot \mathrm{CD} * \mathrm{P} * (n+1) \cdot \mathrm{CD}$인 점 P가 존재한다. 따라서 $\mathrm{P} \in \Sigma_1 \cap \Sigma_2$이므로 $\Sigma_1 \cap \Sigma_2 = \emptyset$에 모순이다.

(ii) $\mathrm{O} \in \Sigma_2$인 경우

모든 자연수 n에 대하여 $n \cdot \mathrm{CD} * \mathrm{O}$이다. 이때 점 O에서 방사되고 Σ_2의 반향반직선 위에 선분 CD와 합동인 선분 OP가 존재한다. 그러면 $\mathrm{P} \in \Sigma_1$이므로 $\mathrm{A} * \mathrm{P} * n_0 \cdot \mathrm{CD}$인 자연수 n_0가 존재한다. 또 $\mathrm{CD} \cong \mathrm{PO}$이므로

$$\mathrm{A} * \mathrm{P} * n_0 \cdot \mathrm{CD} * \mathrm{O} * (n_0 + 1) \cdot \mathrm{CD}$$

가 성립하고, 따라서 정의에 의해 $\mathrm{O} \in \Sigma_1$이므로 역시 $\Sigma_1 \cap \Sigma_2 = \emptyset$에 모순이다.

∎

1.6 중립기하학

앞에서 유클리드의 네 가지 공리와 힐베르트의 공리군(결합공리, 순서공리, 합동공리, 연속공리)에 대하여 알아보았다. 특히 유클리드의 첫번째 공리와 결합공리 I은 같은 공리를 나타내는 것과 같이 두 공리군의 일부는 중복이 되기도 하지만 힐버트의 공리군은 유클리드의 공리군에 대한 불완전한 점을 보충해준다고 말할 수 있다.

유클리드의 다섯 번째 공리인 평행공리는 그 동안 많은 논쟁거리를 제공해주었다. 이 절에서는 평행공리를 제외한 유클리드의 네 가지 공리와 힐베르트의 공리군으로부터 이끌어 낼 수 있는 기하학적 성질에 대하여 알아보기로 한다. 유

클리드의 평행공리를 제외한 나머지 공리군과 힐베르트의 공리군이 성립하는 기하학을 중립기하학(neutral geometry) 또는 절대기하학(absolute geometry)이라고 한다.

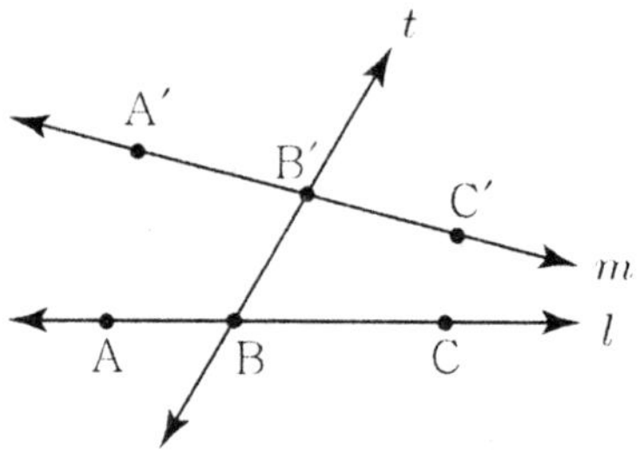

그림 1.48.

정의 1.6.1 직선 t가 직선 l과 점 B에서 만나고 직선 l'과 점 B′에서 만나는 **횡선**이라고 하자. 직선 l 위의 점 A, C가 $A*B*C$일 때, A, A'과 C, C'이 직선 t에 대하여 같은쪽에 있고 $A'*B'*C'$인 점 A′, C′을 직선 l'에서 택하자. 이때

$$\angle A'B'B,\quad \angle ABB',\quad \angle C'B'B,\quad \angle CBB'$$

을 **내각**(interior angle)이라고 한다. 또 두 쌍

$$(\angle ABB', \angle C'B'B),\quad (\angle A'B'B, \angle CBB')$$

을 **엇각**(alternate interior angles)의 쌍이라고 한다.

정리 1.6.2 (엇각정리) 한 횡선에 의해 잘린 두 직선이 합동인 엇각의 쌍을 가지면 그 두 직선은 평행하다.

증명. 아래 그림에서 $\angle A'B'B \cong \angle CBB'$ (또는 $\angle ABB' \cong \angle C'B'B$)일 때 두 직선 l과 l'이 평행함을 보이면 된다. 평행하지 않다고 가정하고 $l \cap l' = \{D\}$라고 하자. 점 D가 직선 t에 대하여 점 C, C'과 같은 쪽에 있다고 가정해도 된다. 이때 합동공리 I에 의해 $EB' \cong BD$인 점 $E \in \overrightarrow{B'A'}$가 유일하게 존재한다. 삼각형의 합동공리 SAS에 의해

$$\triangle DB'B \cong \triangle BB'E$$

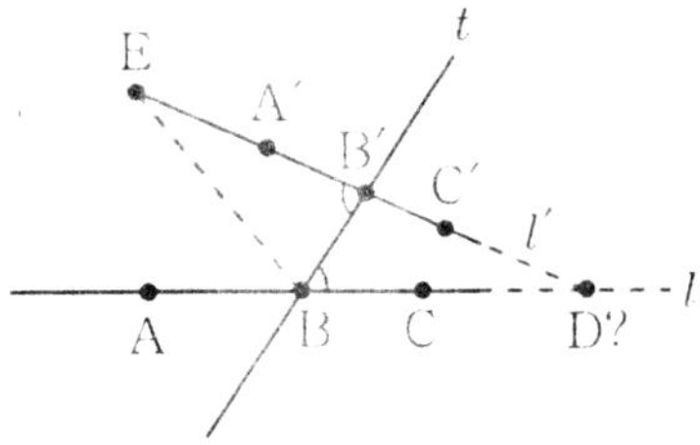

그림 1.49.

이므로 ∠DB′B ≅ ∠EBB′이다. ∠DB′B는 각 ∠EB′B의 보각이므로 ∠EBB′은 각 ∠DBB′의 보각이다. 따라서 E ∈ l이므로 $l = l'$이다. 이것은 l과 l'이 서로 다른 직선이라는 것에 모순이므로 $l \parallel l'$이다. ∎

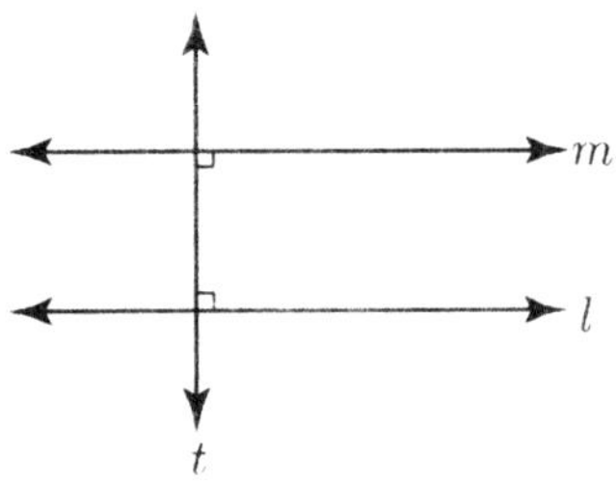

그림 1.50.

따름정리 1.6.3 두 직선이 한 직선과 공통으로 수직이면 그 두 직선은 평행하다.

따름정리 1.6.3에 의해 직선 l 밖에 있는 점 P로부터 직선 l에 내린 수선은 유일하다. 수선이 l과 만나는 점을 수선의 **발**(foot)이라고 한다.

따름정리 1.6.4 직선 l과 l 밖에 있는 점 P에 대하여 점 P를 지나고 직선 l에 평행인 직선 m이 적어도 하나 존재한다.

증명. 정리 1.4.13에 의해 점 P를 지나고 직선 l에 수직인 직선 t가 존재한다. 또 같은 정리를 점 P와 직선 t에 적용하면 점 P를 지나고 직선 t에 수직인 직

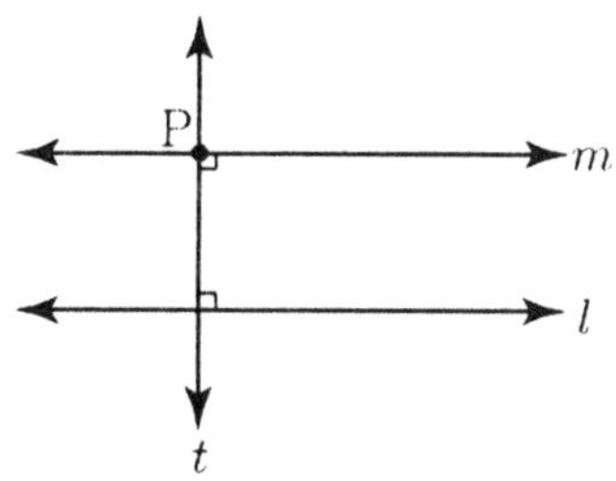

그림 1.51.

선 m이 존재한다. 이때 직선 t가 두 직선 l, m에 공통으로 수직하므로 따름정리 1.6.3에 의해 직선 l과 직선 m은 서로 평행하다. ∎

정의 1.6.5 삼각형에서 한 내각의 보각을 삼각형의 **외각**(exterior angle)이라고 하고, 이 외각과 인접하지 않은 삼각형의 두 내각을 **내대각**(內對角, remote interior angles)이라고 한다.

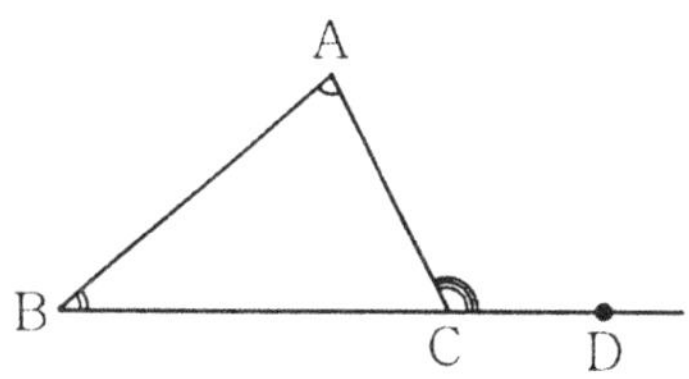

그림 1.52.

정리 1.6.6 (외각정리) 삼각형의 외각은 두 내대각보다 크다(그림 1.52).

증명. 연습문제 ∎

정리 1.6.7 삼각형 ABC에서

$$\mathrm{AB} < \mathrm{BC} \quad \Leftrightarrow \quad \angle \mathrm{C} < \angle \mathrm{A}$$

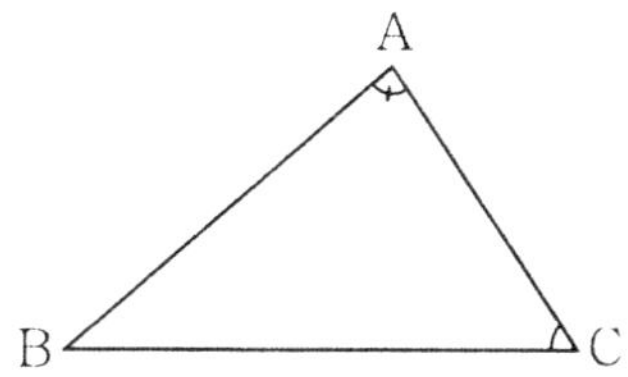

그림 1.53.

증명. 연습문제 ∎

각의 크기와 선분의 길이

지금까지는 각과 선분의 크기를 나타내는데 수(數)를 사용하지 않았다. 유클리드 기하학과 같은 논증기하학에서는 수를 사용하지 않는 것이 더 가치있는 것으로 생각할 수도 있지만 수를 사용하면 논증기하학에서 어렵게 증명한 것들을 쉽게 설명하고 증명하는 경우도 종종 있다.
다음은 각의 크기와 선분의 길이를 수로 나타낼 수 있다는 것을 보인 것으로 실수의 성질을 이용하여 증명할 수도 있지만 여기서는 공리로 받아들이기로 한다.

공리 1.6.8 (각의 크기 공리) **각 $\angle$A에 대하여 다음 성질을 만족시키는 각의 크기 $(\angle\mathrm{A})^\circ$를 대응시키는 유일한 방법이 존재한다:**

(i) $(\angle\mathrm{A})^\circ$는 $0 < (\angle\mathrm{A})^\circ < 180^\circ$인 실수이다.

(ii) $(\angle\mathrm{A})^\circ = 90^\circ \quad \Leftrightarrow \quad \angle\mathrm{A}$는 직각이다.

(iii) 반직선 $\overrightarrow{\mathrm{AC}}$가 각 $\angle\mathrm{DAB}$의 내부에 있으면

$$(\angle\mathrm{DAB})^\circ = (\angle\mathrm{DAC})^\circ + (\angle\mathrm{CAB})^\circ$$

(iv) 실수 x가 $0 < x < 180$이면 $(\angle\mathrm{A})^\circ = x^\circ$인 각 $\angle\mathrm{A}$가 존재한다.

(v) 각 $\angle\mathrm{B}$가 각 $\angle\mathrm{A}$의 보각이면 $(\angle\mathrm{A})^\circ + (\angle\mathrm{B})^\circ = 180^\circ$

(vi) $(\angle A)^\circ > (\angle B)^\circ \;\Leftrightarrow\; \angle A > \angle B$

앞으로는 각의 크기를 각과 혼용하여 같은 기호를 사용하기로 한다. 즉 $(\angle A)^\circ = \angle A$로 나타내기로 한다.

공리 1.6.9 (선분의 길이 공리) 단위선분(unit segment)이라고 불리는 한 선분 OI가 주어지면 각각의 선분 AB에 대하여 다음 성질을 만족시키는 선분의 길기 $\overline{AB}$를 대응시키는 유일한 방법이 존재한다:

(i) $\overline{AB}$는 양수이고 $\overline{OI} = 1$이다.

(ii) $\overline{AB} = \overline{CD} \;\Leftrightarrow\; AB \cong CD$

(iii) $A * B * C \;\Leftrightarrow\; \overline{AC} = \overline{AB} + \overline{BC}$

(iv) $\overline{AB} < \overline{CD} \;\Leftrightarrow\; AB < CD$

(v) 임의의 양수 x에 대하여 $\overline{AB} = x$인 선분 AB가 존재한다.

따름정리 1.6.10 삼각형에서 두 내각의 크기의 합은 180°보다 작다.

증명. 반직선 $\overrightarrow{BC}$에서 $B * C * D$인 점 D를 택하면

$$\angle C + \angle ACD = 180^\circ$$

외각정리(정리 1.6.6)에 의해 $\angle ACD > \max\{\angle A, \angle B\}$이므로

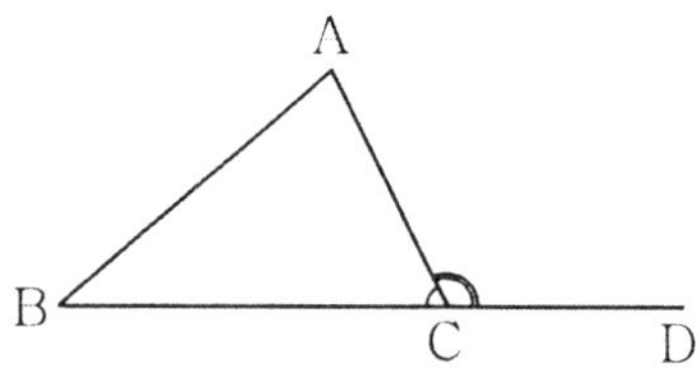

그림 1.54.

$$\angle A + \angle C < \angle ACD + \angle C = 180^\circ$$
$$\angle B + \angle C < \angle ACD + \angle C = 180^\circ$$

같은 방법으로 반직선 $\overrightarrow{AB}$에서 $A * B * E$인 점 E를 택하면

$$\angle A + \angle B < 180^\circ$$

임을 보일 수 있다. ∎

따름정리 1.6.11 (삼각부등식) 세 점 A, B, C가 한 직선 위에 있지 않으면

$$\overline{AC} < \overline{AB} + \overline{BC}$$

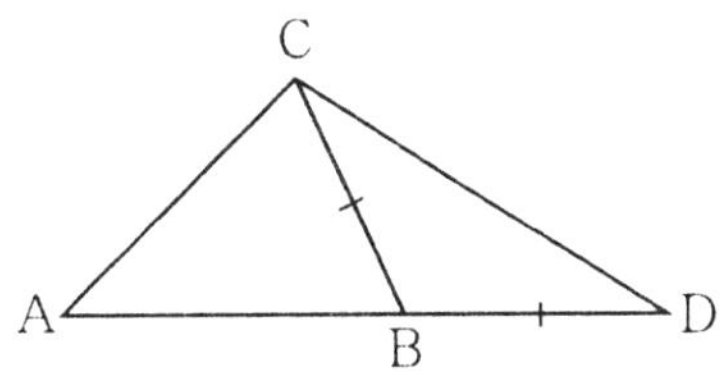

그림 1.55.

증명. 합동공리 I에 의해 $A * B * D$, $BC \cong BD$인 점 D가 반직선 $\overrightarrow{AB}$에 유일하게 존재한다. 이때 $\angle BCD \cong \angle BDC$이다. $\overline{AD} = \overline{AB} + \overline{BD}$이고 $\overline{BD} = \overline{BC}$이므로

$$\overline{AD} = \overline{AB} + \overline{BC} \tag{1.10}$$

한편 반직선 $\overrightarrow{CB}$는 두 반직선 $\overrightarrow{CA}$와 $\overrightarrow{CD}$ 사이에 있으므로

$$\angle ACD > \angle BCD = \angle BDC = \angle ADC$$

정리 1.6.7에 의해 $\overline{AD} > \overline{AC}$이므로 식 (1.10)에 의해

$$\overline{AC} < \overline{AD} = \overline{AB} + \overline{BC}$$

∎

도움정리 1.6.12 삼각형 ABC에서 D가 변 BC의 중점이고 E는 $A * D * E$, $AD \cong DE$인 직선 $\overleftrightarrow{AD}$ 위의 점이라고 하면

(1) 삼각형 AEC의 세 각의 합은 삼각형 ABC의 세 각의 합과 같다.

(2) $\min\{\angle EAC, \angle AEC\} \leq \frac{1}{2}\angle BAC$

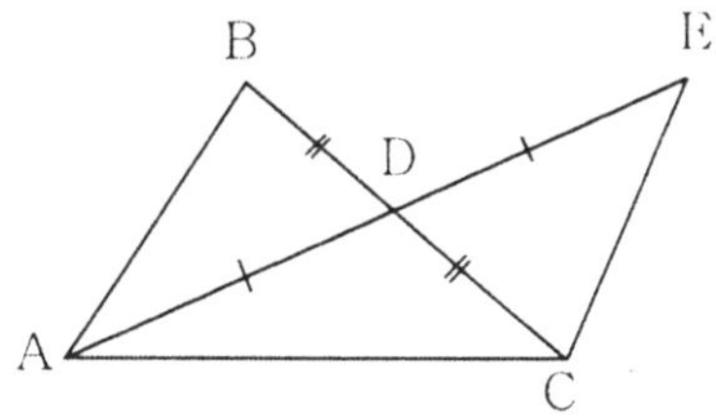

그림 1.56.

증명. 맞꼭지각의 성질(연습문제 10)에 의해 $\angle BDA \cong \angle CDE$이므로 SAS에 의해 $\triangle ABD \cong \triangle CDE$이다. 따라서

$$\angle E \cong \angle BAD, \quad \angle B \cong \angle BCE$$

이므로

$$\begin{aligned}\angle A = \angle BAC &= \angle BAD + \angle EAC \\ &= \angle AEC + \angle EAC\end{aligned}$$

그러므로

$$\angle AEC \leq \frac{1}{2}\angle A \quad \text{또는} \quad \angle EAC \leq \frac{1}{2}\angle A$$

또

$$\begin{aligned}\angle A + \angle B + \angle C &= \angle AEC + \angle EAC + \angle BCE + \angle ACB \\ &= \angle AEC + \angle EAC + \angle ACE\end{aligned}$$

∎

삼각형 ABC의 세 각의 합을 $\Sigma(\triangle ABC)$로 나타내기로 한다. 즉,

$$\Sigma(\triangle ABC) = \angle A + \angle B + \angle C$$

정리 1.6.13 (사케리-르장드르의 정리) [6] [7] 임의의 삼각형의 세 내각의 합은 $180°$보다 작거나 같다.

증명. 결론을 부정하여

$$\angle A + \angle B + \angle C = 180° + p°, \quad p > 0$$

라고 가정하자. 도움정리 1.6.12에 의해

$$\Sigma(\triangle AB_1C) = \Sigma(\triangle ABC) = 180° + p°, \quad \angle B_1 \le \frac{1}{2}\angle A$$

인 삼각형 AB_1C가 존재한다. 도움정리 1.6.12을 삼각형 AB_1C에 적용하면

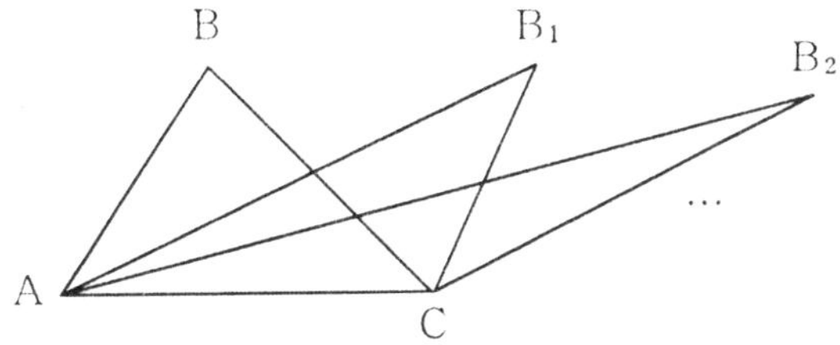

그림 1.57.

$$\Sigma(\triangle AB_2C) = 180° + p°, \quad \angle B_2 \le \frac{1}{2}\angle B_1AC \le \left(\frac{1}{2}\right)^2 \angle A$$

인 삼각형 AB_2C가 존재한다. 이와 같은 과정을 계속하여 반복하면

$$\Sigma(\triangle AB_nC) = 180° + p°, \quad \angle B_n = \angle AB_nC \le \left(\frac{1}{2}\right)^n \angle A$$

인 삼각형 AB_nC가 존재한다. 아르키메데스의 정리에 의해

$$\frac{1}{2^n}(\angle A)° < p$$

---

[6] G. Saccheri (1667-1733); 이탈리아의 수학자

[7] A. M. Legendre (1752-1833); 프랑스의 수학자

를 만족시키는 자연수 n이 존재하고 이 자연수 n에 대하여 삼각형 AB_nC를 생각하면

$$\begin{aligned} 180^\circ + p^\circ &= \Sigma(\triangle AB_nC) = \angle B_nAC + \angle ACB_n + \angle AB_nC \\ &\le \angle B_nAC + \angle ACB_n + \frac{1}{2^n}\angle BAC \\ &< \angle B_nAC + \angle ACB_n + p^\circ \end{aligned}$$

따라서

$$180^\circ < \angle B_nAC + \angle ACB_n$$

그러나 이 부등식은 따름정리 1.6.10에 모순이므로

$$\Sigma(\triangle ABC) = \angle A + \angle B + \angle C \le 180^\circ$$

이다. ∎

따름정리 1.6.14 삼각형에서 두 각의 크기의 합은 그 외대각의 크기보다 작거나 같다.

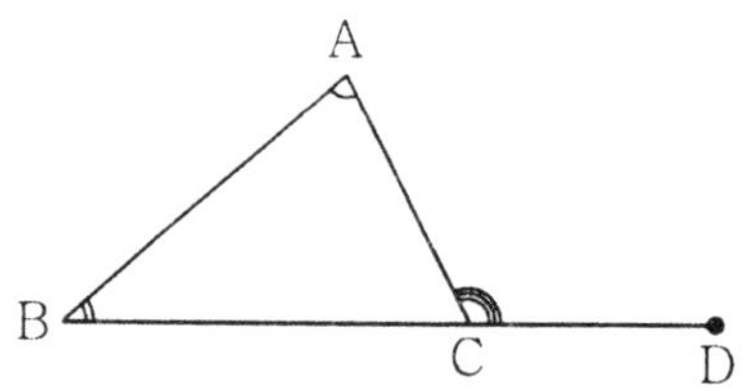

그림 1.58.

증명. 점 D가 $A * C * D$이면 $\angle C + \angle ACD = 180^\circ$이고 또 사케리-르장드르 정리에 의해 $\angle A + \angle B + \angle C \le 180^\circ$이므로

$$\angle A + \angle B \le \angle ACD$$

∎

정의 1.6.15 삼각형 $\triangle$ABC에서 $180° - (\angle A + \angle B + \angle C)$를 삼각형 ABC의 **결손**(缺損, defect)이라 하고 기호 $\delta(\triangle ABC)$로 나타낸다.

정의에 의해

$$\delta(\triangle ABC) + \Sigma(\triangle ABC) = 180° = \pi$$

이다.

정리 1.6.16 $\triangle$ABC에서 D가 A와 B 사이의 점이면

$$\delta(\triangle ABC) = \delta(\triangle ACD) + \delta(\triangle BCD)$$

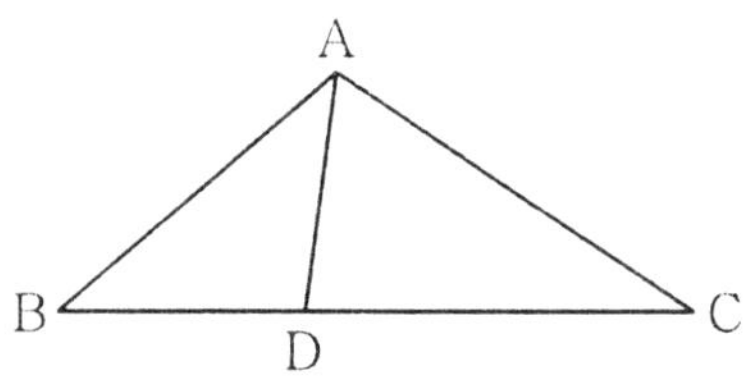

그림 1.59.

증명. 반직선 $\overrightarrow{CD}$가 각 $\angle$ACB의 내부에 있으므로

$$\angle ACB = \angle ACD + \angle BCD$$

$\angle$ADC는 각 $\angle$BDC의 보각이므로 $\angle ADC + \angle BDC = 180°$ 따라서

$$\begin{aligned} \delta(\triangle ACD) + \delta(\triangle BCD) &= 180° - \{\angle A + \angle ACD + \angle ACD\} \\ &\quad +180° - \{\angle B + \angle BDC + \angle BCD\} \\ &= 180° - \{\angle A + \angle B + \angle C\} \\ &\quad +180° - \{\angle ADC + \angle BDC\} \\ &= \delta(\triangle ABC) \end{aligned}$$

■

따름정리 1.6.17 $\triangle$ABC에서 A $*$ D $*$ B일 때, 삼각형 $\triangle$ABC의 내각의 합이 180°일 필요충분조건은 두 삼각형 $\triangle$ACD와 $\triangle$BCD의 내각의 합이 각각 180°인 것이다.

증명. 결손 δ는 항상 0보다 크거나 같으므로 정리 1.6.16에 의해 성립한다. ∎

정리 1.6.18 내각의 합이 180°인 삼각형이 존재하면 직사각형이 존재하고 역으로 직사각형이 존재하면 임의의 삼각형의 내각의 합은 180°이다.

증명. 네 단계로 나누어 증명하자.

(단계 1) 삼각형 ABC의 내각의 합이 180°이면 내각의 합이 180°인 직각삼각형이 존재한다.

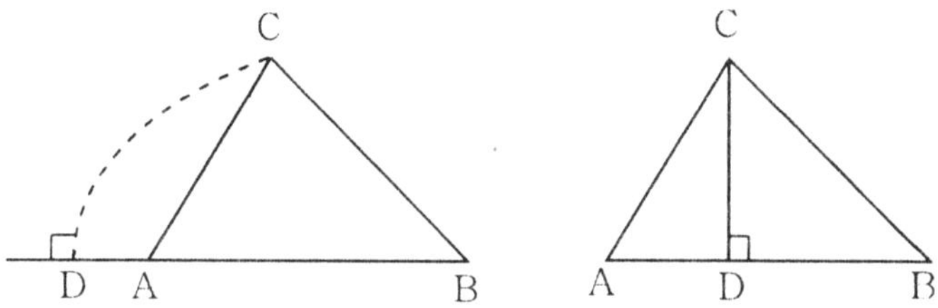

그림 1.60.

삼각형 ABC가 직각삼각형이 아니라고 가정하자. 따름정리 1.6.10에 의해 각각의 두 내각의 합은 180°보다 작으므로 $\angle$A, $\angle$B, $\angle$C 중에서 적어도 두 개의 각은 예각이다. $\angle$A와 $\angle$B가 예각이라고 하고 점 C에서 변 AB에 내린 수선의 발을 D라고 하면 외각정리에 의해

$$A * D * B$$

이다. 따라서 두 삼각형 ACD와 BCD는 직각삼각형이고 따름정리 1.6.17에 의해 각각의 결손이 0이므로 두 삼각형 ACD와 BCD의 내각의 합은 각각 180°이다.

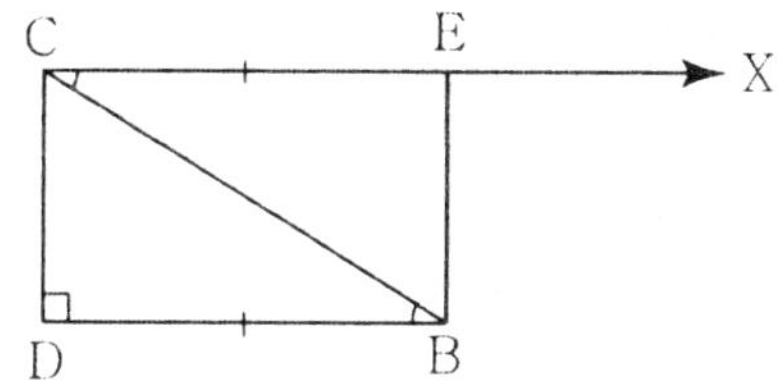

그림 1.61.

(단계 2) 삼각형 BCD가 결손이 0인 직각삼각형이면 직사각형이 존재한다.

$\angle$D가 직각이라고 하면 합동공리 IV에 의해 $\angle DBC \cong \angle BCX$인 반직선 $\overrightarrow{CX}$가 직선 $\overleftrightarrow{BC}$에 대하여 점 D와 반대쪽에 존재하고 합동공리 I에 의해 $CE \cong DB$인 점 $E \in \overleftrightarrow{CX}$가 유일하게 존재한다. 이때 SAS에 의해 $\triangle BCD \cong \triangle BCE$이므로 $\angle BEC$는 직각이고 $\angle BCD \cong \angle CBE$이다. 특히 삼각형 BCD의 결손이 0이므로

$$\angle DCE = \angle BCD + \angle BCE = \angle BCD + \angle DBC = 90°$$

따라서 사각형 BECD는 직사각형이다.

(단계 3) 직사각형이 존재하면 임의의 직각삼각형의 내각의 합은 180°이다.

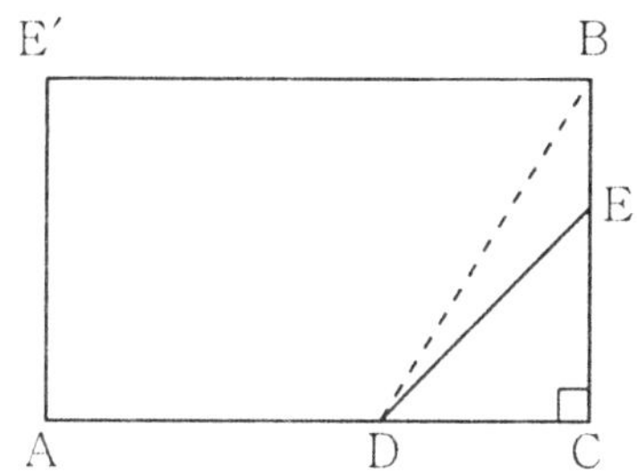

그림 1.62.

$\triangle CDE$를 $\angle C$가 직각인 직각삼각형이라고 하자. 직사각형이 존재하면 합동공리를 이용하여 임의로 큰 직사각형을 만들 수 있으므로(연습문제

참고) 직각삼각형 CDE를 직사각형 ACBE′에 매장(embedding)시킬 수 있다. 그러면 $\angle BAC + \angle ABC = \angle ABE' + \angle ABC = 90°$ 이므로 $\delta(\triangle ABC) = 0$이다. 따라서 따름정리 1.6.17에 의해

$$\delta(\triangle ABD) = \delta(\triangle BCD) = 0$$

따름정리 1.6.17를 삼각형 BCD와 선분 DE에 적용하면

$$\delta(\triangle CDE) = 0$$

(단계 4) 모든 직각삼각형의 결손이 0이면 임의의 삼각형의 결손도 0이다.

$\triangle ABC$가 직각삼각형이 아닌 임의의 삼각형이라고 하면 **단계 1**에 의해 변 AB에 수직인 수선 CD가 존재한다. 그러면 두 삼각형 ACD와 BCD는 직각삼각형이므로 가정에 의해 결손이 0이다. 따라서 따름정리 1.6.17에 의해 $\delta(\triangle ABC) = 0$

∎

평행공리의 동치

끝으로 평행공리의 동치인 정리 1.1.18을 증명하기로 한다.

정리 1.6.19 다음은 서로 동치이다.

(1) 유클리드의 평행공리

(2) 플레이페어(Playfair)의 평행공리

(3) 힐베르트(Hilbert)의 평행공리

(4) 삼각형의 내각의 합은 180°이다.

증명. (3) ⇒ (1) $l = \overleftrightarrow{AB}$, $m = \overleftrightarrow{CD}$이고 횡선을 $t = \overleftrightarrow{XY}$라고 하자. 여기서 X는 직선 l 위의 점이고 Y는 직선 m 위의 점이다. 또 점 B와 점 D는 횡선 t에 대하여 같은쪽에 있고 $A * X * B$, $C * Y * D$라고 가정하자.

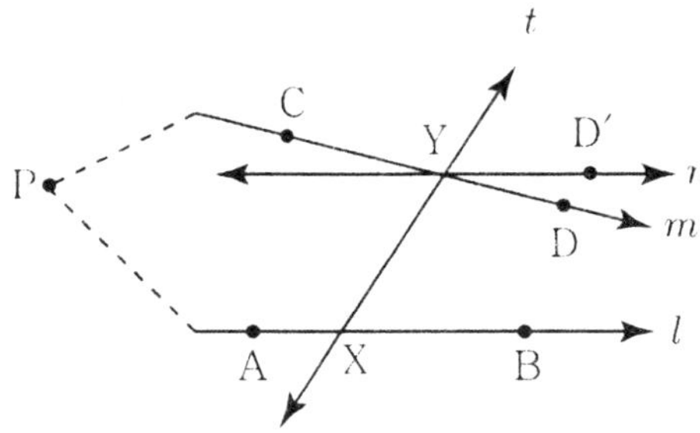

그림 1.63.

$\angle\mathrm{BXY} + \angle\mathrm{DYX} < 180°$일 때, 두 직선 l과 m이 횡선 t에 대하여 두 점 B, D와 같은쪽에서 만난다는 것을 보이면 된다. 합동공리 IV에 의하여 $\angle\mathrm{D'YX} \cong \angle\mathrm{AXY}$이고 점 D′과 점 D가 직선 t에 대하여 같은 쪽에 있도록 하는 반직선 $\overrightarrow{\mathrm{YD'}}$이 유일하게 존재한다. 그러면 엇각정리에 의해 $\overleftrightarrow{\mathrm{YD'}} \parallel l$이다. 또

$$\angle\mathrm{DYX} < 180° - \angle\mathrm{BXY} = \angle\mathrm{AXY} \tag{1.11}$$

이므로 $\overleftrightarrow{\mathrm{YD'}} \neq m$이다. 특히 두 직선 l과 m이 평행하지 않으므로 오직 한 점 P에서 만난다. 점 P가 직선 t에 대하여 두 점 B, D와 반대쪽에 있으면 각 $\angle\mathrm{DYX}$는 삼각형 $\triangle\mathrm{PXY}$의 외각이므로 외각정리에 의해 $\angle\mathrm{DYX} > \angle\mathrm{AXY}$이다. 이것은 식 (1.11)에 모순이므로 점 P와 두 점 B, D는 같은쪽에 있다.

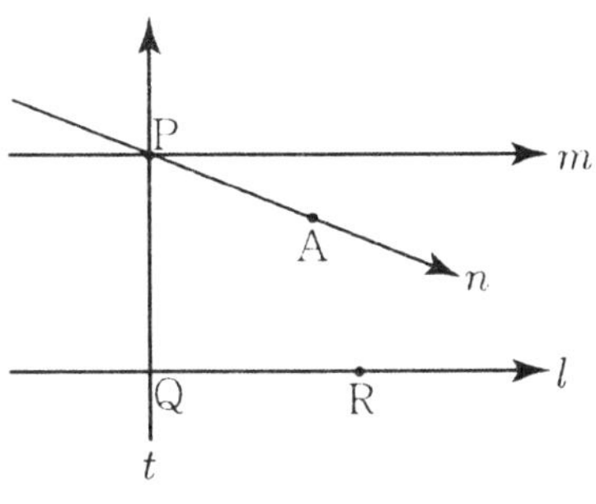

그림 1.64.

(1) ⇒ (3) 직선 l과 l 위에 있지 않은 점 P에 대하여, 점 P를 지나고 직선 l에 수직인 직선을 t라고 하자. 점 P를 지나고 직선 t에 수직인 직선을 m이라고 하면 엇각정리에 의해 두 직선 l과 m은 평행하다. 유일성을 증명하기 위해 n이 점

P를 지나고 $n \neq m$인 직선이라고 할 때, 직선 n과 직선 l이 만나는 것을 보이면 된다. 두 직선 t와 l의 교점을 Q라 하고, 직선 t에 대하여 같은쪽에 있는 l 위의 점 R와 직선 n 위의 점 A를 택하여 각 ∠APQ가 예각이라고 가정해도 된다. 그러면

$$\angle \mathrm{APQ} + \angle \mathrm{PQR} < \pi$$

이므로 유클리드의 평행공리에 의해 직선 n과 직선 l은 만난다.

(2) ⇔ (3) 엇각정리(정리 1.6.2)와 따름정리 1.6.3에 의해 성립한다.

(2) ⇒ (4) 삼각형 △ABC에서 점 A를 지나고 직선 $\overleftrightarrow{\mathrm{BC}}$에 평행한 직선을 $\overleftrightarrow{\mathrm{DE}}$라고 하자. 또 $\overleftrightarrow{\mathrm{D'E'}}$이 $\angle \mathrm{CAE'} \cong \angle \mathrm{ABC}$인 직선이면 엇각정리에 의해 $\overleftrightarrow{\mathrm{D'E'}} \parallel \overleftrightarrow{\mathrm{BC}}$이므로

$$\overleftrightarrow{\mathrm{DE}} = \overleftrightarrow{\mathrm{D'E'}}$$

따라서

$$\angle \mathrm{CAE} \cong \angle \mathrm{ABC}$$

같은 이유에 의해 $\angle \mathrm{BAD} \cong \angle \mathrm{BCA}$이므로

$$\angle \mathrm{A} + \angle \mathrm{B} + \angle \mathrm{C} = \angle \mathrm{A} + \angle \mathrm{CAE} + \angle \mathrm{BAD} = 180^\circ = \pi$$

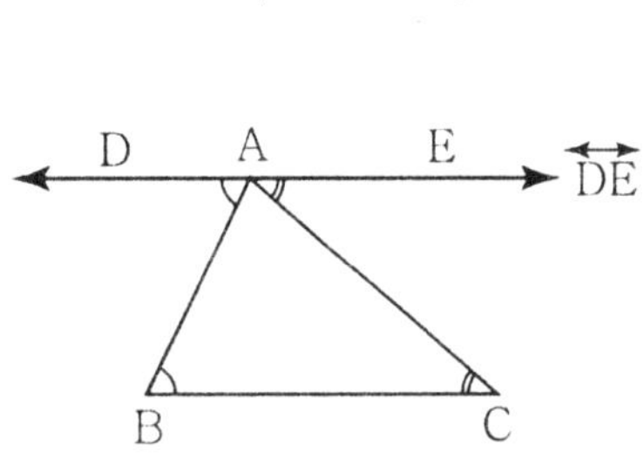

그림 1.65.

(4) ⇒ (1) 그림에서

$$\alpha + \beta < \pi \tag{1.12}$$

라 하고 횡선 t에 대하여 각 α, β와 같은쪽에 있는 직선 l 위의 점 D를 택하자.

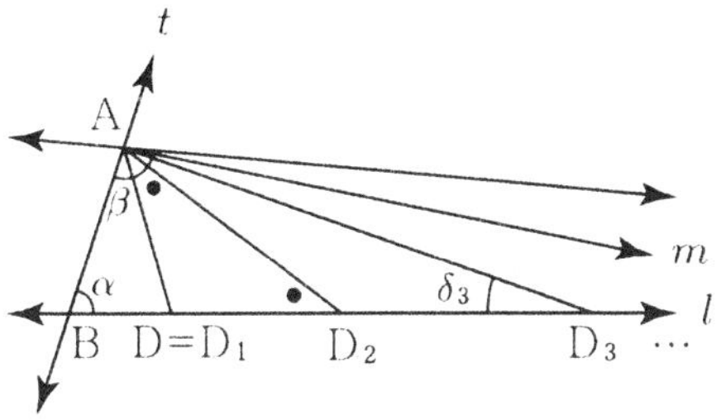

그림 1.66.

이때 점 $\mathrm{D}_1, \mathrm{D}_2, \mathrm{D}_3, \cdots$를 다음과 같이 정의하자: $\mathrm{D}_1 = \mathrm{D}$이고 D_n이 정의되었을 때 D_{n+1}을 $\mathrm{C} * \mathrm{D}_n * \mathrm{D}_{n+1}$, $\overline{\mathrm{AD}_n} = \overline{\mathrm{D}_n\mathrm{D}_{n+1}}$인 점으로 D_i는 직선 t에 대하여 모두 같은쪽에 있는 점이라고 하자. 그러면 삼각형 $\triangle \mathrm{AD}_n\mathrm{D}_{n+1}$은 이등변삼각형이다.

$\angle \mathrm{AD}_n\mathrm{B} = \angle \mathrm{D}_n\mathrm{AD}_{n-1} = \delta_n$으로 놓으면

$$\delta_{n-1} = \pi - \angle \mathrm{AD}_{n-1}\mathrm{D}_n = \pi - (\pi - 2\delta_n) = 2\delta_n$$

이므로

$$\delta_n = \frac{\delta_1}{2^{n-1}}$$

그러나 $\beta_n = \angle \mathrm{BAD}_n$이라고 하면 $\alpha + \beta_n + \delta_n = \pi$이므로 식 (1.12)에 의해

$$\lim_{n\to\infty} \beta_n = \pi - \alpha - \lim_{n\to\infty} \delta_n = \pi - \alpha > \beta$$

따라서 $\beta_n > \beta$를 만족시키는 자연수 n이 존재한다. 직선 m은 삼각형 $\triangle \mathrm{ABD}_n$의 내부를 지나므로 파쉬의 정리(정리 1.3.11)에 의해 두 직선 l과 m은 직선 t에 대하여 같은쪽에서 만난다. ∎

따름정리 1.6.20 중립기하학에서 직사각형이 존재할 필요충분조건은 평행선 공리가 성립하는 것이다.

증명. 정리 1.6.18와 정리 1.6.19에의해 성립한다. ∎

연습문제

1. 정리 1.3.5, (2)를 증명하여라.

2. $A * B * C$일 때 다음을 증명하여라.

(1) 정리 1.3.9를 이용하여 $AB \subset AC$임을 증명하여라. A와 C를 교환해서 $CB \subset CA$임을 추론하여라.

(2) 순서공리 IV를 이용하여 $AC \subset AB \cup BC$임을 증명하여라.

(**도움말:** P가 AC 위의 네 번째 점이면 P를 지나는 또 다른 직선을 이용하여 $P \in AB$이거나 $P \in BC$임을 보여라.)

(3) $AC = AB \cup BC$이고 점 B는 선분 AB와 선분 BC의 유일한 공유점임을 증명하여라.

3. $A * B * C$일 때 다음을 증명하여라.

(1) 점 P가 직선 $\overleftrightarrow{AB} = \overleftrightarrow{AC}$ 위의 점일 때 정리 1.3.9와 공리를 이용하여 $A * B * P$가 성립하지 않으면 $A * C * P$가 성립하지 않음을 보여라.

(2) $\overrightarrow{BA} \subset \overrightarrow{CA}$, $\overrightarrow{BC} \subset \overrightarrow{AC}$임을 증명하여라.

(3) 위의 (1), (2)와 정리 1.3.5, 정리 1.3.9, 연습문제 2를 이용하여 점 B가 반직선 $\overrightarrow{BA}$와 반직선 $\overrightarrow{BC}$의 유일한 공유점임을 증명하여라.

(4) $\overrightarrow{AB} = \overrightarrow{AC}$임을 증명하여라.

4. 도움정리 1.3.14를 증명하여라.

5. 다음은 정리 1.3.15의 증명을 개략적으로 한 것이다. 각 단계를 정당화하여라.

(i) $A * P * D$ 또는 $A * D * P$이면 도움정리 1.3.14에 의해 점 P와 점 D는 직선 $\overleftrightarrow{AC}$에 대하여 같은 쪽에 있다. 점 D가 각 $\angle CAB$의 내부에 있으므로

두 점 D와 B는 직선 $\overleftrightarrow{AC}$에 대하여 같은 쪽에 있다. 따라서 두 점 P, B는 직선 $\overleftrightarrow{AC}$에 대하여 같은 쪽에 있다. 두 점 P와 C는 직선 $\overleftrightarrow{AB}$에 대하여 같은 쪽에 있음을 보여라.

(ii) $F * A * D$이면 점 F와 점 D는 직선 $\overleftrightarrow{AC}$에 대하여 반대쪽에 있다. 따라서 점 F와 점 B는 직선 $\overleftrightarrow{AC}$에 대하여 반대쪽에 있다.

(iii) 점 B와 점 D는 직선 $\overleftrightarrow{AC} = \overleftrightarrow{AE}$에 대하여 같은 쪽에 있다. 점 B와 점 E가 직선 $\overleftrightarrow{AD}$에 대하여 같은 쪽에 있음을 보여라.

6. 정리 1.3.19를 증명하여라.

7. 다음은

정리 $A * B * C$, $D * E * F$, $AB \cong DE$, $AC \cong DF$이면 $BC \cong EF$

임을 증명한 것이다. 각 단계를 정당화하여라.

(i) $BC \ncong EF$라고 가정하자.

(ii) $BC \cong EG$인 점 G가 반직선 $\overrightarrow{EF}$ 위에 존재한다.

(iii) $G \neq F$

(iv) $AB \cong DE$이므로 (2)에 의해 $AC \cong DG$

(v) $AC \cong DF$이므로 $DF \cong DG$이다. 따라서 $G \neq F$에 모순이다.

8. 다음은 정리 1.4.12의 증명을 개략적으로 한 것이다. 각 단계를 정당화하여라.

(i) $AB \ncong CD$라고 하면 합동공리 I에 의해 $AB \cong CF$인 점 $F \in \overrightarrow{CD}$가 유일하게 존재하고 특히 $F \neq D$이다. $C * F * D$이면 $AB < CD$이고 $C * D * F$이면 $AB > CD$이다.

(ii) AB ≅ CG, C ∗ G ∗ D인 점 G가 유일하게 존재한다. CD ≅ EF이므로 CG ≅ EH, E ∗ H ∗ F인 점 H가 유일하게 존재한다. 따라서 AB < EF이다.

(iii) (3), (4)도 비슷한 방법으로 보여라.

(**도움말:** 정리 1.4.10와 정리 1.3.9를 이용하여라.)

9. 다음은

정리 합동인 각의 보각은 서로 합동이다.

임을 증명한 것이다. 각 단계를 정당화하여라.

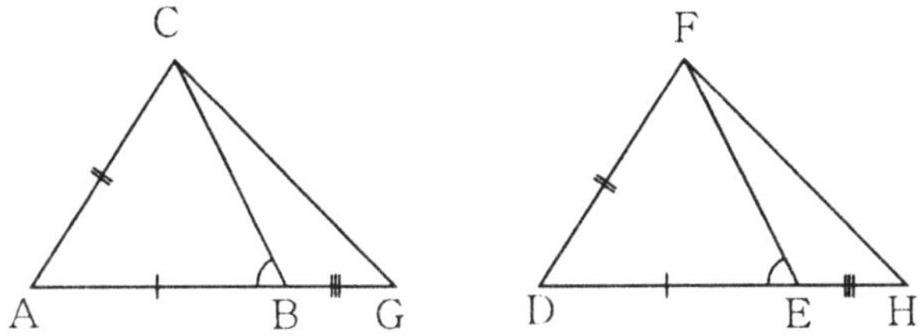

그림 1.67.

∠ABC ≅ ∠DEF일 때 ∠CBG ≅ ∠FEH임을 증명하자.

(i) 합동공리 I에 의해 AB ≅ DE, CB ≅ EH, BG ≅ EH라고 가정해도 된다.

(ii) 그러면 △ABC ≅ △DEF

(iii) 따라서 AC ≅ DF, ∠A ≅ ∠D

(iv) 또 AG ≅ DH이므로 △ACG ≅ △DFH

(v) 그러므로 CG ≅ FH, ∠G ≅ ∠H

(vi) 따라서 △CBG ≅ △FEH이므로 ∠CBG ≅ ∠FEH

10. 다음을 증명하여라.

(1) 맞꼭지각은 서로 합동이다.

(2) 직각과 합동인 각은 직각이다.

11. 다음은 삼각형의 합동조건인 **ASA 합동판정법**을 증명한 것이다. 각 단계를 정당화하여라.

> **정리** $\triangle$ABC와 $\triangle$DEF에서 $\angle A \cong \angle D$, $\angle C \cong \angle F$, $AC \cong DF$이면 $\triangle ABC \cong \triangle DEF$이다.

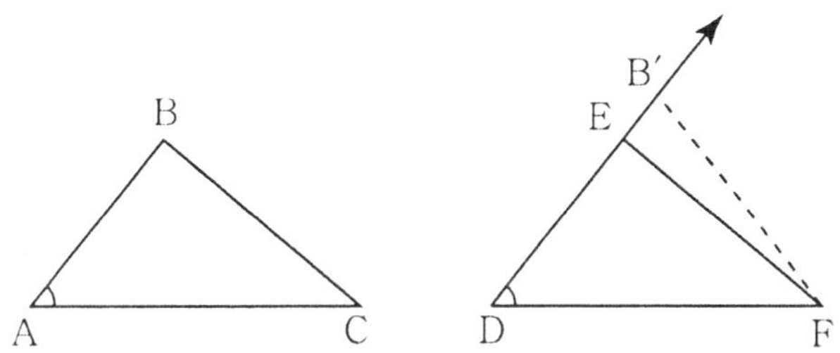

그림 1.68.

(i) 반직선 $\overrightarrow{DE}$ 위에 $DG \cong AB$인 점 G가 유일하게 존재한다.

(ii) $\triangle ABC \cong \triangle DGF$

(iii) 따라서 $\angle DFG \cong \angle C$

(iv) 이것은 $\overrightarrow{FE} = \overrightarrow{FG}$임을 의미한다.

(v) 그 경우에 $G = E$이다.

(vi) 따라서 $\triangle ABC \cong \triangle DEF$이다.

12. 삼각형 ABC에서 $\angle B \cong \angle C$이면 $AB \cong AC$임을 증명하여라.

13. $\overrightarrow{BG}$가 $\overrightarrow{BA}$와 $\overrightarrow{BC}$ 사이에 있고, $\overrightarrow{EH}$가 $\overrightarrow{ED}$와 $\overrightarrow{EF}$ 사이에 있다. $\angle CBG \cong \angle FEH$이고 $\angle ABC \cong \angle DEF$이면 $\angle GBA \cong \angle HED$임을 증명하여라.

(**도움말:** 합동공리 IV와 정리 1.4.14를 이용하여라.)

14. 정리 1.4.16을 증명하여라.

(**도움말:** 정리 1.4.12의 증명)

15. 다음은 외각정리(정리 1.6.6)의 증명을 개략적으로 한 것이다. 각 단계를 정당화하여라.

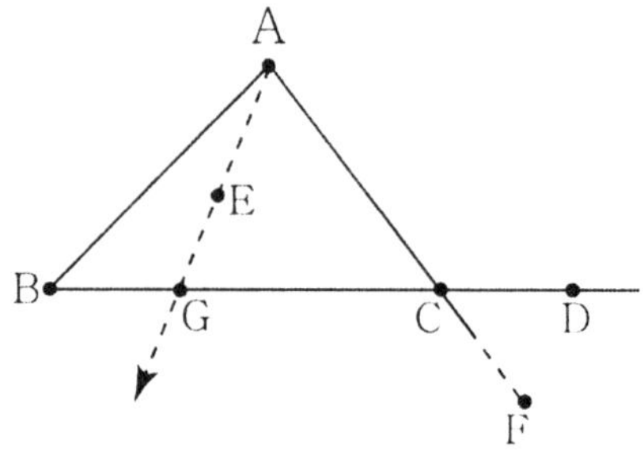

그림 1.69.

증명 $B * C * D$인 점 D를 택하자. $\angle BAC \cong \angle ACD$이면 엇각정리(정리 1.6.2)에 의해 $\overleftrightarrow{AB} \parallel \overleftrightarrow{CD}$이다. 그러나 $\overleftrightarrow{AB} \cap \overleftrightarrow{CD} = \{B\}$이므로 모순이다. 또 $\angle BAC > \angle ACD$이면 $\angle ACD \cong \angle EAC$인 반직선 $\overrightarrow{AE}$가 두 반직선 $\overrightarrow{AB}$와 $\overrightarrow{AC}$ 사이에 존재한다. 엇각정리에 의해 $\overleftrightarrow{AE} \parallel \overleftrightarrow{BD}$이다. 그러나 횡선정리(정리 1.3.17)에 의해 $\overrightarrow{AE} \cap BC \neq \emptyset$이므로 모순이다. 그러므로 $\angle BAC < \angle ACD$가 성립한다. $\angle ABC < \angle ACD$임을 보여라.

16. 다음은 삼각형의 합동조건인 **SAA 합동판정법**을 증명한 것이다. 각 단계를 정당화하여라.

정리 $\triangle ABC$와 $\triangle DEF$에서 $AC \cong DF$, $\angle A \cong \angle D$, $\angle B \cong \angle E$이면 $\triangle ABC \cong \triangle DEF$이다.

(i) 변 AB가 변 DE와 합동이 아니라고 가정하자.

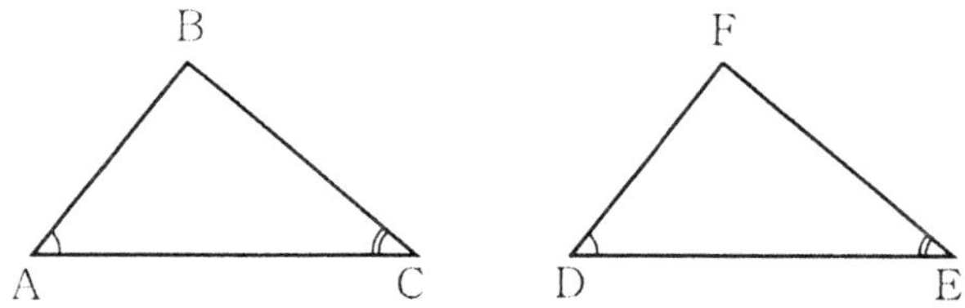

그림 1.70.

(ii) 그러면 AB $<$ DE이거나 AB $>$ DE이다.

(iii) AB $>$ DE이면 AG $\cong$ DE인 점 G가 변 AB에 존재한다.

(iv) 그러면 $\triangle$CAG $\cong$ $\triangle$FDE이므로 $\angle$AGC $\cong$ $\angle$E이다.

(v) 따라서 $\angle$AGC $\cong$ $\angle$B

(vi) 이는 어떤 정리에 모순이다. 따라서 AB $<$ DE이다.

(vii) AB $\cong$ DH인 점 H, D $*$ H $*$ E를 생각하면 위와 같은 방법으로 모순을 이끌어 낼 수 있다.

(viii) 따라서 $\triangle$ABC $\cong$ $\triangle$DEF이다.

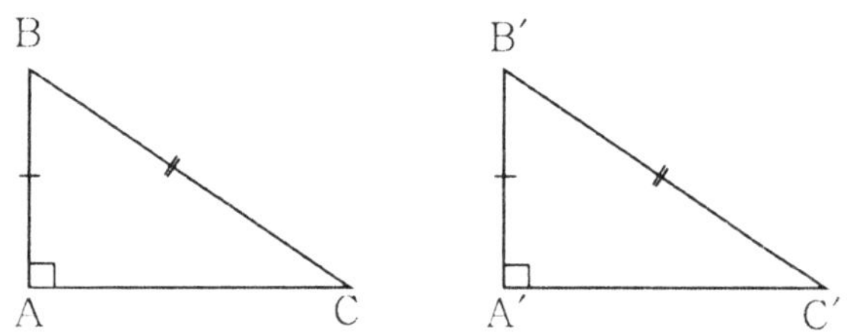

그림 1.71.

17. 두 직각삼각형에서 빗변과 직각을 낀 한변이 서로 합동이면 두 삼각형은 합동임을 증명하여라.

(**도움말:** $\overrightarrow{AC}$와 반향인 반직선 위에 변 A′B′과 합동인 선분 AD를 작도한다. 이때 △DAB ≅ △C′A′B′임을 증명하고 이등변삼각형과 SAA 판정법을 이용하여 결론을 보이면 된다.)

18. 다음은

정리 모든 선분은 유일한 중점을 갖는다.

를 증명한 것이다. 각 단계를 정당화하여라.

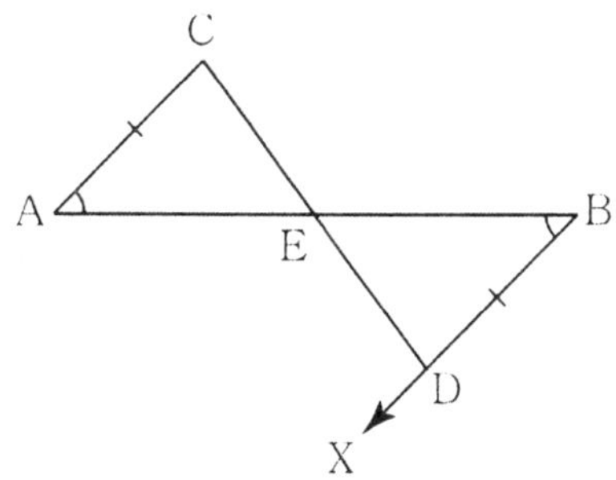

그림 1.72.

(i) C가 직선 $\overleftrightarrow{AB}$ 위에 있지 않은 점이라고 하자.

(ii) 직선 $\overleftrightarrow{AB}$에 관하여 점 C와 반대쪽에 ∠CAB ≅ ∠ABX인 반직선 $\overrightarrow{BX}$가 존재한다.

(iii) 반직선 $\overleftrightarrow{BX}$ 위에 AC ≅ BD인 점 D가 존재한다.

(iv) 점 D는 직선 $\overleftrightarrow{AB}$에 관하여 점 C와 반대쪽에 있다.

(v) 선분 CD와 직선 $\overleftrightarrow{AB}$의 교점을 E라고 하고 점 E가 점 A와 점 B 사이에 있지 않다고 가정하자.

(vi) 그러면 E = A이거나 E = B이거나 E ∗ A ∗ B 또는 A ∗ B ∗ E이다.

(vii) 직선 $\overleftrightarrow{AC}$는 직선 $\overleftrightarrow{BD}$와 평행이다.

(viii) 따라서 $E \neq A$이고 $E \neq B$이다.

(ix) $E * A * B$라고 가정하면 직선 $\overleftrightarrow{CA}$가 $\triangle EBD$의 변 EB와 점 E와 점 B 사이의 점에서 만나므로 직선 $\overleftrightarrow{CA}$는 변 ED나 변 BD와 만난다. 그러나 이것은 불가능하다.

(x) 따라서 점 A는 두 점 E와 B 사이에 있지 않다.

(xi) 같은 이유에 의해 점 B는 두 점 A와 E 사이에 있지 않으므로 $A * E * B$이다.

(xii) 그러면 $\angle AEC \cong \angle BED$이므로 $\triangle EAC \cong \triangle EBD$

(xiii) 그러므로 점 E는 선분 AB의 중점이다.

19. 다음을 증명하여라.

(1) 각의 이등분선은 유일하게 존재한다.

(2) 모든 선분은 유일한 수직이등분선을 갖는다.

20. 다음은 정리 1.6.7의 증명을 개략적으로 한 것이다. 각 단계를 정당화하여라.

증명 $AB > BC$라고 가정하면 $BD \cong BC$, $A * D * B$인 점 D가 존재한다. 이때 반직선 $\overrightarrow{CD}$가 반직선 $\overrightarrow{CB}$와 반직선 $\overrightarrow{CA}$ 사이에 있으므로

$$\angle C > \angle BCD$$

또 $BD \cong BC$이므로 $\angle BDC \cong \angle BCD$이다. 한편 외각정리에 의해 $\angle BDC > \angle A$이므로 $\angle A < \angle C$이다.

역 $\angle C > \angle A$이면 $AB > BC$은 대우를 취하여 위의 증명을 이용하면 된다.

21. △ABC와 △A′B′C′에서 AB ≅ A′B′이고 BC ≅ B′C′이면

$$\angle \mathrm{B} < \angle \mathrm{B}' \quad \Leftrightarrow \quad \angle \mathrm{AC} < \angle \mathrm{A}'\mathrm{C}'$$

임을 증명하여라.

22. 힐버트의 평행공리와 엇각정리(정리 1.6.2)는 동치임을 증명하여라.

제 2 장

쌍곡기하학

2.1 쌍곡공리

쌍곡기하학(hyperbolic geometry)은 중립기하학의 모든 공리를 그대로 인정하고 평행선의 공리를 부정한 명제를 공리로 받아들이는 기하학이다. 평행선의 공리를 부정한 명제를 쌍곡공리(hyperbolic axiom)라고 한다.

공리 2.1.1 (쌍곡공리) 어떤 직선 l과 l 위에 있지 않은 점 P가 존재하여 점 P를 지나고 직선 l과 평행한 직선이 적어도 두 개 존재한다.

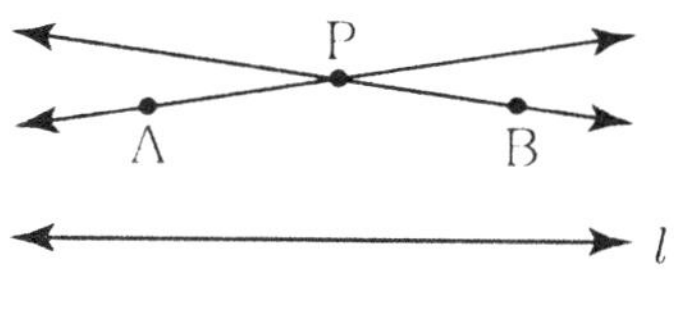

그림 2.1.

정리 2.1.2 쌍곡기하학에서 직사각형은 존재하지 않고 임의의 삼각형의 내각의 합은 180° 보다 작다.

증명. 쌍곡공리는 평행선공리의 부정이므로 쌍곡기하학에서는 평행선공리가 성립하지 않는다. 따라서 따름정리 1.6.20에 의해 직사각형은 존재하지 않고 또

정리 1.6.18에 의해 삼각형의 내각의 합은 180°보다 작다. ∎

따름정리 2.1.3 쌍곡기하학에서 볼록사각형의 내각의 합은 360° 보다 작다.

정리 2.1.4 (쌍곡정리) 쌍곡기하학에서 임의의 직선 l과 l 위에 있는 않은 임의의 점 P에 대하여 점 P를 지나고 직선 l과 평행한 직선이 적어도 두 개 존재한다.

증명. 점 P에서 직선 l에 내린 수선의 발을 Q, 점 P를 지나고 직선 $\overleftrightarrow{PQ}$에 수직인 직선을 m이라고 하면 엇각정리에 의해 $l \parallel m$이다. 직선 l에서 $Q \neq R$인 점 R를 택하고 점 R를 지나고 직선 l에 수직인 직선을 t라고 하자. 점 P에서 직선 t에 내린 수선의 발을 S라고 하면 $\angle PSR = \angle QRS = 90°$이므로 $\overleftrightarrow{PS} \parallel l$이다.

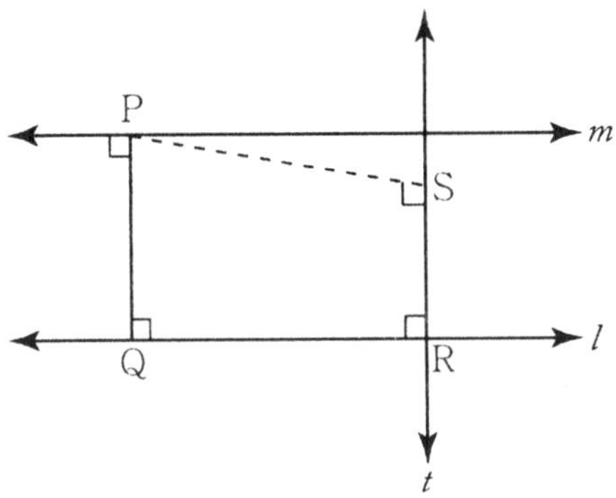

그림 2.2.

이때 $\overleftrightarrow{PS} \neq m$임을 보이자. $\overleftrightarrow{PS} = m$이면 $S \in m$이므로 사각형 PQRS는 직사각형이다. 이는 정리 2.1.2에 모순이다. ∎

두 삼각형 △ABC와 △DEF에 대하여 꼭지점의 집합 $\{A, B, C\}$ 에서 $\{D, E, F\}$로 사상되는 일대일대응이 존재하여 대응하는 꼭지각이 합동일 때 두 삼각형 △ABC와 △DEF이 **닮음삼각형**(similar triangle)이라 하고, 기호 $\triangle ABC \sim \triangle DEF$로 나타낸다.

정리 2.1.5 쌍곡기하학에서 두 삼각형이 닮음삼각형이면 그들은 **합동**이다.

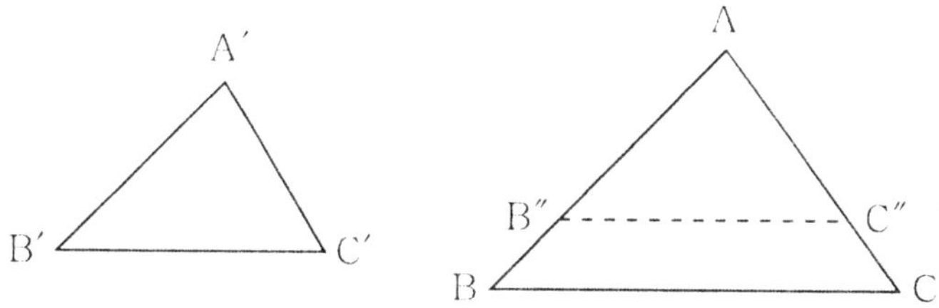

그림 2.3.

증명. 두 삼각형 ABC와 A′B′C′이 닮음삼각형이지만 합동이 아니라고 가정하자. 또 $\angle A \cong \angle A'$, $\angle B \cong \angle B'$, $\angle C \cong \angle C'$이라 가정하자. ASA 합동판정법(1장 연습문제 11)에 의해

$$AB \ncong A'B',\ AC \ncong A'C',\ BC \ncong B'C'$$

이다. 따라서 이 중에서 한 삼각형의 두 변의 길이가 다른 삼각형의 두 변의 길이보다 커야만 한다. $AB > A'B'$, $AC > A'C'$라고 가정하자. 그러면 $A'B' \cong AB''$, $A'C' \cong AC''$을 만족시키는 점 $B'' \in AB$, $C'' \in AC$가 존재한다. SAS 합동판정법에 의해 $\triangle AB''C'' \cong \triangle A'B'C'$이므로

$$\angle AB''C'' \cong \angle B' \cong \angle B, \quad \angle AC''B'' \cong \angle C' \cong \angle C$$

엇각정리에 의해 $\overleftrightarrow{B''C''} \parallel \overleftrightarrow{BC}$이므로 사각형 BCB″C″은 볼록사각형이다.

한편 $\angle B + \angle BB''C'' = \angle AB''C'' + \angle BB''C'' = 180°$이고 똑같이 $\angle C + \angle CC''B'' = 180°$이므로 사각형 BCB″C″의 내각의 합은 360°이다. 이는 따름정리 2.1.3에 모순이다. ∎

정의 2.1.6 사각형 ABCD에서 $\angle A = \angle B = 90°$이고 $AD \cong BC$일 때, □ABCD를 **사케리 사각형**(Saccheri quadrilateral)이라고 한다.

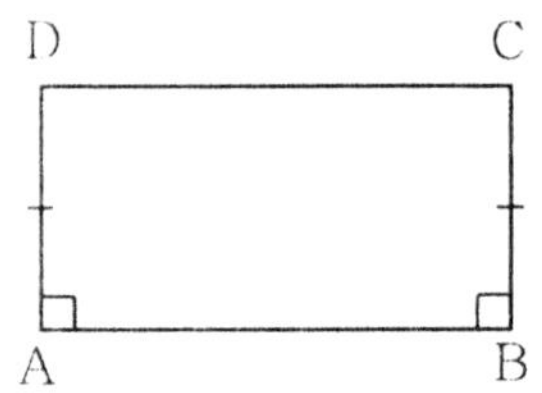

그림 2.4.

도움정리 2.1.7 □ABCD가 $\angle A = \angle B = 90°$이고 $AD \cong BC$인 사케리 사각형이면 $\angle C \cong \angle D$이다.

증명. 연습문제 ■

정의 2.1.8 직선 l 위의 점 $A, B, C, \cdots$에서 직선 l'에 내린 수선의 발을 각각 $A', B', C', \cdots$이라 할 때, 선분 $AA', BB', CC', \cdots$이 $AA' \cong BB' \cong CC' \cong \cdots$이면 점 $A, B, C, \cdots$가 직선 l'으로부터 **등거리(equidistant)**라고 한다.

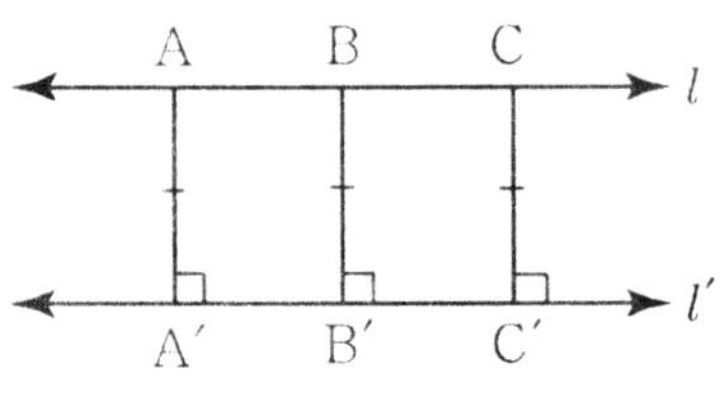

그림 2.5.

정리 2.1.9 쌍곡기하학에서 서로 다른 두 직선 l, l'이 평행할 때, $\mathcal{A}$를 직선 l'으로부터 등거리인 직선 l 위의 점의 집합이라고 하면 집합 $\mathcal{A}$의 원소의 개수는 많아야 *2*이다.

증명. 집합 $\mathcal{A}$의 원소의 개수가 3이상이라고 하고 $A, B, C \in l$가 직선 l'으로부터 등거리인 세 점이라고 하자(그림 2.5). 그러면 세 개의 사각형

$$\square A'B'BA,\ \square A'C'CA,\ \square B'C'CB$$

는 모두 사케리 사각형이므로 도움정리 2.1.7에 의해

$$\angle A'AB \cong B'BA,\ \angle B'BC \cong C'CB,\ \angle A'AB \cong C'CB$$

이다. 특히 $\angle B'BA \cong B'BC$이고 이들은 서로 보각이므로 $\angle B'BA = \cong B'BC =$ $90°$이다. 따라서 세 개의 사각형 $\square A'B'BA$, $\square A'C'CA$, $\square B'C'CB$는 모두 직사각형이므로 정리 2.1.2에 모순이다. ∎

도움정리 2.1.10 $\square A'B'AB$이 $\angle A' = \angle B' = 90°$이고 $A'A \cong B'B$인 사케리 사각형이라고 하자. 밑변 $A'B'$와 윗변 AB의 중점을 각각 M', M이라고 할 때 $M'M$은 $A'B'$과 AB에 각각 수직이고 $M'M < A'A$, $M'M < B'B$이다.

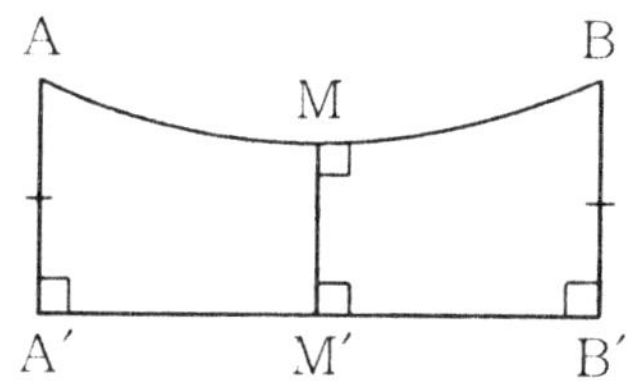

그림 2.6.

증명. 연습문제 ∎

정리 2.1.11 (공통수선) 쌍곡기하학에서 두 직선 l과 l'이 평행할 때, l 위의 두 점 A, B가 직선 l'으로부터 등거리이면 l과 l'은 공통수직선분을 가지며 이것이 l과 l' 사이의 가장 짧은 선분이다.

증명. 점 A와 점 B에서 직선 l'에 내린 수선의 발을 각각 A', B'이라고 하고 선분 AB와 선분 $A'B'$의 중점을 각각 M, M'이라고 하면 도움정리 2.1.10에 의해 $MM' \perp l$, $MM' \perp l'$이고 MM'은 두 직선 l과 l' 사이의 가장 짧은 선분이다. ∎

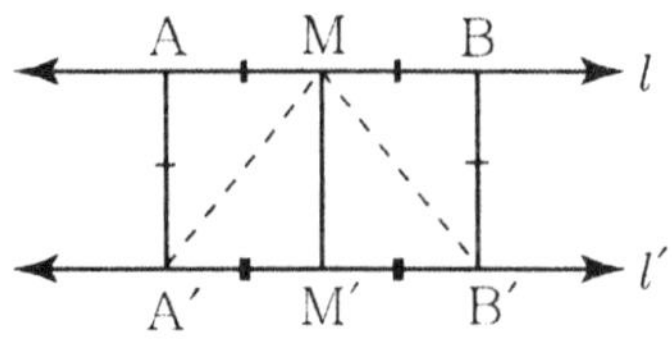

그림 2.7.

극한평행반직선

직선 l과 l 위에 있지 않은 점 P에 대하여, 점 P에서 직선 l에 내린 수선의 발을 Q라 하고 점 Q를 지나고 수선 $\overleftrightarrow{PQ}$에 수직인 직선을 m이라고 하면 엇각정리(정리 1.6.2)에 의해 두 직선 l과 m은 평행하다. 쌍곡기하학에서는 적어도 두 개의 평행선이 존재하므로 m을 제외한 직선 중에서 점 P를 지나고 직선 l과 평행한 직선이 존재한다. 이때 직선 m 위의 점 S, $S \neq P$를 택하고(결합공리 II) 반직선 $\overrightarrow{PS}$와 반직선 $\overrightarrow{PQ}$ 사이에 있는 반직선 $\overrightarrow{PX}$를 생각하자. 이러한 반직선 $\overrightarrow{PX}$는 직선 l과 만날 수도 있고 만나지 않을 수도 있다. 직선 $\overleftrightarrow{PQ}$에 대하여 점 S와 같은쪽에서 직선 l과 만나지 않는 반직선 $\overrightarrow{PX}$를 직선 l의 **좌극한평행반직선**(left limiting parallel ray)이라고 한다. 또, 직선 $\overleftrightarrow{PQ}$에 대하여 점 S와 반대쪽에서 만나지 않는 반직선을 l의 **우극한평행반직선**(right limiting parallel ray)라고 한다. 좌극한평행반직선이나 우극한평행반직선을 직선 l의 **극한평행반직선**(limiting parallel ray)이라고 한다.

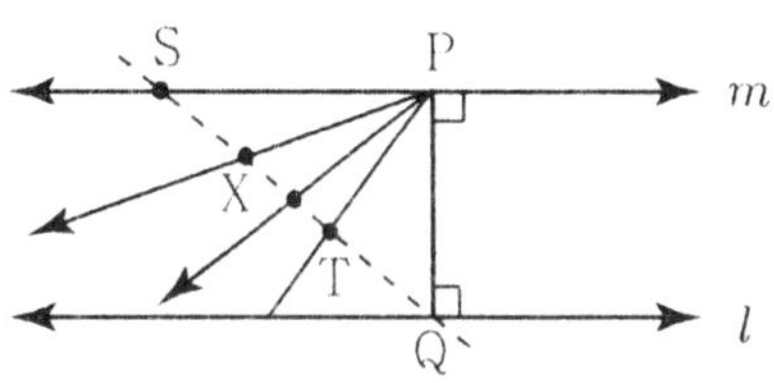

그림 2.8.

정리 2.1.12 직선 l 위에 있지 않은 점 P에서 l에 내린 수선의 발을 Q라고 할 때, 직선 $\overleftrightarrow{PQ}$에 대하여 서로 반대쪽에 다음과 같은 성질을 만족시키는 두 반직선 $\overrightarrow{PX}$와 $\overrightarrow{PY}$가 유일하게 존재한다.

(1) 반직선 $\overrightarrow{\mathrm{PX}}$와 $\overrightarrow{\mathrm{PY}}$는 직선 l과 만나지 않는다.

(2) 점 P로부터 방사된 반직선 $\overrightarrow{\mathrm{PR}}$가 직선 l과 만날 필요충분조건은 $\overrightarrow{\mathrm{PR}}$가 두 반직선 $\overrightarrow{\mathrm{PX}}$와 $\overrightarrow{\mathrm{PY}}$ 사이에 있는 것이다. 특히, $\angle\mathrm{XPQ} \cong \angle\mathrm{YPQ}$이다.

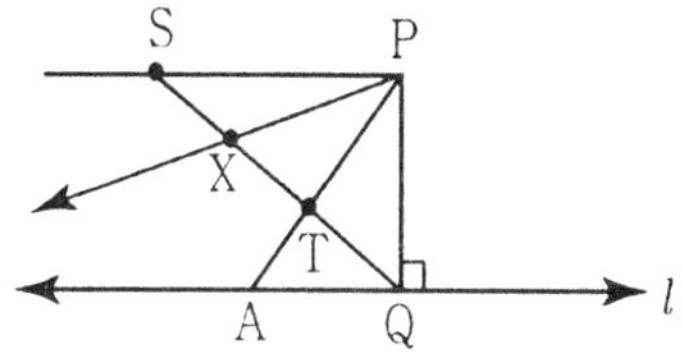

그림 2.9.

증명. 점 P를 지나고 직선 $\overleftrightarrow{\mathrm{PQ}}$에 수직인 직선을 m이라고 하면 $l \parallel m$이다. $\mathrm{S} \in m$, $\mathrm{S} \neq \mathrm{P}$를 택하여 집합 Σ_1과 Σ_2를 다음과 같이 정의하자:

$$\Sigma_1 = \{\mathrm{T} \in \mathrm{SQ} : \overrightarrow{\mathrm{PT}} \cap l \neq \emptyset\}, \quad \Sigma_2 = \mathrm{SQ} - \Sigma_1$$

그러면 $\mathrm{Q} \in \Sigma_1, \mathrm{S} \in \Sigma_2$이고 횡선정리에 의해 (Σ_1, Σ_1)는 데데킨트 절단임을 보일 수 있다. 따라서 데데킨트공리에 의해 $\mathrm{X} \in \mathrm{SQ}$가 존재하여 $\Sigma_1 = \mathrm{QX}$ 또는 $\Sigma_1 = \mathrm{XS}$이다. 즉 $\mathrm{S} * \mathrm{X} * \mathrm{T}$이면 $\overrightarrow{\mathrm{PT}} \cap l \neq \emptyset$이고 $\mathrm{T} * \mathrm{X} * \mathrm{Q}$이면 $\overrightarrow{\mathrm{PT}} \cap l = \emptyset$이다.

주장 1: $\overrightarrow{\mathrm{PX}} \cap l = \emptyset$

반직선 $\overrightarrow{\mathrm{PX}}$와 직선 l이 점 U에서 만난다고 가정하자. $\mathrm{V} * \mathrm{U} * \mathrm{Q}$인 점 $\mathrm{V} \in l$을 택하면 두 점 U, V는 직선 $\overleftrightarrow{\mathrm{SQ}}$에 대하여 같은 쪽에 있고 두 점 U, P는 직선 $\overleftrightarrow{\mathrm{SQ}}$에 대하여 반대쪽에 있으므로 점 V와 점 P는 직선 $\overleftrightarrow{\mathrm{SQ}}$에 대하여 반대쪽에 있다. 따라서 반직선 $\overrightarrow{\mathrm{PV}}$는 직선 l과 만난다. 반직선 $\overrightarrow{\mathrm{PV}}$와 직선 l의 교점을 X'이라고 하면 정리 1.3.13에 의해 $\mathrm{X}' * \mathrm{X} * \mathrm{Q}$이므로 $\mathrm{X}' \in \Sigma_2$이다. 이것은 $\overrightarrow{\mathrm{PX}'} \cap l = \overrightarrow{\mathrm{PV}} \cap l = \emptyset$에 모순이다.

위의 **주장 1**에 의해 $\overrightarrow{\mathrm{PX}}$는 좌극한평행반직선이다. $\mathrm{S} * \mathrm{P} * \mathrm{S}'$, $\mathrm{S}' \in m$인 점을 택하여 같은 방법으로 하면 우극한평행반직선 $\overrightarrow{\mathrm{PY}}$를 얻는다.

주장 2: $\angle XPQ \cong \angle YPQ$

$\angle XPQ < \angle YPQ$라고 하면 반직선 $\overrightarrow{PY'}$이 반직선 $\overrightarrow{PY}$와 $\overrightarrow{PQ}$ 사이에 존재하여

$$\angle Y'PQ \cong \angle XPQ, \quad \overrightarrow{PY'} \cap l \neq \emptyset$$

이다. 반직선 $\overrightarrow{PY'}$과 직선 l의 교점이 R'일 때, $RQ \cong R'Q, R * Q * R'$인 점 $R \in l$을 택하자.

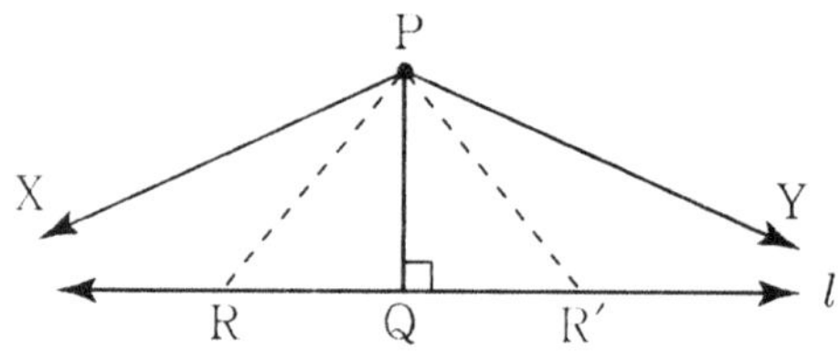

그림 2.10.

그러면 $\triangle RPQ \cong \triangle R'PQ$이므로

$$\angle RPQ \cong \angle R'PQ \cong \angle XPQ$$

점 X와 R는 직선 $\overleftrightarrow{PQ}$에 대하여 같은쪽에 있으므로 $\overrightarrow{PR} = \overrightarrow{PX}$이다. 이것은 $\overleftrightarrow{PX} \cap l = \emptyset$에 모순이다. ∎

점 P가 직선 l 위에 있지 않은 점일 때 점 P에서 직선 l에 내린 수선의 발을 Q라 하고, 점 Q를 지나고 직선 $\overleftrightarrow{PQ}$에 수직인 직선을 m이라 하자. R가 $R \neq Q$인 l 위의 점일 때, 점 R로부터 직선 m에 내린 수선의 발을 S라 하면 연습문제 3에 의해 $PQ < RS$이고 $PS < QR$이다. 이 사실을 이용하면 극한평행반직선을 작도하는 방법을 제공하는 다음 정리를 증명할 수 있다. 그러나 그 증명은 매우 복잡하므로 생략하기로 한다. ([2], [5])

정리 2.1.13 (볼리아이의 정리) [1] 점 P가 직선 l 위에 있지 않은 점일 때 점 P에서 직선 l에 내린 수선의 발을 Q라 하고, 점 Q를 지나고 직선 $\overleftrightarrow{PQ}$에 수직

[1] J. Bolyai(1802-1860): 헝가리의 수학자

인 직선을 m이라 하자. R가 R $\neq$ Q인 l 위의 점일 때, 점 R로부터 직선 m에 내린 수선의 발을 S라 하자. 점 X가 R $*$ X $*$ S이고 PX $\cong$ QR이면 $\overrightarrow{\mathrm{PX}}$는 l의 극한평행반직선이다.

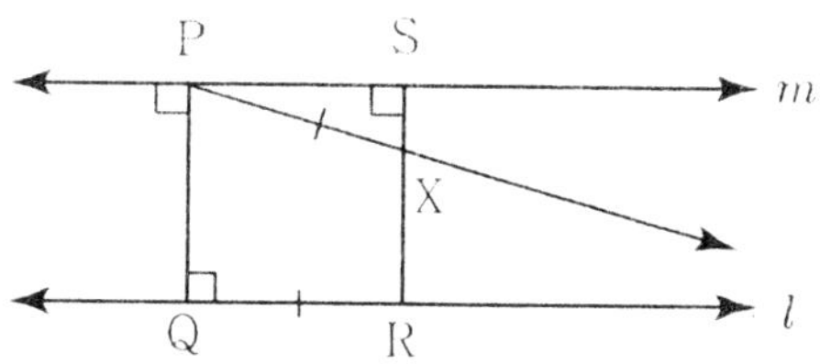

그림 2.11.

정리 2.1.14 두 직선 l과 m이 평행하고 직선 m이 직선 l의 극한평행반직선을 갖지 않으면 l과 m의 공통수선은 유일하게 존재한다.

증명. 연습문제 ∎

2.2 쌍곡기하학의 모형

유클리드의 평행선공리를 부정한 쌍곡공리는 우리의 상식적인 관점이나 직관으로 보면 매우 어색할 수도 있다. 이는 우리가 유클리드 기하학이나 유클리드 공간에 매우 익숙해있기 때문이다. 따라서 쌍곡공리를 공리로 받아들이는 쌍곡기하학에서는 모순이 없다는 사실을 증명하는 것이 매우 중요한 과제이다. 유클리드 기하학의 경우에는 비유클리드 기하학이 발견되기까지 모순이 없다고 믿었다. 그러나 비유클리드 기하학이 발견된 이후로 유클리드 기하학 및 비유클리드 기하학의 무모순성에 대한 논의가 필요하게 되었다.

쌍곡기하학의 무모순성을 증명할 수 있는 방법이나 모순을 유도할 수 있는 어떤 가능한 방법이 존재하지 않는다는 것을 증명하기 위해서는 유클리드 기하학이 모순이 없다는 것을 가정해야 한다. 유클리드 기하학이 모순이 없다는 가정을 하고 쌍곡공리를 포함한 쌍곡기하학의 모든 공리를 만족시키는 모형(model)을 제시함으로써 쌍곡기하학의 무모순성을 보일 수 있다. 이를 다음과 같이 나타낼 수 있다.

정리 2.2.1 (초수학적 정리) 유클리드 기하학이 모순이 없다면 쌍곡기하학도 모순이 없다.

이 절에서는 쌍곡기하학의 모형을 알아보고 정리 2.2.1의 증명은 4절에서 하기로 한다.

초수학적 정리로부터 다음 따름정리가 성립한다.

따름정리 2.2.2 유클리드 기하학이 모순이 없다면 평행선공리를 제외한 나머지 공리로부터 평행선공리를 증명하는 것은 불가능하다. 즉, 평행선공리는 다른 공리와 독립이다.

증명. 평행선공리를 나머지 공리로부터 증명할 수 있다고 가정하면 쌍곡공리가 그 증명된 결과에 모순을 초래하기 때문에 쌍곡기하학에 모순이 생긴다. 따라서 초수학적 정리에 의하면 유클리드 기하학에도 모순이 생기므로 가정에 위배된다. ∎

클라인 모형(Klein Model)[2]

중심이 O이고 반지름이 OR인 원 γ에서 OX < OR를 만족시키는 내부의 점 X 전체의 집합을 클라인 모형에서 점의 집합으로 정의한다. 그리고 원 γ의 현 AB에서 양 끝점 A, B를 제외한 개현(開弦, open chord)을 클라인 모형의 직선으로 정의한다. 무정의 용어인 '위에 놓여 있다', '사이'는 유클리드 기하학에서와 같은 통상적인 의미로 사용하기로 한다.

클라인 모형에서 두 직선의 '평행'은 원 γ의 두 개현이 원의 내부에서 만나는 않을 때 평행하다고 정의하면 된다. 유클리드 기하학에서 정의된 평행의 개념이 클라인 모형에서는 '직선'을 '개현'으로 바꾸면 된다. 무정의 용어를 포함한 다른 모든 유클리드 기하학의 용어들을 적당한 방법으로 클라인 모형으

[2]F. Klein (1849-1925); 독일의 수학자

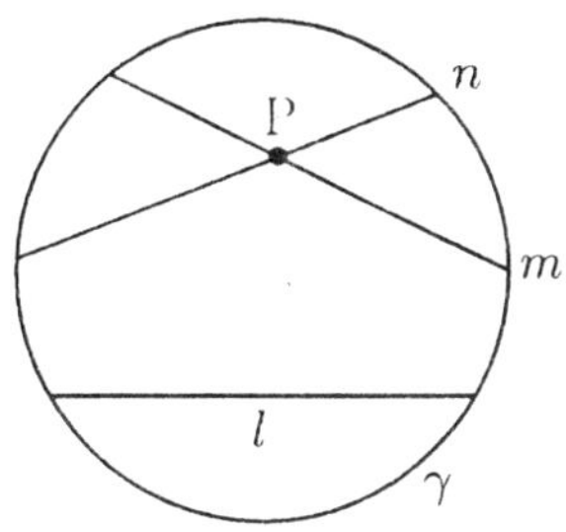

그림 2.12.

로 옮길 수 있다. 클라인 모형의 장점 중의 하나는 극한평행반직선을 보여주기가 쉽다는 것이다. 점 P가 원 γ의 내부의 점으로 개현 AB 위에 놓여 있지 않다고 하자. 점 A와 점 B는 원 γ 위의 점이므로 클라인 모형의 점에 포함되지 않는다. 점 P를 지나는 개현 AB의 극한평행반직선은 끝점 A와 B를 제외한 선분 PA와 PB로 주어진다.

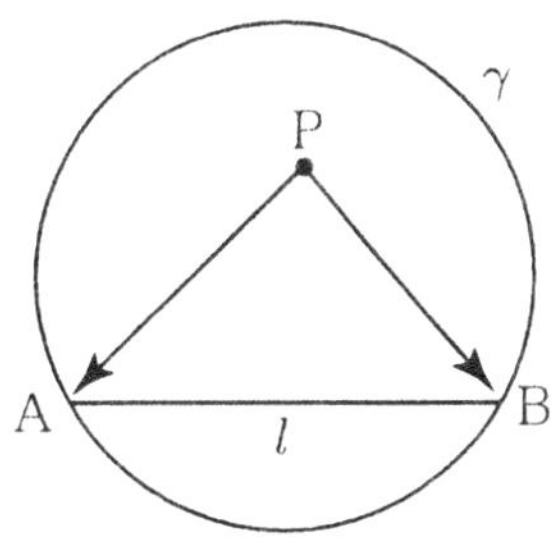

그림 2.13.

클라인 모형에서 가장 미묘하고 복잡한 표현을 갖는 개념은 '합동' 이다. 두 각의 크기가 같으면 합동으로 해석되고 두 선분의 길이가 같으면 합동인 선분으로 해석되지만 클라인 모형에서 각의 크기나 선분의 길이의 측정에 유클리드의 방법을 적용할 수 없다는 것이다. 예를 들어 유클리드 길이를 사용하면 클라인 모형의 직선(개현)은 원 γ의 지름보다 작거나 같은 유한 값을 가진다. 그러나 이것은 직선의 길이가 무한이 길다는 것을 보장해주는 순서공리 등에 위배된다. 클라인 모형에서의 합동은 참고문헌으로 대신하기로 하고 (참고문헌 [5]) 각의 합동을 쉽게 나타낼 수 있는 다른 쌍곡기하학의 모형인 푸앵카레[3](Poincaré)모형에 대하여 알아보기로 한다.

푸앵카레 모형(Poincaré Model)

클라인 모형과 마찬가지로 푸앵카레 모형도 원 γ의 내부로 주어진다. 즉 푸앵카레 모형의 점은 원 γ의 내부의 점으로 정의한다. 그러나 직선은 클라인 모형과 다르게 표현된다.

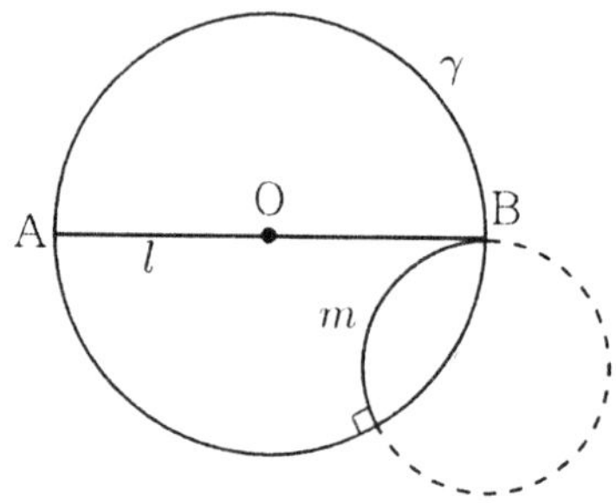

그림 2.14.

원 γ의 중심 O를 지나는 모든 개현(지름)과 원 γ와 직교하는 다른 원 δ의 호(arc)를 직선으로 정의한다. 원 γ 위의 점은 푸앵카레 모형의 점이 아니므로 원 δ에 의해 주어지는 호는 개호(開弧, open arc)를 나타낸다. 양 끝점을 제외한 지름으로 주어지는 직선과 개호로 주어지는 직선을 **푸앵카레 직선**(Poincar'e line) 또는 간단히 직선을 $\mathcal{P}$-**직선**이라고 한다.

원 γ의 내부에 있는 점이 유클리드 의미로 $\mathcal{P}$-직선 위에 있으면 그 직선 '위에 있다' 고 한다. 또, 무정의 용어 '사이' 도 유클리드 기하학에서와 같이 통상적인 의미로 사용한다. 점 A에서 만나는 두 $\mathcal{P}$-직선 또는 그 일부부인 푸앵카레 선분의 각은 점 A에서 각 직선에 접하는 접선의 사이각으로 정의한다. $\mathcal{P}$-직선과 지름 사이의 각도 같은 방법으로 정의한다.

그림 2.15 (a)는 푸앵카레 모형에서 극한평행반직선의 예를 보여준다. 직선 l은 원 γ의 중심 O를 지나는 지름을 나타내고 반직선 PA와 PB는 양 끝점 A와 B에

[3]H. Poincaré (1854-1912); 프랑스의 수학자

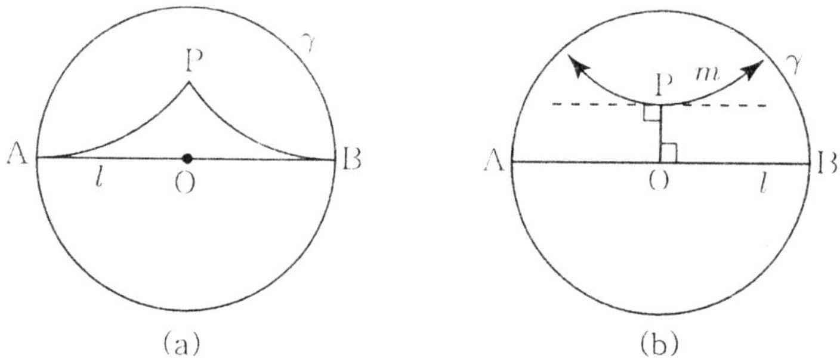

그림 2.15.

서 직선 l과 접하는 호의 일부이다. 한편, 그림 2.15 (b)는 푸앵카레 모형에서 공통수선을 갖는 두 직선을 보여주고 있다.

쌍곡기하학의 모형으로 클라인 모형과 푸앵카레 모형 이외에 쌍곡평면이 있다. 쌍곡평면은 좌표평면 $\mathbb{R}^2 = \{(x,y) : x, y \in \mathbb{R}^2$에서 $y > 0$인 반평면을 모형으로 택하고 이를 $\mathbb{H}^2$로 나타낸다. 즉,

$$\mathbb{H}^2 = \{(x,y) \in \mathbb{R}^2 : y > 0\}$$

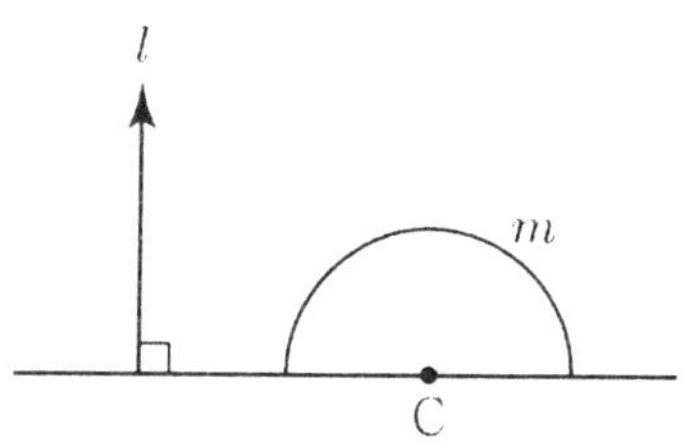

그림 2.16.

쌍곡평면 $\mathbb{H}^2$에서 직선은 다음 두 가지 종류로 정의한다:

(1) x축 위의 점으로부터 방사되어 x축에 수직인 반직선

(2) x축 위의 한 점을 중심으로 하고 y좌표가 양수인 반원

쌍곡평면에 대해서는 4장에서 다루기로 한다.

2.3 반전사상

푸앵카레 모형에서 선분의 길이나 합동을 정의하기 위해서는 좌표평면에서 정의되는 특별한 성질을 갖는 사상이 필요하다.

정의 2.3.1 γ는 중심이 O이고 반지름의 길이가 r인 원이고 $\mathrm{P} \neq \mathrm{O}$라고 하자. 원 γ에 대한 점 P의 **반점**(inverse point) P′은 반직선 $\overrightarrow{\mathrm{OP}}$ 위의 점 중에서

$$\overline{\mathrm{OP}} \cdot \overline{\mathrm{OP'}} = r^2$$

을 만족시키는 유일한 점을 나타낸다.

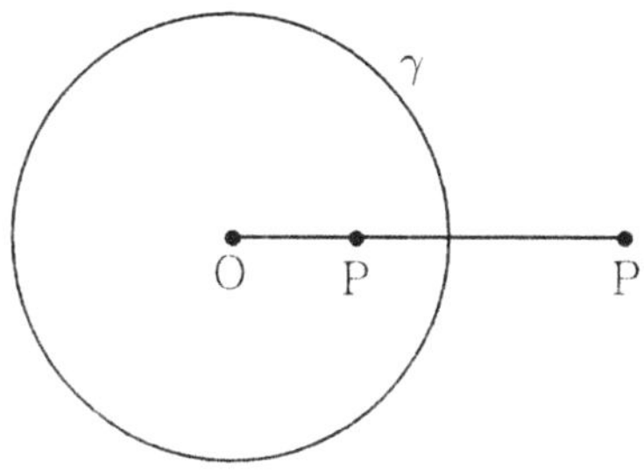

그림 2.17.

합동공리 I에 의해 반점 P′은 유일하게 결정되므로 각 점 $\mathrm{P} \neq \mathrm{O}$을 원 γ에 대한 반점 P′으로 사상시키는 반전사상(inversion)은 잘 정의된다.

다음 도움정리는 반점과 반전사상의 정의로부터 성립한다.

도움정리 2.3.2 점 $\mathrm{P} \neq \mathrm{O}$의 원 γ에 대한 반점을 P′이라고 하면

(1) $\mathrm{P} = \mathrm{P'}$일 필요충분조건은 점 P가 원 γ 위에 있는 것이다.

(2) 점 P가 원 γ의 내부에 있으면 P′은 γ의 외부에 있고, 점 P가 γ의 외부에 있으면 P′은 γ의 내부에 있다.

(3) $(\mathrm{P'})' = \mathrm{P}$

다음 두 정리는 직각자와 컴파스 만을 이용하여 반점을 작도하는 방법을 보여준다.

정리 2.3.3 원 γ의 내부에 있는 점 P에 대하여 선분 TU는 점 P를 지나고 직선 $\overleftrightarrow{\mathrm{OP}}$와 수직인 γ의 현이면 점 P의 원 γ에 대한 반점 P′은 점 T와 U에서 원 γ에 접하는 두 접선의 교점이다.

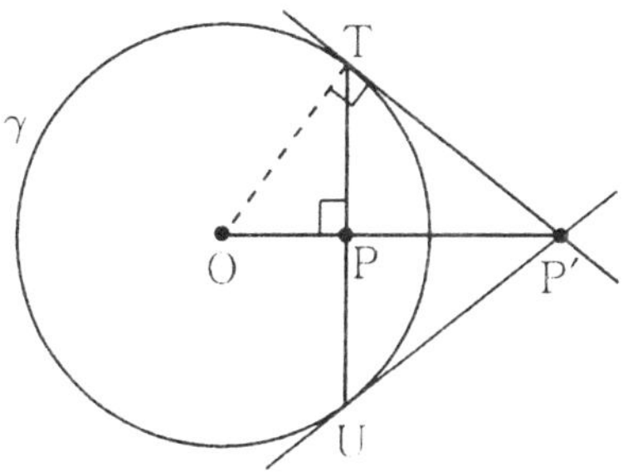

그림 2.18.

증명. 점 T에서 원 γ에 접하는 접선과 반직선 $\overrightarrow{\mathrm{OP}}$의 교점을 Q라고 하면 $\triangle\mathrm{OPT} \sim \triangle\mathrm{OTQ}$(닮음)이다. 따라서 대응하는 변의 길이는 비례하므로

$$\frac{\overline{\mathrm{OP}}}{r} = \frac{\overline{\mathrm{OP}}}{\overline{\mathrm{OT}}} = \frac{\overline{\mathrm{OT}}}{\overline{\mathrm{OP'}}} = \frac{r}{\overline{\mathrm{OP'}}}$$

따라서 점 Q는 점 P의 원 γ에 대한 반점이다. 즉 $\mathrm{Q} = \mathrm{P'}$이다. 같은 이유에 의해 점 U에서 원 γ에 접하는 접선은 반직선 $\overrightarrow{\mathrm{OP}}$와 점 $\mathrm{Q} = \mathrm{P'}$에서 만난다. ∎

정리 2.3.4 점 P가 원 γ의 외부에 있을 때 선분 OP의 중점을 Q라고 하자. 또 중심이 Q이고 반지름의 길이가 $\overline{\mathrm{OQ}} = \overline{\mathrm{QP}}$인 원을 σ라고 하면 σ는 원 γ 위의 두 점 T, U에서 만나고, 직선 $\overleftrightarrow{\mathrm{PT}}$와 직선 $\overleftrightarrow{\mathrm{PU}}$는 원 γ에 접한다. 또, 두 선분 TU와 OP의 교점은 점 P의 원 γ에 대한 반점 P′과 일치한다.

증명. 원의 연속원리에 의해 두 원 σ, γ는 두 점 T, U에서 만난다. 또, 선분 OP는 원 σ의 지름이므로

$$\angle\mathrm{OTP} = \angle\mathrm{OUP} = 90^\circ$$

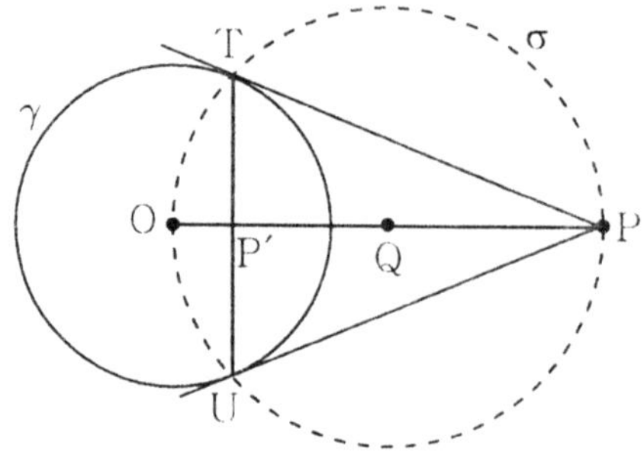

그림 2.19.

따라서 직선 $\overleftrightarrow{PT}$와 직선 $\overleftrightarrow{PU}$는 점 T와 U에서 원 γ에 각각 접한다. 두 선분 TU와 OP의 교점을 S라고 하면 정리 2.3.3에 의해 $S' = P$이므로 $P' = (S')' = S$이다. ∎

다음 정리는 원 위의 두 점을 지나는 $\mathcal{P}$-직선을 만드는 방법을 보여준다.

정리 2.3.5 중심이 O인 원 γ 위의 두 점 T, U에서 접하는 두 접선의 교점을 P라고 하자. 선분 TU가 원 γ의 지름이 아니면

(1) $PT \cong PU$, $\angle PTU \cong \angle PUT$, $\overleftrightarrow{OP} \perp \overleftrightarrow{TU}$

(2) 점 P를 중심으로 하고 반지름의 길이가 $\overline{PT} = \overline{PU}$인 원 δ는 두 점 T, U에서 원 γ와 직교한다.

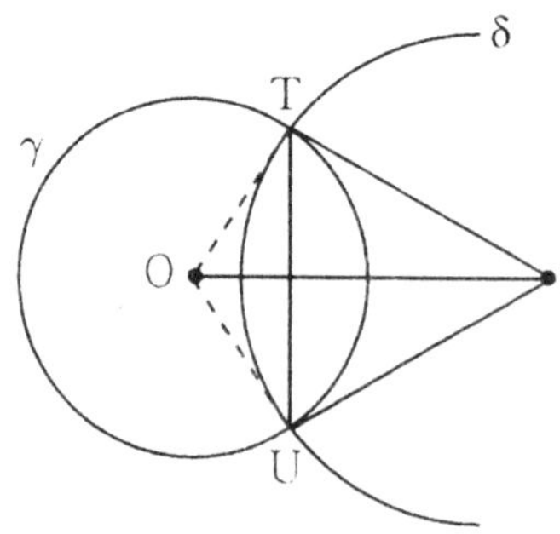

그림 2.20.

증명. 접선의 성질에 의해 ∠OTP와 ∠OUP는 직각이므로 직각삼각형의 합동 판정법에 의해 △OTP ≅ △OUP이다. 따라서

$$\mathrm{PT} \cong \mathrm{PU}, \quad \angle \mathrm{OPT} \cong \angle \mathrm{OPU}$$

또, 삼각형 PTU는 이등변삼각형이고 ∠OPT ≅ ∠OPU이므로 $\overleftrightarrow{\mathrm{OP}} \perp \overleftrightarrow{\mathrm{TU}}$이다. 끝으로 $\overleftrightarrow{\mathrm{PT}}$와 $\overleftrightarrow{\mathrm{PU}}$가 원 γ에 접하므로 원 δ는 원 γ와 직교한다. ∎

도움정리 2.3.6 원 δ 위에 있지 않는 점 O에 대하여

(1) 점 O를 지나는 두 직선이 원 δ와 각각 두 점 $\mathrm{P}_1, \mathrm{P}_2$, $\mathrm{Q}_1, \mathrm{Q}_2$에서 만나면

$$\overline{\mathrm{OP}_1} \cdot \overline{\mathrm{OP}_2} = \overline{\mathrm{OQ}_1} \cdot \overline{\mathrm{OQ}_2} \tag{2.1}$$

점 O가 원 δ의 외부에 있을 때 식 (2.1)의 값을 원 δ에 관한 점 O의 **방멱**(放冪, power)이라고 한다.[4] 점 O가 원 δ의 내부에 있을 때는 식 (2.1)의 값에 *-1*을 곱한 값을 점 O의 방멱이라고 한다.

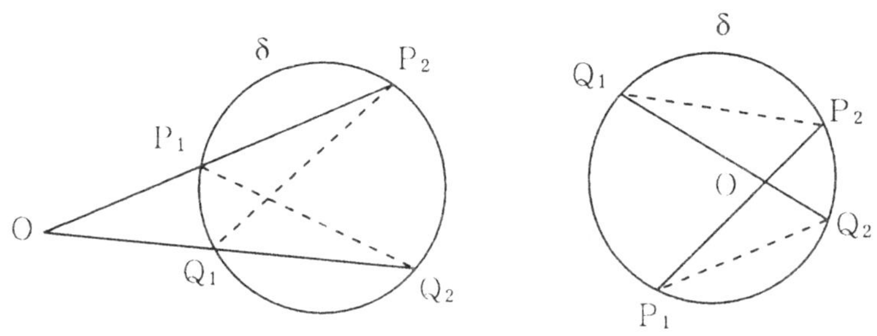

그림 2.21.

(2) 점 O가 원 δ의 외부에 있고 O를 지나고 원 δ에 접하는 접선이 점 T에서 δ와 만나면 $\overline{\mathrm{OT}}^2$는 δ에 관한 O의 방멱과 같다.

증명.

[4] 농도(濃度)라고도 한다.

(1) 동일한 호에 대한 원주각은 모두 합동이므로

$$\angle P_2P_1Q_2 \cong \angle P_2Q_1Q_2, \quad \angle P_1Q_2Q_1 \cong \angle P_1P_2Q_1$$

따라서 $\triangle OP_1Q_2 \sim \triangle OQ_1P_2$(닮음)이고

$$\frac{\overline{OP_1}}{\overline{OQ_1}} = \frac{\overline{OQ_2}}{\overline{OP_2}}$$

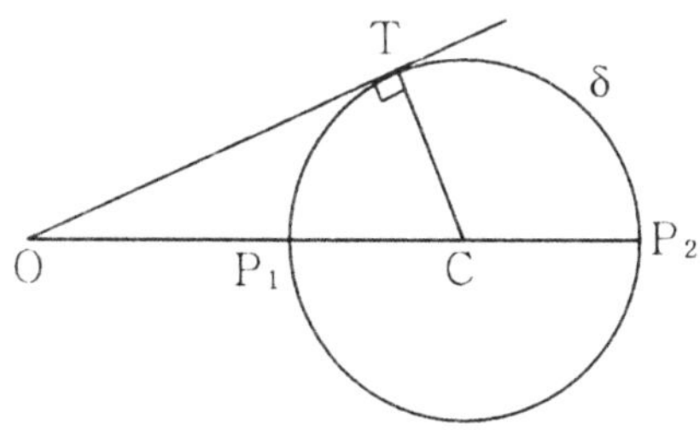

그림 2.22.

(2) 원 δ의 중심을 C라 하고 직선 OC가 $O * P_1 * C * P_2$인 점 P_1, P_2에서 원 δ와 만난다고 하면 피타고라스의 정리에 의해

$$\begin{aligned}\overline{OT}^2 &= \overline{OC}^2 - \overline{CT}^2 \\ &= (\overline{OC} - \overline{CT})(\overline{OC} + \overline{CT}) \\ &= (\overline{OC} - \overline{CP_1})(\overline{OC} + \overline{CP_2}) \\ &= \overline{OP_1} \cdot \overline{OP_2}\end{aligned}$$

∎

정리 2.3.7 중심이 O이고 반지름의 길이가 r인 원 γ와 원 γ 위에 있지 않는 점 P $(P \neq O)$를 지나는 원 δ 에 대하여 원 δ와 원 γ가 직교할 필요충분조건은 δ가 원 γ에 관한 점 P의 반점 P$'$을 지나는 것이다.

증명. 원 δ가 원 γ에 관한 점 P의 반점 P′을 지나면 원 δ의 중심 C는 선분 PP′의 수직이등분선 위에 놓여 있다. 따라서 $\overline{\mathrm{CO}} > \overline{\mathrm{CP}}$이므로 점 O는 원 δ의 외부에 있다. 점 O를 지나고 원 δ에 접하는 접선의 접점을 T라고 하면 도움정리 2.3.6에 의해

$$\overline{\mathrm{OT}}^2 = \overline{\mathrm{OP}} \cdot \overline{\mathrm{OP'}} = r^2$$

따라서 점 T는 원 γ 위에 있고 원 δ와 원 γ는 직교한다.

역으로 두 원 δ, γ가 점 T와 U에서 직교하면 T와 U에서 원 δ에 접하는 접선은 점 O에서 만나므로 O는 δ의 외부에 있다. 따라서 반직선 $\overrightarrow{\mathrm{OP}}$는 또 다른 점 Q에서 원 δ와 만난다. 도움정리 2.3.6 (2)에 의해

$$r^2 = \overline{\mathrm{OT}}^2 = \overline{\mathrm{OP}} \cdot \overline{\mathrm{OQ}}$$

이므로 Q = P′이다. ∎

정리 2.3.7는 원 γ의 지름 위에 있지 않는 내부의 서로 다른 두 점 P, Q에 대하여 P, Q를 지나는 $\mathcal{P}$-직선의 존재성을 말해준다. 정리 2.3.3를 이용하여 점 P의 원 γ에 대한 반점 P′을 작도한 후 한 직선 위에 있지 않는 세 점 P, Q, P′을 지나는 원을 δ라고 하면 정리 2.3.7에 의해 원 δ와 γ는 직교한다. 따라서 원 γ의 내부에 있는 원 δ의 호는 두 점 P, Q를 지나는 $\mathcal{P}$-직선이다. 결과적으로 푸앵카레 모형에서 유클리드 공리 I과 결합공리 I이 성립한다.

도움정리 2.3.8 **중심이 O이고 반지름의 길이가 r인 원 γ와 점 O와 한 직선 위에 있지 않은 두 점 P, Q에 대하여 P′과 Q′을 각각 원 γ에 대한 점 P와 Q의 반점이라고 하면**

$$\triangle\mathrm{POQ} \sim \triangle\mathrm{Q'OP'} \text{ (닮음)}$$

증명. 두 삼각형 △POQ와 △Q′OP′은 ∠POQ를 공통각으로 갖는다. 또, 반점의 정의에 의해 $\overline{\mathrm{OP}} \cdot \overline{\mathrm{OP'}} = r^2 = \overline{\mathrm{OQ}} \cdot \overline{\mathrm{OQ'}}$ 즉,

$$\frac{\overline{\mathrm{OP}}}{\overline{\mathrm{OQ'}}} = \frac{\overline{\mathrm{OQ}}}{\overline{\mathrm{OP'}}}$$

이므로 △POQ ∼ △Q′OP′이다. ∎

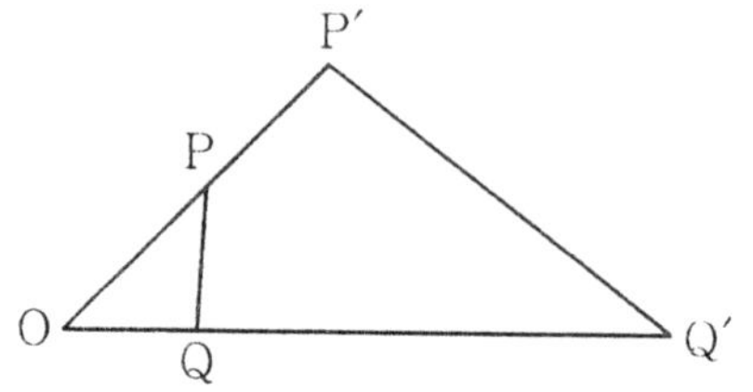

그림 2.23.

정리 2.3.9 원 γ의 중심을 O라 하고 l이 중심 O를 지나지 않는 직선일 때, 원 γ에 대한 반전사상에 의해 직선 l은 점 O를 제외한 원 δ로 사상된다. 또 점 O를 지나는 원 δ의 지름은 직선 l과 수직이다.

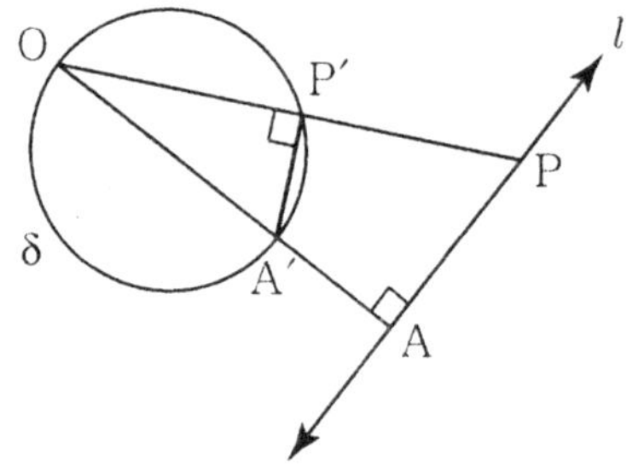

그림 2.24.

증명. 점 O에서 직선 l에 내린 수선의 발을 A라고 하고 P가 $P \neq A$인 직선 l 위의 임의의 점이라고 하자. 또, 원 γ에 관한 점 A와 P의 반점을 각각 A'과 P'이라고 하자. 도움정리 2.3.8에 의해 삼각형 $OP'A'$은 삼각형 OAP와 닮음이므로 $\angle OP'A'$은 직각이다. 따라서 점 P'은 지름이 OA'인 원 δ 위에 놓여 있다. P는 직선 l의 임의의 점이므로 직선 l은 원 γ에 관한 반전사상에 의해 O를 제외한 원 δ로 사상된다. ∎

원 γ에 대한 반전사상에 의해 γ의 내부는 γ의 외부로 사상되고, 외부는 내부로 사상되므로 직선 l이 γ의 외부에 놓여 있으면 직선 l은 γ에 대한 반전사상에 의해 γ의 중심 O를 지나고 γ의 내부에 놓이는 원으로 사상된다. 또 직선 l이 γ와 두 점에서 만나면 직선 l은 γ에 대한 반전사상에 의해 원의 내부에 놓여 있는 현은 외부로 사상되고 외부에 놓여 있는 부분은 γ의 내부로 사상되며, 직선 l과 원 γ의 교점은 고정된다.

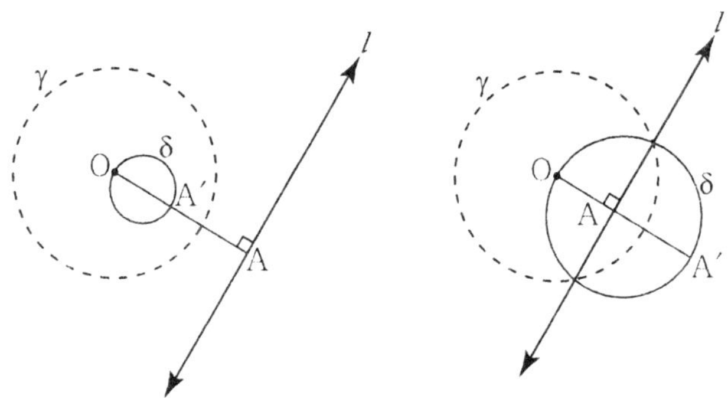

그림 2.25.

한편, 반전사상을 자기 자신과 합성하면 항등사상이므로 정리 2.3.9의 역도 성립한다.

정리 2.3.10 δ**가 원** γ**의 중심 O를 지나는 원일 때, 원** γ**에 관한 반전사상에 의해** $\delta - \{O\}$**는 점 O를 지나지 않는 직선으로 사상된다.**

증명. OA'을 원 δ의 지름이라 하고 A를 원 γ에 관한 점 A'의 반점이라고 하자. 또, 점 A를 지나고 직선 OA에 수직인 직선을 l이라고 하면 정리 2.3.9에 의해 직선 l은 원 γ에 관한 반전사상에 의해 $\delta - \{O\}$로 사상된다. 반전사상은 그 역사상과 같으므로 $\delta - \{O\}$는 직선 l로 사상된다. ∎

2.4 평행공리의 독립성과 쌍곡기하학의 무모순성

클라인 모형과 마찬가지로 푸앵카레 모형에서도 합동에 관한 공리나 성질을 증명하는 것이 가장 복잡한 부분이다. 이 절에서는 앞 절에서 다룬 반사사상의 성질을 이용하여 선분과 각에 대한 합동공리와 삼각형의 합동공리를 증명하기로 한다.

우선 푸앵카레 모형에서의 각은 유클리드 의미로 측정되므로 합동공리 V는 자명하다. 한 점 A에서 주어진 각과 합동인 각을 작도할 수 있다는 합동공리 IV를 증명하자.

점 A가 원 γ의 중심 O와 일치하면 점 O를 지나는 직선은 유클리드 의미로 선분을 나타내므로 힐버트의 합동공리 IV에 의해 자명하다. A $\neq$ O일 때, 점 A를 지나는 직선 l이 직선 OA와 이루는 각이 주어진 각과 합동이라고 하자. 이때 원 γ와 수직이고 점 A를 지나면서 직선 l에 접하는 원 δ를 작도하면 된다.

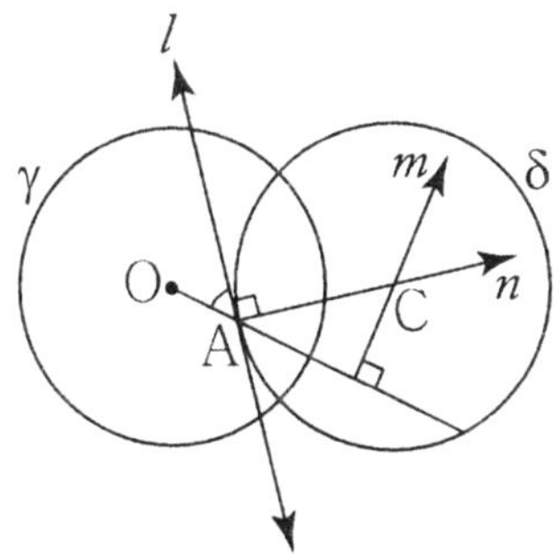

그림 2.26.

정리 2.3.7에 의해 원 δ는 원 γ에 관한 점 A의 반점 A$'$을 지난다. 따라서, 원 δ의 중심 C는 선분 AA$'$의 수직이등분선 m 위에 놓여 있다. 원 δ가 점 A에서 직선 l과 접하기 위해서는 직선 AC와 직선 l이 수직이어야만 한다. 따라서 점 A에서 직선 l과 수직인 직선을 n이라고 하고 직선 m과 직선 n의 교점을 C라고 할 때, 중심이 C이고 반지름의 길이가 $\overline{\mathrm{CA}}$인 원을 δ라고 하면 점 A에서 원 δ와 직선 OA 사이의 각은 직선 l과 직선 OA의 사이의 각과 같으므로 합동공리 IV의 증명이 끝났다.

정의 2.4.1 A와 B가 원 γ의 내부의 점이고 P와 Q는 A와 B를 지나는 $\mathcal{P}$-직선의 끝점으로 P $*$ A $*$ B $*$ Q라고 하자. 이때 다음 값

$$\frac{\overline{\mathrm{AQ}} \cdot \overline{\mathrm{BP}}}{\overline{\mathrm{AP}} \cdot \overline{\mathrm{BQ}}}$$

을 푸앵카레 선분 AB의 **복비**(cross ratio)라고 하고 (AB, PQ)로 나타낸다. 여

기서 $\overline{\mathrm{AP}}$는 유클리드 선분 AP의 **유클리드 길이**를 나타낸다. 또

$$|\log(\mathrm{AB}, \mathrm{PQ})|^{5}$$

를 푸앵카레 선분 AB의 **길이**라고 하고 $d(\mathrm{AB})$로 나타낸다.

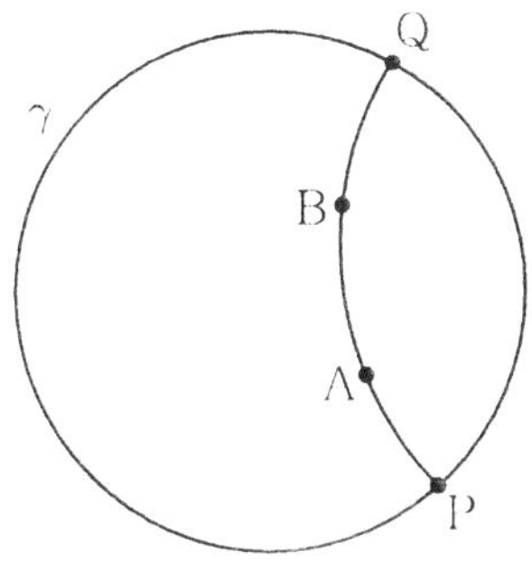

그림 2.27.

복비의 정의로부터 다음이 성립한다:

(1) $(\mathrm{AB}, \mathrm{QP}) = \dfrac{1}{(\mathrm{AB}, \mathrm{PQ})} = \dfrac{1}{(\mathrm{BA}, \mathrm{PQ})}$

(2) $(\mathrm{AB}, \mathrm{PQ}) = (\mathrm{BA}, \mathrm{QP})$

따라서 푸앵카레 선분 AB의 푸앵카레 길이는 A와 B의 순서에 상관없이 같다. 즉

$$d(\mathrm{AB}) = d(\mathrm{BA})$$

정의 2.4.2 두 푸앵카레 선분 AB와 CD에 대하여 $d(\mathrm{AB}) = d(\mathrm{CD})$일 때 AB와 CD가 **푸앵카레 합동**이라고 한다.

푸앵카레 합동의 정의로부터 합동공리 II가 성립함을 알 수 있다. 즉 AB $\cong$ CD이고 AB $\cong$ EF이면 $d(\mathrm{AB}) = d(\mathrm{CD})$, $d(\mathrm{AB}) = d(\mathrm{EF})$이므로 $d(\mathrm{CD}) = d(\mathrm{EF})$이다. 따라서 CD $\cong$ EF이다.

---

[5] log는 자연로그 $\log_e = \ln$을 나타낸다.

한편 $\mathcal{P}$-직선 $\mathrm{P} * \mathrm{A} * \mathrm{B} * \mathrm{Q}$에서 점 A를 고정하고 점 B를 점 A로부터 점 Q를 향해 연속적으로 움직이면 $\dfrac{\overline{\mathrm{AQ}}}{\overline{\mathrm{AP}}}$는 일정하지만, $\overline{\mathrm{BQ}}$는 0으로 접근하고 $\overline{\mathrm{BP}}$는 $\overline{\mathrm{PQ}}$로 접근하므로 복비 $(\mathrm{AB},\mathrm{PQ})$는 0에서 ∞로 연속적으로 증가한다. 또 점 B를 고정하고 점 A를 점 B에서 점 P로 연속적으로 움직이면 같은 결과를 얻는다. 이로부터 푸앵카레 선분 AB가 주어졌을 때 푸앵카레 반직선 $\overrightarrow{\mathrm{CD}}$에서 $d(\mathrm{CE}) = d(\mathrm{AB})$인 점 E가 유일하게 존재함을 알 수 있다. 즉 푸앵카레 선분 AB는 푸앵카레 선분 CE와 푸앵카레 합동이다. 그러므로 합동공리 I이 성립한다.

다음에 합동공리 III을 증명하자. $\mathrm{P} * \mathrm{A} * \mathrm{C} * \mathrm{B} * \mathrm{Q}$이고 P, Q가 $\mathcal{P}$-직선 AB의 양 끝점으로 γ 위의 점이라고 하자. 이때 복비 $(\mathrm{AB},\mathrm{PQ}), (\mathrm{AC},\mathrm{PQ}), (\mathrm{CB},\mathrm{PQ})$는 모두 1보다 크므로

$$\begin{aligned} d(\mathrm{AC}) + d(\mathrm{CB}) &= \log(\mathrm{AC},\mathrm{PQ}) + \log(\mathrm{CB},\mathrm{PQ}) \\ &= \log(\mathrm{AC},\mathrm{PQ})(\mathrm{CB},\mathrm{PQ}) \\ &= \log(\mathrm{AB},\mathrm{PQ}) = d(\mathrm{AB}) \end{aligned}$$

끝으로 삼각형의 합동공리 VI에 대하여 알아보자.

중심이 O이고 반지름의 길이가 r인 원 γ의 내부에 있는 두 푸앵카레 삼각형 ABC와 XYZ에 대하여

$$\angle \mathrm{A} \cong \angle \mathrm{X}, \quad d(\mathrm{AC}) = d(\mathrm{XZ}), \quad d(\mathrm{AB}) = d(\mathrm{XY})$$

라고 하자. 이때 삼각형 ABC와 삼각형 XYZ가 푸앵카레 합동인 것을 보이면 된다.

삼각형의 합동공리를 증명하기 위해서 우선 팽창사상에 대하여 알아보자.

정의 2.4.3 점 O를 고정하고 k가 양수일 때, 임의의 점 P, $\mathrm{P} \neq \mathrm{O}$에 대하여 조건

$$\overline{\mathrm{OP}^*} = k\overline{\mathrm{OP}}, \quad \mathrm{P}^* \in \overrightarrow{\mathrm{OP}}$$

를 만족시키는 점 P^*로 사상시키는 유클리드 평면의 변환을 중심이 O이고 비 k를 갖는 **팽창사상**(膨脹射像, dilation)이라고 한다.

도움정리 2.4.4 중심이 C (C $\neq$ O)이고 반지름의 길이가 s인 원을 δ라고 할 때, 중심이 O이고 비 k를 갖는 팽창사상에 의해 원 δ는 중심이 C*이고 반지름의 길이가 ks인 원 δ^*로 사상된다. 또 Q가 원 δ 위의 점이면 Q*에서 원 δ^*에 접하는 접선은 점 Q에서 원 δ에 접하는 접선과 평행하다.

증명. 유클리드 평면에 원점을 O로 하는 직교좌표 (x, y)를 도입하면 팽창사상 φ는

$$\varphi : (x, y) \to (kx, ky)$$

로 주어진다. 따라서 원 δ의 방정식이 $(x - c_1)^2 + (y - c_2)^2 = s^2$이면 δ^*의 방정식은

$$(x - kc_1)^2 + (y - kc_2)^2 = (ks)^2$$

이다. 한편 직선의 방정식 $ax + by + c = 0$은 팽창사상 φ에 의해 직선의 방정식 $ax + by + kc = 0$으로 사상되므로 원래의 직선과 평행하다. 특히 직선 $\overleftrightarrow{\mathrm{CQ}}$와 직선 $\overleftrightarrow{\mathrm{C^*Q^*}}$는 서로 평행하고 따라서 점 Q와 점 Q*를 지나는 수선인 접선도 서로 평행하다. ∎

정리 2.4.5 중심이 O이고 반지름의 길이가 r인 원을 γ, 중심이 C이고 반지름의 길이가 s인 원을 δ라고 하자. 점 O가 원 δ의 외부에 있고 원 δ에 관한 점 O의 방멱(농도)을 ω라 하자.

(1) $k = \dfrac{r^2}{\omega}$이면 원 γ에 관한 반전사상에 의한 원 δ의 상 δ'은 중심이 C*이고 반지름의 길이가 ks인 원이다. 여기서 C*는 중심이 O이고 비 k를 갖는 팽창사상에 의한 점 C의 상 C*이다.

(2) 점 P가 원 δ 위의 점이고 P′이 원 γ에 관한 점 P의 반점이면 점 P′에서 원 δ'에 접하는 접선 t'은 점 P에서 원 δ에 접하는 접선과 선분 PP′의 수직이등분선에 대하여 대칭이다.

증명.

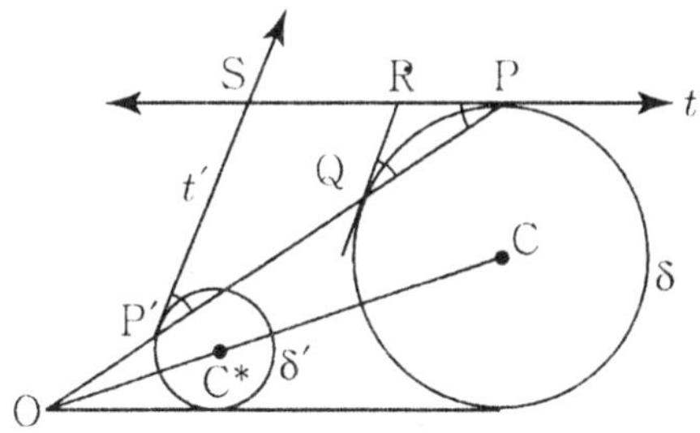

그림 2.28.

(1) 원 δ 위의 임의의 점 P에 대하여 점 O가 원 δ의 외부에 있으므로 반직선 $\overrightarrow{\mathrm{OP}}$는 원 δ와 점 P와 다른 점 Q에서 만나거나 점 P에서 원 δ에 접한다. 반직선 $\overrightarrow{\mathrm{OP}}$가 점 P에서 원 δ에 접하는 경우에는 Q = P라고 하고 원 γ에 관한 점 P의 반점을 P′이라고 하면

$$\frac{\overline{\mathrm{OP'}}}{\overline{\mathrm{OQ}}} = \frac{\overline{\mathrm{OP'}}}{\overline{\mathrm{OQ}}} \cdot \frac{\overline{\mathrm{OP}}}{\overline{\mathrm{OP}}} = \frac{r^2}{\omega} = k$$

따라서 중심이 O이고 비 $k = \dfrac{r^2}{\omega}$를 갖는 팽창사상에 의해 점 Q는 점 P′으로 사상된다. 점 P는 임의의 점이므로 $\delta^* = \delta'$이고 도움정리 2.4.4에 의해 δ'의 중심은 C*이고 반지름의 길이는 ks이다.

(2) 점 P와 점 Q에서 원 δ에 접하는 접선을 각각 t, u라 하고 점 P′에서 원 δ'에 접하는 접선을 t'이라고 하면 도움정리 2.4.4와 위의 (1)에 의해 두 직선 t'과 u는 서로 평행하다. 정리 2.3.5에 의해 직선 t와 직선 u는 $\angle\mathrm{RPQ} \cong \angle\mathrm{RQP}$인 점 R에서 만나므로 직선 t와 t'은 한 점 S에서 만나고 $\angle\mathrm{SP'P} \cong \angle\mathrm{SPP'}$이다. 따라서 삼각형 PSP′은 이등변삼각형이므로 점 S는 선분 PP′의 수직이등분선 위에 놓여 있고 직선 t'과 t는 선분 PP′의 수직이등분선에 대하여 대칭이다.

■

따름정리 2.4.6 원 δ가 원 γ와 직교할 필요충분조건은 원 δ가 원 γ에 관한 반전사상에 의해 불변인 것이다.

증명. 원 δ가 원 γ와 직교하고 P가 원 δ 위에 있는 임의의 점이면 정리 2.3.5과 도움정리 2.3.6에 의해

$$\omega = \overline{\mathrm{OP}} \cdot \overline{\mathrm{OP'}} = r^2$$

따라서 $k = 1$이고 $\delta = \delta'$이다.

역으로 $\delta = \delta'$이면 $\omega = r^2$이고 원 δ는 원 γ에 관한 점 P의 반점 P'을 지나고 따라서 정리 2.3.7에 의해 원 δ와 원 γ는 직교한다. ∎

유클리드 직선에 대한 반사사상[6]에 의해 각의 크기는 보존되지만 양의 각과 음의 각을 생각할 때 각의 방향을 바꾼다. 다시 말해서 양의 각은 반사사상에 의해 음의 각이 되고 음의 각은 양의 각이 된다. 반전사상도 반사사상과 마찬가지로 각의 크기는 보존하지만 각의 방향을 바꾼다.[7]

정리 2.4.7 **두 원의 유향교각은 반전사상에 의해 크기는 보존되지만 방향은 바뀐다. 한 직선과 한 원과의 교각에 대해서도 같은 성질이 성립한다.**

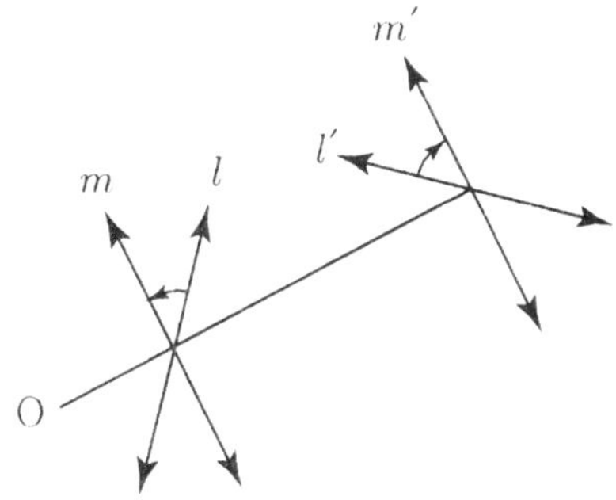

그림 2.29.

증명. 원 δ와 원 σ가 점 P에서 만나고 점 P에서 두 원에 접하는 접선을 각각 l, m이라고 하자. 원 γ에 관한 점 P의 반점을 P', 원 δ와 σ의 상을 각각 δ', σ'이라 하고, 점 P'에서 원 δ'과 σ'에 접하는 접선을 각각 l', m'이라고 하면 정리 2.4.5에

[6]반사사상에 대해서는 3장에서 자세히 다룬다.

[7]반사사상은 유클리드 길이를 보존하지만 반전사상은 일반적으로 유클리드 길이를 보존하지는 않는다.

의해 직선 l'과 l, 그리고 직선 m'과 m은 선분 $\mathrm{PP'}$의 수직이등분선에 대하여 대칭이다. 따라서 각의 방향이 바뀐다. 두 번째의 경우에는 정리 2.3.9과 정리 2.3.10를 이용하면 비슷한 방법으로 보일 수 있다. ∎

다음 정리에 의하면 반전사상은 복비를 보존한다.

정리 2.4.8 원 γ의 중심 O와 같지 않은 서로 다른 네 점 $\mathrm{A, B, P, Q}$에 대하여 $\mathrm{A'}$, $\mathrm{B'}$, $\mathrm{P'}$, $\mathrm{Q'}$을 각각 원 γ에 관한 점 $\mathrm{A, B, P, Q}$의 반점이라고 하면

$$(\mathrm{AB, PQ}) = (\mathrm{A'B', P'Q'})$$

증명. 도움정리 2.3.8에 의해

$$\frac{\overline{\mathrm{OA}}}{\overline{\mathrm{AP}}} = \frac{\overline{\mathrm{OP'}}}{\overline{\mathrm{A'P'}}}, \quad \frac{\overline{\mathrm{AQ}}}{\overline{\mathrm{OA}}} = \frac{\overline{\mathrm{A'Q'}}}{\overline{\mathrm{OQ'}}}$$

이므로

$$\frac{\overline{\mathrm{AQ}}}{\overline{\mathrm{AP}}} = \frac{\overline{\mathrm{OA}}}{\overline{\mathrm{AP}}} \cdot \frac{\overline{\mathrm{AQ}}}{\overline{\mathrm{OA}}} = \frac{\overline{\mathrm{OP'}}}{\overline{\mathrm{A'P'}}} \cdot \frac{\overline{\mathrm{A'Q'}}}{\overline{\mathrm{OQ'}}} \tag{2.2}$$

같은 방법으로 $(\mathrm{A} \leftrightarrow \mathrm{B},\ \mathrm{P} \leftrightarrow \mathrm{Q})$

$$\frac{\overline{\mathrm{BP}}}{\overline{\mathrm{BQ}}} = \frac{\overline{\mathrm{OQ'}}}{\overline{\mathrm{B'Q'}}} \cdot \frac{\overline{\mathrm{B'P'}}}{\overline{\mathrm{OP'}}} \tag{2.3}$$

식 (2.2)와 식 (2.3)를 곱하면

$$(\mathrm{AB, PQ}) = (\mathrm{A'B', P'Q'})$$

∎

정리 2.4.9 원 δ가 원 γ와 직교하면 원 δ에 대한 반전사상은 γ를 자기 자신으로 사상시키고 원 γ의 내부는 γ의 내부로 사상시킨다. 또 원 δ에 관한 반전사상은 결합공리, 순서공리, 합동공리를 보존한다.

증명. 원 δ가 원 γ와 직교하므로 따름정리2.4.6에 의해 원 δ에 대한 반전사상은 원 γ를 자기 자신으로 사상시킨다. 점 P가 원 γ의 내부에 있고 P′을 δ에 대한 점 P의 반점이라고 하자. 또 원 δ의 중심을 C, 반지름의 길이를 s라고 하자. 반직선 $\overrightarrow{\mathrm{CP}}$가 점 Q와 점 Q′에서 원 γ와 만난다고 하면 정리 2.3.7에 의해

$$\overline{\mathrm{CP}} \cdot \overline{\mathrm{CP'}} = s^2 = \overline{\mathrm{CQ}} \cdot \overline{\mathrm{CQ'}} \tag{2.4}$$

점 P가 점 Q와 Q′ 사이에 있으므로

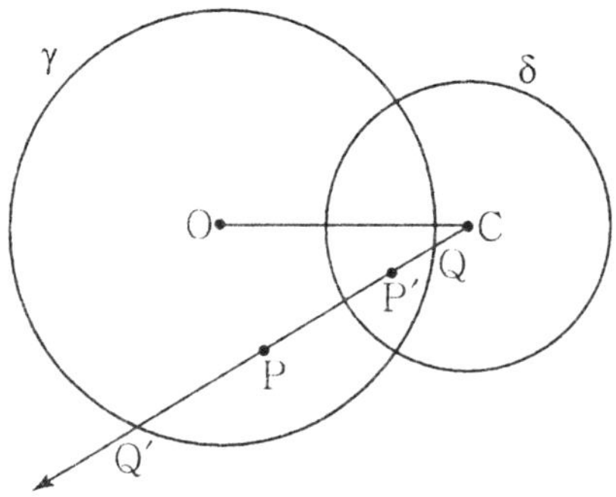

그림 2.30.

$$\overline{\mathrm{CQ}} < \overline{\mathrm{CP}} < \overline{\mathrm{CQ'}}$$

따라서,

$$\frac{s^2}{\overline{\mathrm{CQ}}} > \frac{s^2}{\overline{\mathrm{CP}}} > \frac{s^2}{\overline{\mathrm{CQ'}}} \tag{2.5}$$

식 (2.4)와 식 (2.5)로부터 $\overline{\mathrm{CQ'}} > \overline{\mathrm{CP'}} > \overline{\mathrm{CQ}}$이므로 점 P′은 두 점 Q와 Q′ 사이에 있다. 그러므로 점 P′은 원 γ의 내부에 있다.

한편 δ에 대한 반전사상에 의해 결합공리와 순서공리 및 합동공리가 보존된다는 사실을 보이기에 앞서 δ에 대한 반전사상은 $\mathcal{P}$-직선을 $\mathcal{P}$-직선으로 사상시킨다는 것을 보이자. σ가 γ와 직교하는 원이고 δ에 대한 반전사상에 의해 σ'으로 사상되면 γ는 고정되므로 정리 2.4.7에 의해 σ'은 γ와 직교한다. 따라서 σ'은 γ와 직교하는 원이거나 γ의 중 심 O를 지나는 직선이다. $\sigma = \overleftrightarrow{\mathrm{OC}}$이면 δ에 대한 반전사상에 의해 γ의 내부는 γ의 내부로 사상되므로 선분 OC는 자기 자신

으로 사상된다. 따라서 δ에 대한 반전사상에 의해 직선 $\sigma = \overleftrightarrow{\mathrm{OC}}$는 자기 자신으로 사상된다. 만일 σ가 점 O를 지나고 $\sigma \neq \overleftrightarrow{\mathrm{OC}}$인 직선이면 δ에 대한 반전사상의 상(image) σ'은 δ의 중심 C를 제외한 원으로 사상되고 특히 γ와 직교한다.

정리 2.4.7에 의해 δ에 대한 반전사상은 푸앵카레 모형에서 각에 대한 합동공리를 보존한다. 또 $\mathrm{Q} * \mathrm{A} * \mathrm{B} * \mathrm{P}$, $\mathrm{P}, \mathrm{Q} \in \gamma$이고 Q′, A′, B′, P′을 각각 δ에 대한 Q, A, B, P의 반점이라고 하면 정리 2.4.8에 의해 $d(\mathrm{AB}) = d(\mathrm{A'B'})$이다. 따라서 δ에 대한 반전사상은 선분에 대한 합동공리를 보존한다. 끝으로 $\mathrm{Q} * \mathrm{A} * \mathrm{C} * \mathrm{B} * \mathrm{P}$이고 $\mathrm{Q}, \mathrm{P} \in \gamma$이면 $d(\mathrm{AB}) = d(\mathrm{AC}) + d(\mathrm{CB})$이므로 δ에 대한 반전사상은 순서공리를 보존한다. ∎

끝으로 삼각형의 합동조건 SAS를 증명하자.

도움정리 2.4.10 **삼각형 ABC가 중심이 O이고 반지름의 길이가 r인 원 γ의 내부에 있는 푸앵카레 삼각형이면 꼭지점 중의 하나가 O인 푸앵카레 삼각형과 합동이다.**

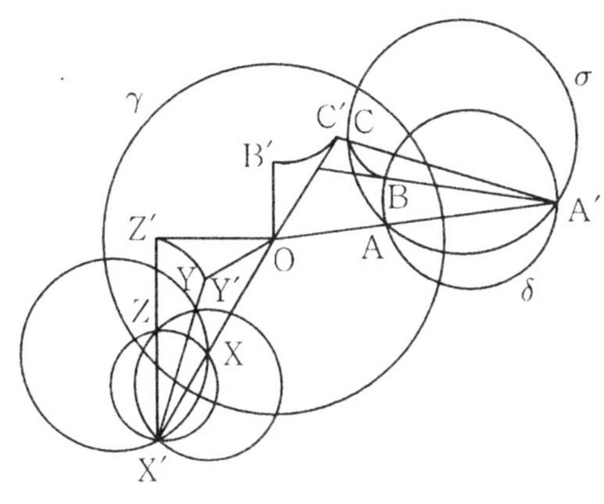

그림 2.31.

증명. 점 A와 점 B를 지나고 원 γ와 직교하는 원을 δ, A와 점 C를 지나고 원 γ와 직교하는 원을 σ라고 하자. 그러면 원 δ와 원 σ는 원 γ에 관한 점 A의 반점 A′에서 만난다. $s^2 = \overline{\mathrm{A'A}} \cdot \overline{\mathrm{A'O}}$일 때, 중심이 A′이고 반지름의 길이가 s인

원을 ϵ이라고 하면 $\overline{\mathrm{A'A}} = \overline{\mathrm{A'O}} - \overline{\mathrm{AO}}$이므로

$$s^2 = \overline{\mathrm{A'O}}^2 - \overline{\mathrm{AO}} \cdot \overline{\mathrm{A'O}} = \overline{\mathrm{A'O}}^2 - r^2$$

따라서 원 ϵ과 원 γ는 직교한다. 또한 점 O는 원 ϵ에 관한 점 A의 반점이고 정리 2.4.9에 의해 원 ϵ에 관한 반전사상은 푸앵카레 삼각형 ABC를 푸앵카레 합동인 푸앵카레 삼각형 OB′C′ 위로 사상시킨다. ∎

도움정리 2.4.11 중심이 O이고 반지름의 길이가 r인 원 γ에서 $d(\mathrm{OB}) = d$이면

$$\overline{\mathrm{OB}} = \frac{r(e^d - 1)}{e^d + 1}$$

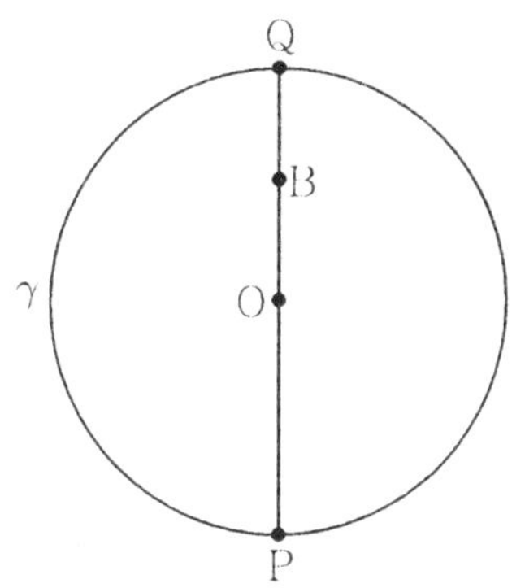

그림 2.32.

증명. 점 P와 점 Q가 $\mathrm{Q} * \mathrm{O} * \mathrm{B} * \mathrm{P}$이고 선분 PQ가 원 γ의 지름이라고 하면 $d = \log(\mathrm{OB}, \mathrm{PQ})$이다. 따라서

$$e^d = (\mathrm{OB}, \mathrm{PQ}) = \frac{\overline{\mathrm{OP}}}{\overline{\mathrm{OQ}}} \cdot \frac{\overline{\mathrm{BQ}}}{\overline{\mathrm{BP}}} = \frac{r + \overline{\mathrm{OB}}}{r - \overline{\mathrm{OB}}}$$

이 식을 $\overline{\mathrm{OB}}$에 관하여 풀면

$$\overline{\mathrm{OB}} = \frac{r(e^d - 1)}{e^d + 1}$$

∎

정리 2.4.12 중심이 O이고 반지름의 길이가 r인 원 γ의 내부에 있는 두 푸앵카레 삼각형 ABC와 XYZ에 대하여

$$(2.6) \qquad \angle A \cong \angle X, \quad d(AC) = d(XZ), \quad d(AB) = d(XY)$$

이면 두 삼각형 ABC와 XYZ는 푸앵카레 합동이다. 다시 말해서 푸앵카레 모형에서 삼각형의 합동공리(SAS)가 성립한다.

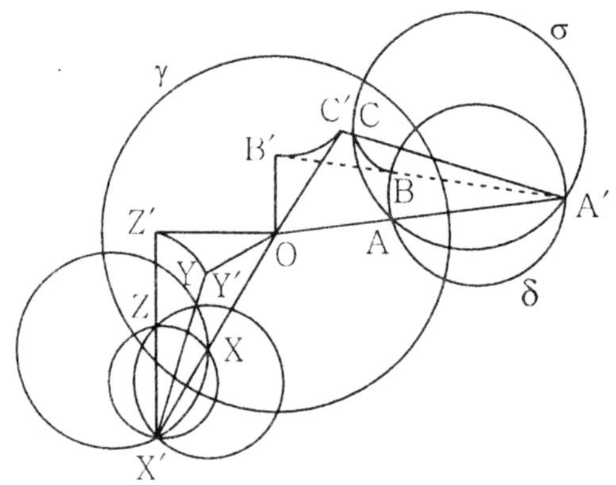

그림 2.33.

증명. 도움정리 2.4.10에 의해 푸앵카레 삼각형 ABC는 반전사상에 의해 푸앵카레 합동인 푸앵카레 삼각형 OB′C′ 위로 사상시킬 수 있고,. 푸앵카레 삼각형 XYZ는 반전사상에 의해 푸앵카레 합동인 푸앵카레 삼각형 OY′Z′ 위로 사상시킬 수 있으므로 두 푸앵카레 삼각형 ABC와 XYZ에서 A = X = O라고 가정해도 된다.
또한 가정 (2.6)과 도움정리 2.4.11로부터

$$\angle BOC \cong \angle YOZ, \quad \overline{OB} = \overline{OY}, \quad \overline{OC} = \overline{OZ}$$

이 성립한다. 따라서 점 O에 관한 유클리드 회전이동 또는 회전이동과 원 γ의 지름에 대한 반사사상과의 합성사상에 의해 유클리드 삼각형 OBC를 유클리드 삼각형 OYZ로 사상시킬 수 있다.[8] 이 변환에 의해 원 γ는 자기 자신으

[8] 유클리드 회전이동이나 직선에 대한 반사사상은 유클리드 길이를 보존하는 사상으로 유클리드 등장사상(isometry)이라고 한다. 유클리드 등장사상에 대해서는 3장에서 자세히 다룬다.

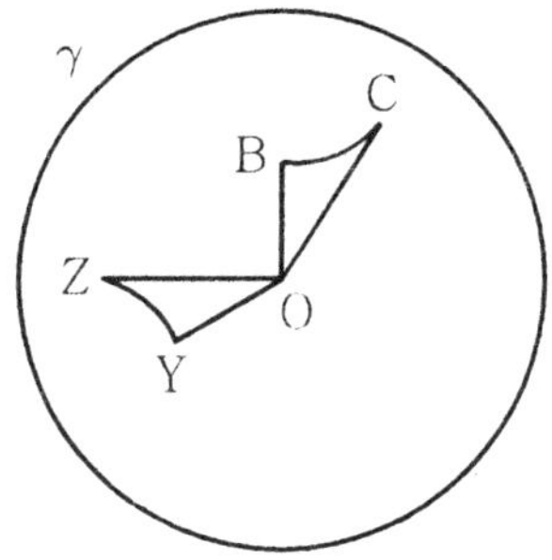

그림 2.34.

로 사상되고 두 점 B, C를 지나고 원 γ에 직교하는 원은 푸앵카레 길이와 각의 크기를 보존하며 점 Y와 점 Z를 지나고 원 γ에 직교하는 원으로 사상된다. 따라서 푸앵카레 삼각형 OBC와 푸앵카레 삼각형 OYZ는 푸앵카레 합동이다. ∎

삼각형의 합동공리에 대한 위의 증명은 일반적으로 다음과 같이 나타낼 수도 있다.

정리 2.4.13 **푸앵카레 모형에서 두 삼각형이 합동일 필요충분조건은 원 γ와 직교하는 원에 관한 반전사상과 원 γ의 지름에 대한 반사사상의 합성사상에 의해 하나를 다른 하나로 사상시킬 수 있을 때이다.**

푸앵카레 모형에서 유클리드 공리, 결합공리, 순서공리, 연속공리, 합동공리가 모두 성립하므로 초수학적 정리가 성립한다. 즉 유클리드의 평행공리는 다른 공리로부터 증명할 수 없는 고유의 성질이고 쌍곡기하학도 유클리드 기하학과 마찬가지로 하나의 독립적인 기하체계를 갖추고 있다.

연습문제

1. 도움정리 2.1.7를 증명하여라.
(**도움말:** 1장 연습문제 **23**)

2. 사각형 □ABCD에서 밑각 ∠A와 ∠B가 직각일 때

$$\text{AD} < \text{BC} \quad \Leftrightarrow \quad \angle\text{C} < \angle\text{D}$$

임을 보여라.

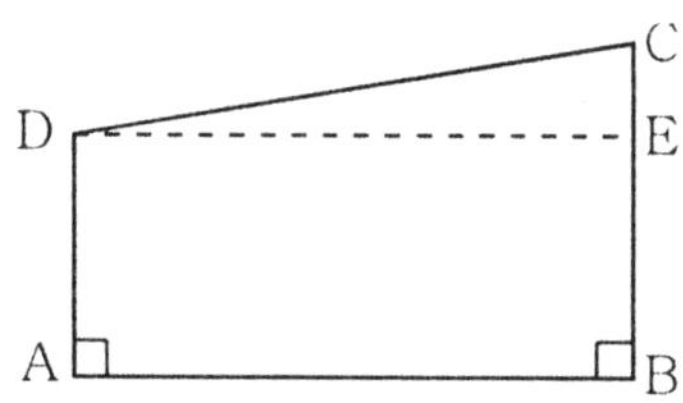

그림 2.35.

(**도움말:** (⇒) AD ≅ BE, B ∗ E ∗ C이면 점 E는 각 ∠ADC의 내부에 있다. 따라서 ∠ADE < ∠ADC. 도움정리 2.1.7와 외각정리를 이용하여 결론을 유도하여라.
(⇐) AD ≅ BC, AD > BC를 가정하고 각 경우에 모순을 유도하여라.)

3. □ABCD이 ∠A, ∠B, ∠C가 직각인 사각형이라고 하자.[9]

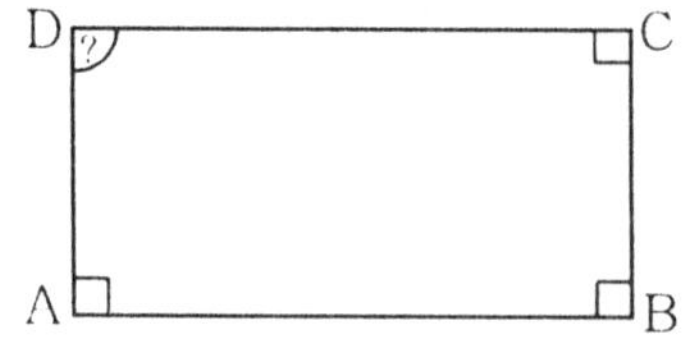

그림 2.36.

[9]이러한 사각형을 Lambert 사각형이라고 한다.

(1) $\angle$D가 둔각이 될 수 없음을 보여라.

(2) $\angle$D가 직각이면 사각형 □ABCD의 대변은 서로 합동이다.

(**도움말:** 연습문제 2와 귀류법을 이용하여라.)

(3) $\angle$D가 예각이면 AD > BC이고 CD > AB임을 보여라.

(**도움말:** 연습문제 2를 이용하여라.)

(4) □ABCD가 사케리 사변형일 필요충분조건은 □ABCD가 직사각형임을 보여라.

4. 사케리 사변형 □A′B′AB에서 각 $\angle$A′과 각 $\angle$B′이 직각이고 AA′ ≅ BB′이면 AB > A′B′임을 증명하여라.

(**도움말:** 선분 AB와 선분 A′B′의 중점 M, M′을 연결하고 연습문제 3을 사각형 □A′M′MA, □M′B′BM에 적용하여라.)

5. 다음은 도움정리 2.1.10의 증명을 개략적으로 한 것이다. 각 단계를 정당화하여라.

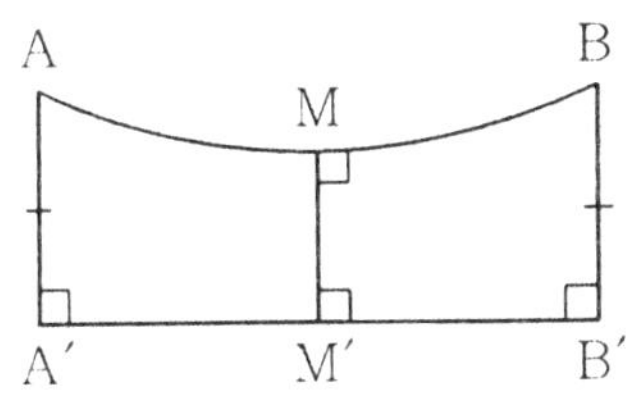

그림 2.37.

(i) $\angle$A′AB ≅ $\angle$B′BA이므로 △A′AM ≅ △B′BM이다.

(ii) A′M ≅ B′M이므로 △A′M′M ≅ △B′M′M이다.

(iii) 따라서 MM′ ⊥ A′B′

(iv) 선분 AM′, BM′을 생각하면 MM′ ⊥ AB임을 보일 수 있다.

(v) 한편, 사각형 A′M′MA에서 $\angle A < 90°$이므로 연습문제 3에 의해 $AA' > MM'$이다.

(iv) 같은 이유에 의해 $BB' > MM'$이다.

6. 다음은

> **정리** 쌍곡기하학에서 두 직선 l, l'이 공통수직선분 MM'을 가지면 l과 l'은 평행하고 MM'은 유일하다. 또, A, B가 l 위의 점이고 M이 선분 AB의 중점이면 A, B는 직선 l'으로부터 등거리이다.

를 증명한 것이다. 각 단계를 정당화하여라.

(i) 엇각정리에 의해 $l \parallel l'$

(ii) NN'이 MM'과 다른 공통수선이면 □M′N′NM은 직사각형이므로 쌍곡기하학에서 모순이다. 따라서 공통수선은 유일하다.

(iii) 점 A와 점 B에서 직선 l'에 내린 수선의 발을 각각 A′, B′이라고 하면 $\triangle AM'M \cong \triangle BM'M$이다.

(iv) 따라서 $AM' \cong BM'$, $\angle AM'M \cong \angle BM'M$

(v) $\angle A'M'A = 90° - \angle AM'M = \angle B'M'B$

(iv) 따라서 $\triangle AA'M' \cong \triangle BB'M'$이므로 $AA' \cong BB'$

7. 다음은 정리 2.1.14의 증명을 개략적으로 한 것이다. 각 단계를 정당화하여라.

(i) 직선 l에서 두 점 A, B를 택하고 점 A와 점 B에서 직선 m에 내린 수선의 발을 각각 A′, B′이라고 하자. $AA' \cong BB'$이면 선분 AB와 선분 A′B′의 중점 M, M′을 택하면 MM'이 공통수선이다.

(ii) $AA' > BB'$이면 $A'E \cong BB'$, $A * E * A'$인 점 E가 유일하게 존재한다.

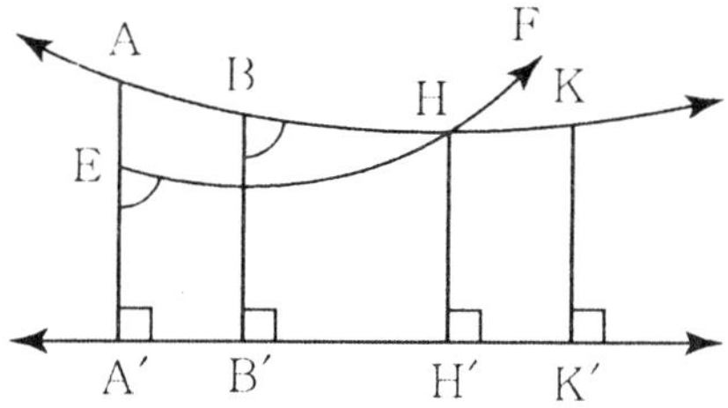

그림 2.38.

(iii) 직선 $\overleftrightarrow{\mathrm{AA'}}$에 대하여 점 B와 같은 쪽에 $\angle \mathrm{A'EF} \cong \angle \mathrm{B'BG}$, $\mathrm{A} * \mathrm{B} * \mathrm{G}$를 만족시키는 반직선 $\overrightarrow{\mathrm{EF}}$와 점 G를 택하자.

(iv) 그러면 $\overrightarrow{\mathrm{EF}} \cap \overrightarrow{\mathrm{AG}} = \emptyset$이다.

(v) 반직선 $\overrightarrow{\mathrm{EF}}$와 반직선 $\overrightarrow{\mathrm{AG}}$의 교점을 H라고 하고 $\mathrm{EH} \cong \mathrm{BK}$인 점 $\mathrm{K} \in \overrightarrow{\mathrm{BG}}$를 택하자.

(vi) 점 H와 점 K에서 직선 m에 내린 수선의 발을 각각 H', K'이라고 하면 $\square\mathrm{EHH'A'} \cong \square\mathrm{BKK'B'}$이다. (대각선 $\mathrm{A'H}, \mathrm{B'K}$를 생각한다.)

(vi) 따라서 H, K는 직선 m으로부터 등거리이므로 선분 HK와 선분 H′K′의 중점을 연결하면 공통수선이다. 유일성은 직사각형이 존재하지 않는다는 사실에 의해 성립한다.

8. 도움정리 2.3.2를 증명하여라.

9. 중심이 O이고 반지름의 길이가 1인 원 γ와 중심이 C인 원 δ가 직교할 때, 원 δ 위의 임의의 점 P에 대하여 반직선 $\overrightarrow{\mathrm{OP}}$가 원 δ와 점 Q에서 만나면

$$\overline{\mathrm{OQ}} = \frac{1}{\overline{\mathrm{OP}}}$$

임을 증명하여라.

10. 좌표평면 $\mathbb{R}^2 = \{(x, y) \ : \ x, y \in \mathbb{R}\}$에서 사상 $\Phi_r : \mathbb{R}^2 \to \mathbb{R}^2$ $(r > 0)$를

$$\Phi_r(x, y) = \left(\frac{r^2 x}{x^2 + y^2}, \frac{r^2 y}{x^2 + y^2} \right)$$

로 정의하면 Φ_r는 중심이 원점 O(0, 0)이고 반지름의 길이가 r인 원에 대한 반전사상임을 보여라.

11. 직선 l 위에 있지 않은 점 P에서 l에 내린 수선의 발을 Q라고 할 때, 정리 2.1.12에 의하면 직선 l의 극한평행반직선 $\overrightarrow{PX}$와 $\overrightarrow{PY}$가 직선 $\overleftrightarrow{PQ}$에 대하여 서로 반대쪽에 유일하게 존재하고 $\angle XPQ \cong \angle YPQ$이 성립한다. 이때 각 $\angle XPQ$를 **평행각**(angle of parallelism)이라고 한다.

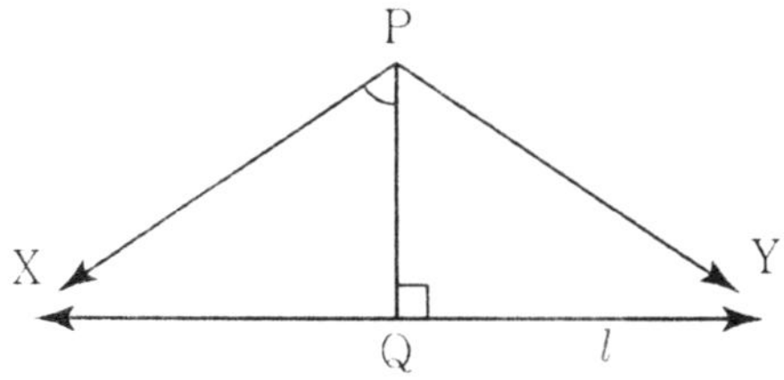

그림 2.39.

다음은 평행각에 대한 성질을 증명한 것이다. 각 단계를 정당화하여라.

(1) 각 $\angle XPQ$는 쌍곡거리 $d(PQ)$에만 의존한다.

증명

(i) 직선 l'과 l'의 극한평행반직선 $\overrightarrow{P'X'}, \overrightarrow{P'Y'}$에 대하여 $P'Q' \perp l'$, $Q' \in l'$이고 $d(PQ) = d(P'Q')$이라고 하자. $\angle X'P'Q' \cong \angle XPQ$임을 보이면 된다.

(ii) $\angle X'P'Q' \ncong \angle XPQ$이라고 가정하자. $\angle X'P'Q' < \angle XPQ$라고 하면 $\angle X'P'Q' \cong \angle RPQ$를 만족시키는 반직선 $\overrightarrow{PR}$가 반직선 $\overrightarrow{PX}$와 반직선 $\overrightarrow{PQ}$ 사이에 존재한다.

(iii) 이때 반직선 $\overrightarrow{PR}$는 직선 l과 만나고 그 교점을 R라고 하자. 직선 l' 위에서 $Q'R' \cong QR$인 점 R′을 택하면 $\angle Q'P'R' < \angle Q'P'X'$이다.

(iv) SAS에 의해 $\triangle PQR \cong \triangle P'Q'R'$이므로 $\angle QPR \cong \angle Q'P'R'$이다.

(v) 따라서

$$\angle Q'P'R' \cong QPR \cong \angle X'P'Q' > \angle Q'P'R'$$

이므로 모순이다. 같은 방법으로 $\angle X'P'Q' > \angle XPQ$이 성립하지 않음을 보일 수 있다.

(vi) 그러므로 $\angle X'P'Q' \cong \angle XPQ$이다.

평행각은 공통수선 PQ에 대하여 쌍곡거리 $d(PQ)$에만 의존하므로 $\angle XPQ = \prod(d(PQ))$로 나타낸다.

(2) 푸앵카레 모형에서 평행각에 대하여

$$e^{-d} = \tan\left(\frac{\prod(d)}{2}\right) \tag{2.7}$$

이다.

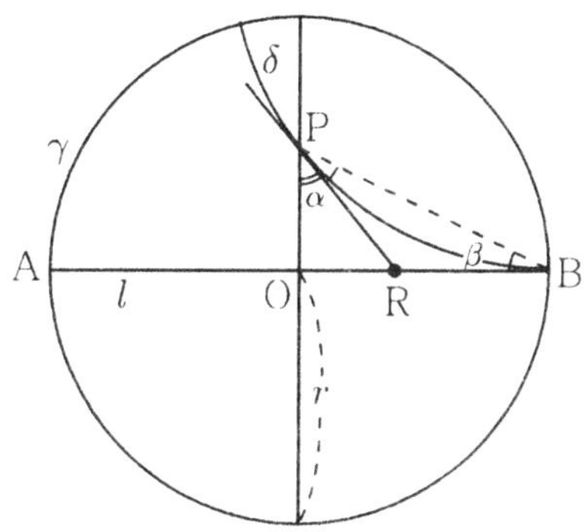

그림 2.40.

증명

(i) 푸앵카레 모형을 나타내는 원 γ의 중심을 O, 반지름의 길이를 r라 하고 $d(OP) = d$라고 하자. 직선 l은 선분 OP와 수직인 원 γ의 지름 AB라고 하면 점 P에서 직선 $AB = l$의 극한평행반직선은 점 A에서 접하고 원 γ와 만나는 원 δ의 호의 일부이다.

(ii) 점 P에서 원 δ에 접하는 접선이 반지름 OB와 만나는 교점을 R라고 하면 $\angle OPR = \prod(d)$이다. $\prod(d) = \alpha$라고 하자.

(iii) $\beta = \angle RPB = \angle RBP$로 놓으면 $\alpha + 2\beta = \dfrac{\pi}{2}$이고 선분 OP의 유클리드 거리는 $\overline{OP} = r\tan\beta$이다.

(iv) 도움정리 2.4.11에 의해

$$e^d = \frac{1+\tan\beta}{1-\tan\beta}$$

이다.

(v) 삼각함수의 덧셈정리

$$\tan\left(\frac{\pi}{4}-\frac{\alpha}{2}\right) = \frac{1-\tan\frac{\alpha}{2}}{1+\tan\frac{\alpha}{2}}$$

를 이용하면 식 (2.7)를 보일 수 있다.

제 3 장

유클리드 등장사상

3.1 강체운동

공집합이 아닌 집합 X에서 정의된 함수 $d : X \times X \to \mathbb{R}$가 다음 세 조건을 만족시킬 때, 집합 X에서의 **거리**(distance) 또는 **계량**(metric)이라고 한다: 임의의 $x, y, z \in X$에 대하여

(i) $d(x, y) = d(y, x)$ (대칭)

(ii) $d(x, y) \geq 0$이고 $d(x, y) = 0 \iff x = y$ (양의 정부호)

(iii) $d(x, z) \leq d(x, y) + d(y, z)$ (삼각부등식)

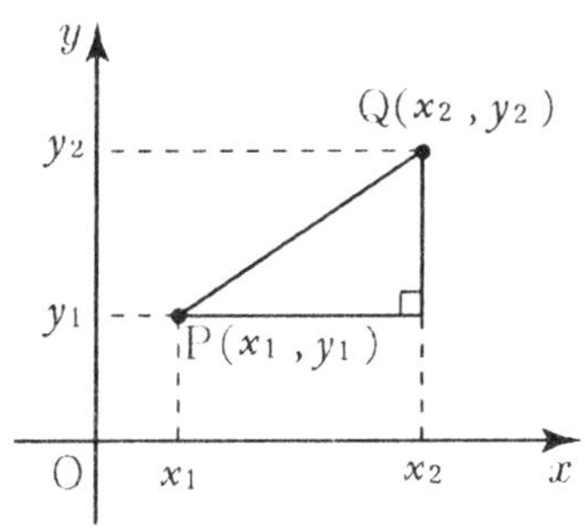

그림 3.1.

보기 3.1.1 좌표평면 $\mathbb{R}^2 = \{(x, y) \mid x, y \in \mathbb{R}\}$에서 임의의 두 점 $\mathrm{P}(x_1, y_1)$, $\mathrm{Q}(x_2, y_2) \in \mathbb{R}^2$에 대하여

$$d_e(\mathrm{P}, \mathrm{Q}) = \|(x_1, y_1) - (x_2, y_2)\| = \sqrt{(x_2 - x_1)^2 + (y_2 - y_1)^2}$$

으로 정의하면 d_e는 위의 (i), (ii), (iii)을 만족시키므로 $\mathbb{R}^2$에서의 거리이다. d_e를 좌표평면 $\mathbb{R}^2$의 **유클리드 거리**라고 한다.

유클리드의 공리와 결합공리를 포함한 힐버트의 공리를 모두 참으로 받아들인 유클리드 기하학이 성립하는 기하체계를 유클리드 평면이라고 한다. 유클리드 평면은 예제 3.1.1에서 언급한 좌표평면 $\mathbb{R}^2$으로 생각할 수 있다.

보기 3.1.2 유클리드 평면의 임의의 두 점 A, B에 대하여

$$d(\mathrm{A}, \mathrm{B}) = \overline{\mathrm{AB}} \tag{3.1}$$

로 정의하면 정리 1.6.9과 삼각부등식(따름정리 1.6.11)에 의해 d는 유클리드 평면의 거리이다.

정의 3.1.3 d가 식 (3.1)로 정의된 유클리드 평면의 거리라고 하자. 유클리드 평면에서 자기자신으로 사상되는 함수 f가 임의의 두 점 P, Q에 대하여

$$\overline{\mathrm{PQ}} = d(\mathrm{P}, \mathrm{Q}) = d(f(\mathrm{P}), f(\mathrm{Q})) = \overline{f(\mathrm{P})f(\mathrm{Q})}$$

를 만족시킬 때 **등장사상**(isometry) 또는 **강체운동**(rigid motion)이라고 한다.

예를 들어, 유클리드 평면에서 모든 점을 자기자신으로 사상시키는 항등사상은 등장사상이다. 두 등장사상의 합성사상은 등장사상이다. 또, 등장사상은 일대일함수(1-1)이다. 실제로, 등장사상은 일대일대응(1-1 correspondence)임을 보일 수 있다 (따름정리 3.2.22 참고).
선분의 길이공리(공리 1.6.9)에 의해 거리 d를 갖는 유클리드 평면에서 직선은 다음 성질을 만족시킨다: $\mathrm{A} * \mathrm{P} * \mathrm{B}$이면 $d(\mathrm{A}, \mathrm{B}) = d(\mathrm{A}, \mathrm{P}) + d(\mathrm{P}, \mathrm{B})$이고 역으로 서로 다른 세 점 $\mathrm{A}, \mathrm{P}, \mathrm{B}$가 $d(\mathrm{A}, \mathrm{B}) = d(\mathrm{A}, \mathrm{P}) + d(\mathrm{P}, \mathrm{B})$이면 점 $\mathrm{A}, \mathrm{P}, \mathrm{B}$는 한 직선 위에 있고 $\mathrm{A} * \mathrm{P} * \mathrm{B}$이다 (연습문제).

정리 3.1.4 등장사상은 직선을 직선으로 사상시킨다.

증명. 함수 f가 유클리드 등장사상이고 l이 임의의 직선으로 $l = \overleftrightarrow{\mathrm{AB}}$라고 하자. 직선 l 위의 임의의 점 P에 대하여 $\mathrm{A} * \mathrm{P} * \mathrm{B}$이고 $\mathrm{A}' = f(\mathrm{A}), \mathrm{B}' = f(\mathrm{B}), \mathrm{P}' = f(\mathrm{P})$이면

$$\begin{aligned} d(\mathrm{A}',\mathrm{P}') + d(\mathrm{P}',\mathrm{B}') &= d(\mathrm{A},\mathrm{P}) + d(\mathrm{P},\mathrm{B}) \\ &= d(\mathrm{A},\mathrm{B}) = d(f(\mathrm{A}), f(\mathrm{B})) \\ &= d(\mathrm{A}',\mathrm{B}') \end{aligned}$$

따라서, 점 P′은 직선 $\overleftrightarrow{\mathrm{A}'\mathrm{B}'}$ 위의 점으로 $\mathrm{A}' * \mathrm{P}' * \mathrm{B}'$이다.

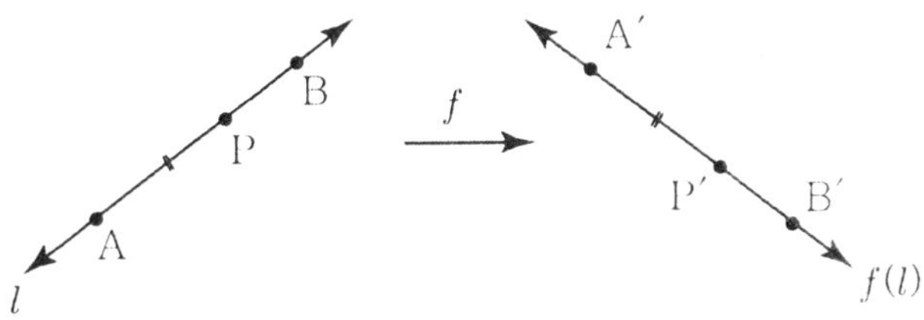

그림 3.2.

역으로, 점 P′이 $\mathrm{A}' * \mathrm{P}' * \mathrm{B}'$이면 선분의 길이공리(공리 1.6.9), (v)에 의해

$$d(\mathrm{A},\mathrm{P}) = d(\mathrm{A}',\mathrm{P}'), \quad d(\mathrm{P},\mathrm{B}) = d(\mathrm{P}',\mathrm{B}')$$

을 만족시키는 점 P가 직선 l 위에 유일하게 존재한다. 함수 f가 등장사상이므로

$$d(\mathrm{A}',\mathrm{P}') = d(\mathrm{A},\mathrm{P}) = d(f(\mathrm{A}), f(\mathrm{P})) = d(\mathrm{A}', f(\mathrm{P}))$$

이고

$$d(\mathrm{P}',\mathrm{B}') = d(\mathrm{P},\mathrm{B}) = d(f(\mathrm{P}), f(\mathrm{B})) = d(f(\mathrm{P}),\mathrm{B}')$$

이다. 따라서 $\mathrm{P}' = f(\mathrm{P})$이다.

$\mathrm{A} * \mathrm{B} * \mathrm{P}$ 또는 $\mathrm{P} * \mathrm{A} * \mathrm{B}$인 경우에는 A와 P 또는 B와 P의 역할을 바꾸어 생각하면 성립하므로 직선 $\overleftrightarrow{\mathrm{AB}}$는 직선 $\overleftrightarrow{\mathrm{A}'\mathrm{B}'}$으로 사상된다. ∎

다음 정리에 의하면, 두 등장사상이 서로 다른 두 점에서 일치하면 두 점에 의해 결정되는 직선 위의 모든 점에서 일치한다.

정리 3.1.5 두 등장사상 f와 g에 대하여 $f(\mathrm{A}) = g(\mathrm{A})$이고 $f(\mathrm{B}) = g(\mathrm{B})$이면 직선 $\overleftrightarrow{\mathrm{AB}}$ 위의 임의의 점 P에서 $f(\mathrm{P}) = g(\mathrm{P})$이다.

증명. f와 g가 등장사상이므로 직선 $\overleftrightarrow{\mathrm{AB}}$ 위의 임의의 점 P에 대하여 $\mathrm{A} * \mathrm{P} * \mathrm{B}$이면

$$d(f(\mathrm{A}), f(\mathrm{P})) = d(\mathrm{A}, \mathrm{P}) = d(g(\mathrm{A}), g(\mathrm{P})) = d(f(\mathrm{A}), g(\mathrm{P}))$$

이고

$$d(f(\mathrm{P}), f(\mathrm{B})) = d(\mathrm{P}, \mathrm{B}) = d(g(\mathrm{P}), g(\mathrm{B})) = d(g(\mathrm{P}), f(\mathrm{B}))$$

또, 정리 3.1.4의 증명에 의해 $f(\mathrm{A}) * f(\mathrm{P}) * f(\mathrm{B})$이고 $f(\mathrm{A}) * g(\mathrm{P}) * f(\mathrm{B})$이므로 $f(\mathrm{P}) = g(\mathrm{P})$이다. 다른 두 경우 $\mathrm{P} * \mathrm{A} * \mathrm{B}$와 $\mathrm{A} * \mathrm{B} * \mathrm{P}$인 경우에도 같은 방법으로 보일 수 있다. ∎

정리 3.1.6 두 등장사상이 한 직선 위에 있지 않은 세 점에서 일치하면 두 등장사상은 같다.

증명. 유클리드 등장사상 f와 g가 한 직선 위에 있지 않은 세 점 $\mathrm{A}, \mathrm{B}, \mathrm{C}$에서 일치하면 정리 3.1.5에 의해 세 직선 $\overleftrightarrow{\mathrm{AB}}$, $\overleftrightarrow{\mathrm{BC}}$, $\overleftrightarrow{\mathrm{AC}}$에서 일치한다. P가 유클리드 평면의 임의의 점이면 점 P를 지나고 세 직선 $\overleftrightarrow{\mathrm{AB}}$, $\overleftrightarrow{\mathrm{BC}}$, $\overleftrightarrow{\mathrm{AC}}$의 합집합과 서로 다른 두 점 X, Y에서 만나는 직선이 존재한다. $f(\mathrm{X}) = g(\mathrm{X}), f(\mathrm{Y}) = g(\mathrm{Y})$이므로 정리 3.1.5에 의해 $f(\mathrm{P}) = g(\mathrm{P})$이다. ∎

등장사상 f가 점 P에서 $f(\mathrm{P}) = \mathrm{P}$일 때, 점 P를 고정시킨다고 하고 이때 P를 등장사상 f의 **고정점**(fixed point)이라고 한다. 고정점의 정의와 정리 3.1.6에 의해 다음 정리가 성립한다.

따름정리 3.1.7 등장사상 f가 한 직선 위에 있지 않은 세 점을 고정시키면 f는 항등사상이다.

3.2 평행이동, 회전이동, 반사사상

유클리드 등장사상 중에서 특별한 형태를 갖는 것에 대하여 알아보자.

정의 3.2.1 유클리드 평면에서 정의된 사상 τ에 대하여 $\tau(\mathrm{P}) = \mathrm{P}', \tau(\mathrm{Q}) = \mathrm{Q}'$이면 두 선분 PP'와 QQ'이 합동이고 방향이 일치할 때, τ를 **평행이동**(translation)이라고 한다.

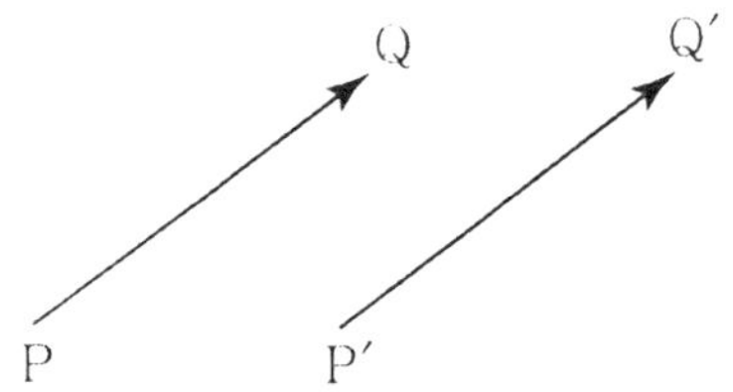

그림 3.3.

두 선분 PP'와 QQ'이 합동이라는 것은 두 선분 PP'와 QQ'의 길이가 같다는 것과 동치이고 방향이 일치한다는 것은 두 선분 PP'와 QQ'을 벡터로 간주했을 때 벡터의 방향이 같다는 것을 의미한다. 이때 평행이동 τ를

$$\tau = \tau_{\mathrm{PP}'} = \tau_{\mathrm{QQ}'}$$

으로 나타낸다.

모든 점을 고정시키는 항등사상 id는 평행이동이다. 항등사상을 자명한 평행이동(trivial translation)이라고 한다.

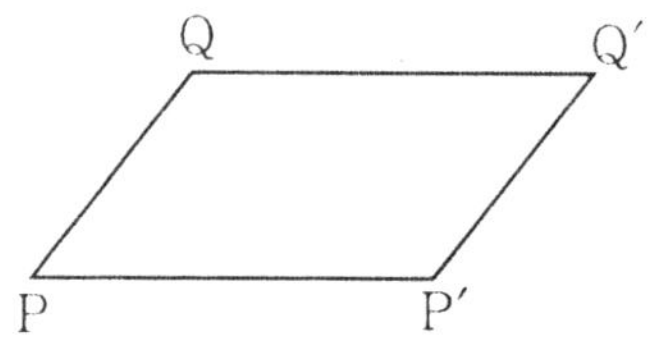

그림 3.4.

정리 3.2.2 유클리드 평면의 평행이동 τ는 등장사상이다.

증명. 임의의 두 점 P, Q에 대하여 $\tau(\mathrm{P}) = \mathrm{P}', \tau(\mathrm{Q}) = \mathrm{Q}'$이면 사각형 $\mathrm{PQP'Q'}$은 평행사변형이므로 $\overline{\mathrm{PQ}} = \overline{\mathrm{P'Q'}}$ 이다. 따라서 τ는 유클리드 등장사상이다 (그림 3.4). ∎

정리 3.2.3 유클리드 평면에서 임의의 두 점 A, B에 대하여 $\tau(\mathrm{A}) = \mathrm{B}$를 만족시키는 평행이동 τ가 유일하게 존재한다.

증명. $\mathrm{A} = \mathrm{B}$일 때 항등사상 $\tau = id$을 택하면 $\tau(\mathrm{A}) = \mathrm{B}$이다. $\mathrm{A} \neq \mathrm{B}$이면 임의의 점 P에 대하여 $\mathrm{PP'}$과 AB가 합동이고 방향이 일치하는 점 P'을 택하자.[1] 이때 $\tau(\mathrm{P}) = \mathrm{P}'$으로 정의하면 $\tau(\mathrm{A}) = \mathrm{B}$이다. ∎

두 선분 AB와 CD의 길이가 같고 방향이 일치할 때 기호

$$\mathrm{AB} \equiv \mathrm{CD}$$

로 나타내자.[2]

정리 3.2.4 임의의 세 점 A, B, C에 대하여

$$\tau_{\mathrm{BC}} \circ \tau_{\mathrm{AB}} = \tau_{\mathrm{AC}}$$

증명. 임의의 점 P에 대하여 $\tau_{\mathrm{AB}}(\mathrm{P}) = \mathrm{Q}$, $\tau_{\mathrm{BC}}(\mathrm{P}) = \mathrm{R}$, $\tau_{\mathrm{AC}}(\mathrm{P}) = \mathrm{S}$로 놓으면

$$\mathrm{PQ} \equiv \mathrm{AB},\ \mathrm{PR} \equiv \mathrm{BC},\ \mathrm{PS} \equiv \mathrm{AC} \tag{3.2}$$

등장사상은 각을 보존하므로(연습문제 4) $\angle\mathrm{BAC} \cong \angle\mathrm{QPS}$이다. 따라서, SAS 합동판정법에 의해

$$\triangle\mathrm{ABC} \cong \triangle\mathrm{PQS}$$

이므로 $\mathrm{BC} \cong \mathrm{QS}$이고 BC와 QS의 방향이 일치한다. 즉 $\mathrm{BC} \equiv \mathrm{QS}$이다.

---

[1] 유클리드 평면을 좌표평면 $\mathbb{R}^2$으로 간주하고 벡터를 시점이 원점인 위치벡터로 생각할 때 P'은 유일하게 결정된다.

[2] 유클리드 기하학에서 합동 즉 $\mathrm{AB} \cong \mathrm{CD}$와 같은 개념이다.

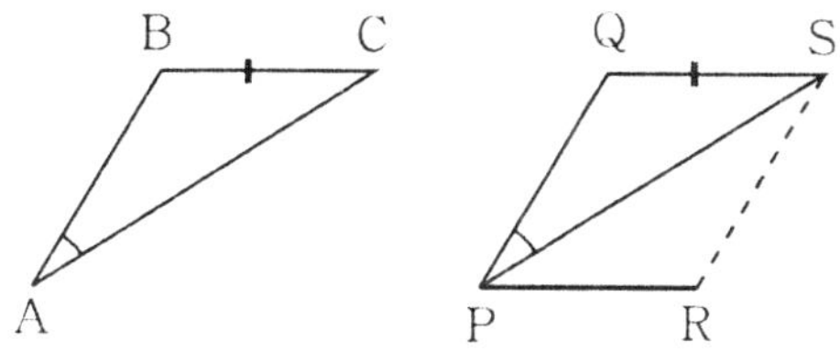

그림 3.5.

식 (3.2)에 의해

$$PR \equiv BC \equiv QS$$

이므로 $\tau_{BC}(Q) = S$이다. 따라서

$$\tau_{BC} \circ \tau_{AB}(P) = \tau_{BC}(Q) = S = \tau_{AC}(P)$$

그러므로

$$\tau_{BC} \circ \tau_{AB} = \tau_{AC}$$

∎

정리 3.2.5 평행이동 τ_{AB}에 대하여

$$\tau_{AB}^{-1} = \tau_{BA}$$

증명. 정리 3.2.4에 의해

$$\tau_{AB} \circ \tau_{BA} = \tau_{BB} = id$$

이고

$$\tau_{BA} \circ \tau_{AB} = \tau_{AA} = id$$

이므로

$$\tau_{AB}^{-1} = \tau_{BA}$$

∎

시계바늘이 도는 방향의 각을 음의 각, 시계바늘이 도는 반대방향의 각을 양의 각이라 한다. 또 음의 각 또는 양의 각을 유향각(oriented angle)이라고 한다. 평행이동이 아닌 유클리드의 등장사상을 설명하기 위해서는 각의 방향이 주어져야만 한다.

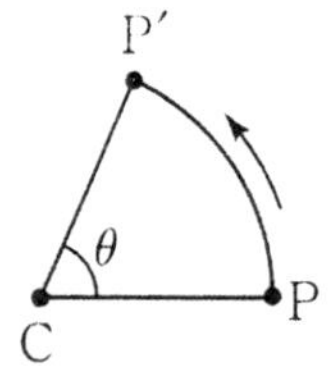

그림 3.6.

정의 3.2.6 유클리드 평면의 점 C와 실수 θ에 대하여 사상 $R_{C,\theta}$가 다음 조건을 만족시킬 때, **회전이동**(rotation)이라고 한다: 임의의 점 P에 대하여

$$R_{C,\theta}(P) = P' \quad \Leftrightarrow \quad CP \cong CP', \quad \angle PCP' = \theta$$

정의로부터 임의의 점 C에 대하여 $R_{C,0} = id$(항등사상)이고

$$R_{C,\theta}^{-1} = R_{C,-\theta}$$

이다.

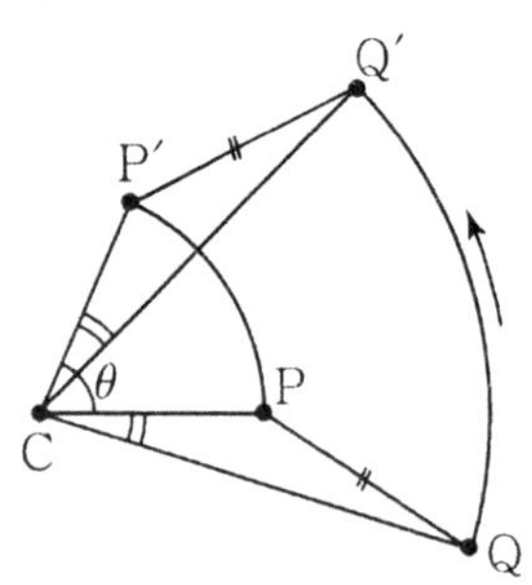

그림 3.7.

정리 3.2.7 회전이동 $R_{C,\theta}$는 유클리드 등장사상이다.

증명. 임의의 점 P, Q에 대하여 $R_{C,\theta}(P) = P'$, $R_{C,\theta}(Q) = Q'$으로 놓으면

$$\overline{CP} = \overline{CP'},\ \angle PCP' = \theta$$
$$\overline{CQ} = \overline{CQ'},\ \angle QCQ' = \theta$$

따라서 $\angle PCQ = \angle P'CQ'$이므로 코사인법칙에 의해

$$d(P,Q) = d(P',Q') = d(R_{C,\theta}(P), R_{C,\theta}(Q))$$

∎

정의 3.2.8 직선 l에 대하여 ρ_l이 다음 조건을 만족시킬 때, l에 대한 **반사사상**(reflection) 또는 **대칭사상**이라고 한다:

(*i*) $P \in l$이면 $\rho_l(P) = P$

(*ii*) $P \notin l$이면

$$\rho_l(P) = P' \quad \Leftrightarrow \quad l\text{은 선분 } PP'\text{의 수직이등분선이다.}$$

반사사상 ρ_l에 대하여 $\rho_l(P) = P'$, $\rho_l(P') = P''$이면 $P = P''$이다. 따라서 $\rho_l \circ \rho_l = id$이므로 $\rho_l^{-1} = \rho_l$이다. 일반적으로 항등사상이 아닌 함수 f가 $f \circ f = id$를 만족시킬 때 f를 **제곱항등함수**(involution)이라고 한다.

정리 3.2.9 반사사상 ρ_l은 유클리드 등장사상이다.

증명. 임의의 두 점 P, Q에 대하여 $\rho_l(P) = P'$, $\rho_l(Q) = Q'$로 놓으면 직선 l은 두 선분 PP'과 QQ'의 수직이등분선이다. 직선 l과 선분 PP'의 교점을 M, 직선 l과 선분 QQ'의 교점을 N이라 하면 SAS 합동판정법에 의해 $\triangle P'MN \cong \triangle PMN$이므로

$$P'N \cong PN, \angle P'NM \cong \angle PNM$$

따라서

$$\begin{aligned}\angle Q'NP' &= 90^\circ - \angle P'NM\\ &= 90^\circ - \angle PNM = \angle QNP\end{aligned}$$

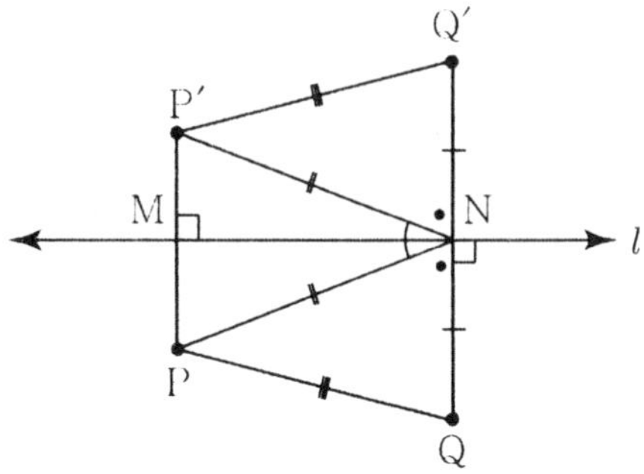

그림 3.8.

삼각형의 합동조건 SAS에 의해 $\triangle\mathrm{P'NQ'} \cong \triangle\mathrm{PQN}$이므로 $\mathrm{PQ} \cong \mathrm{P'Q'}$이다. 그러므로

$$d(\mathrm{P},\mathrm{Q}) = d(\mathrm{P}',\mathrm{Q}') = d(\rho_l(\mathrm{P}),\rho_l(\mathrm{Q}))$$

■

두 반사사상의 합성사상은 일반적으로 반사사상이 아니다. 즉, ρ_l과 ρ_m이 반사사상일지라고 합성사상 $\rho_m \circ \rho_l$은 반사사상이 아니다. 합성사상 $\rho_m \circ \rho_l$의 성질은 두 직선 l과 m이 서로 만나거나 평행한 경우에 따라 결정된다.

정리 3.2.10 두 직선 l과 m의 교점을 A라 하고 직선 l에서 직선 m까지의 반시계방향의 각을 θ라 하면

$$\rho_m \circ \rho_l = R_{\mathrm{A},2\theta}$$

증명. $\mathrm{B} \in l$, $\mathrm{C} \in m$이고 $\angle\mathrm{BAC} = \theta$라 하자.

(*) 점 P를 직선 l 근처의 점으로 각 $\angle\mathrm{BAC}$의 외부에 놓여 있다고 하자.

$\rho_l(\mathrm{P}) = \mathrm{P}', \rho_m(\mathrm{P}') = \mathrm{P}''$으로 놓으면 직선 l은 각 $\angle\mathrm{PAP}'$을 이등분하고 직선 m은 각 $\angle\mathrm{P'AP''}$을 이등분한다. 따라서

$$\begin{aligned}\angle\mathrm{PAP}'' &= \angle\mathrm{PAP}' + \angle\mathrm{P'AP''}\\ &= 2\angle\mathrm{BAP}' + 2\angle\mathrm{CAP}'\\ &= 2\theta\end{aligned}$$

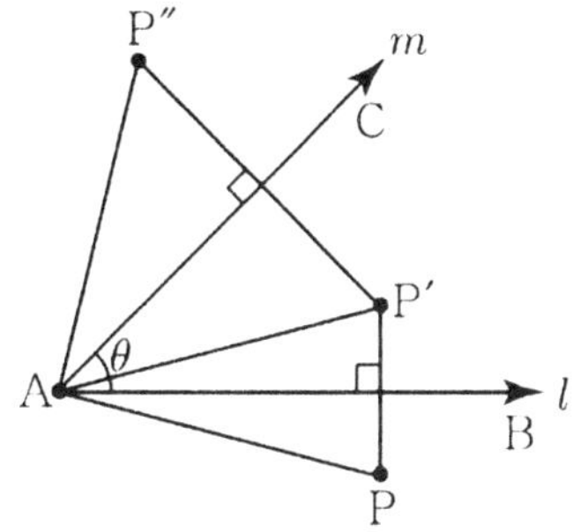

그림 3.9.

한편 AP ≅ AP′ ≅ AP″이므로

$$R_{A,2\theta}(P) = P'', \quad \rho_m \circ \rho_l(P) = P''$$

조건 (*)를 만족시키고 한 직선 위에 놓여 있지 않은 세 점이 존재하므로 정리 3.1.6에 의해

$$\rho_m \circ \rho_l = R_{A,2\theta}$$

■

정리 3.2.11 두 직선 l과 m이 평행하고 선분 AB는 두 직선 l, m과 만나는 공통수선으로 $\overline{AB} = 2\,\mathrm{dist}(l, m)$이라고 하자. 점 A에서 직선 l까지의 거리가 점 A에서 직선 m까지의 거리보다 작으면

$$\rho_m \circ \rho_l = \tau_{AB}$$

증명. 선분 AB와 직선 l의 교점을 P, 선분 AB와 직선 m의 교점을 Q라 하면

$$d(A, B) = 2d(P, Q)$$

$\rho_l(A) = A'$, $\rho_m(A') = A''$으로 놓으면 $A', A'' \in \overleftrightarrow{AB}$이고

$$d(A, A') = 2d(A, P) = 2d(A', P)$$
$$d(A', A'') = 2d(A', Q)$$

이므로

$$\begin{aligned} d(\mathrm{A}, \mathrm{A}'') &= 2\left(d(\mathrm{P}, \mathrm{A}') + d(\mathrm{A}', \mathrm{Q})\right) \\ &= 2d(\mathrm{P}, \mathrm{Q}) = d(\mathrm{A}, \mathrm{B}) \end{aligned}$$

따라서 $\mathrm{A}'' = \mathrm{B}$이므로 $\rho_m \circ \rho_l(\mathrm{A}) = \mathrm{B}$이다. 한편, 정의에 의해 $\tau_{\mathrm{AB}}(\mathrm{A}) = \mathrm{B}$이다.

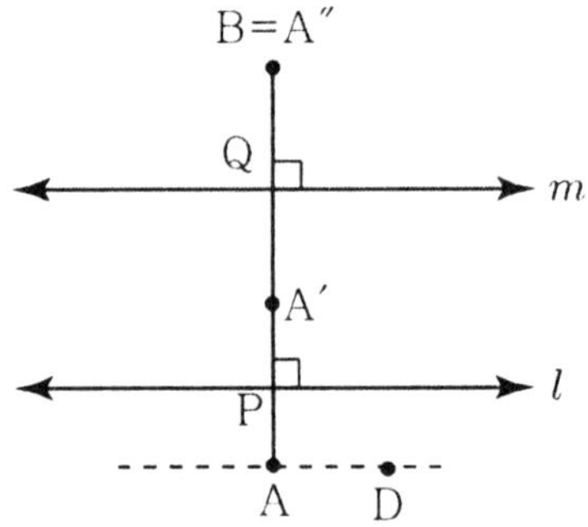

그림 3.10.

만일 $\mathrm{A} * \mathrm{C} * \mathrm{P}$ 또는 $\mathrm{C} * \mathrm{A} * \mathrm{P}$이면 위로부터

$$\rho_m \circ \rho_l(\mathrm{C}) = \tau_{\mathrm{AB}}(\mathrm{C})$$

임을 알 수 있다. 또 점 A를 지나고 직선 l에 평행한 직선 n 위의 점 D를 택하면

$$\rho_m \circ \rho_l(\mathrm{D}) = \tau_{\mathrm{AB}}(\mathrm{D})$$

세 점 $\mathrm{A}, \mathrm{C}, \mathrm{D}$가 한 직선 위에 놓여 있지 않으므로 정리 3.1.6에 의해

$$\rho_m \circ \rho_l = \tau_{\mathrm{AB}}$$

∎

$R_{\mathrm{A},\theta}, R_{\mathrm{A},\varphi}$가 공통점 A에 대한 회전이동이면 합성사상 $R_{\mathrm{A},\varphi} \circ R_{\mathrm{A},\theta}$는 점 A에 대한 각 $\theta + \varphi$의 회전이동이다. 그러나 $\mathrm{A} \neq \mathrm{B}$이면 합성사상 $R_{\mathrm{B},\varphi} \circ R_{\mathrm{A},\theta}$는 일반적으로 회전이동이 아니다.

두 직선 l, m에 대하여 직선 l부터 반시계방향으로 m까지의 각을 직선 l이 직선 m과 이루는 양의 각이라고 한다.

정리 3.2.12 두 점 A, B와 실수 θ, φ 및 정수 k에 대하여

(1) $\theta + \varphi = 2k\pi$ 이면 $R_{\mathrm{B},\varphi} \circ R_{\mathrm{A},\theta}$는 평행이동이다.

(2) $\theta + \varphi \neq 2k\pi$ 이면 $R_{\mathrm{B},\varphi} \circ R_{\mathrm{A},\theta}$는 회전이동이다.

증명. (i) $\mathrm{A} = \mathrm{B}$일 때

$\theta + \varphi = 2k\pi$(단, k는 정수)이면 $R_{\mathrm{B},\varphi} \circ R_{\mathrm{A},\theta}$는 항등사상이고 $\theta + \varphi \neq 2k\pi$(단, k는 정수)이면 $R_{\mathrm{B},\varphi} \circ R_{\mathrm{A},\theta}$는 점 A에 대한 각 $\theta + \varphi$의 회전이동이다.

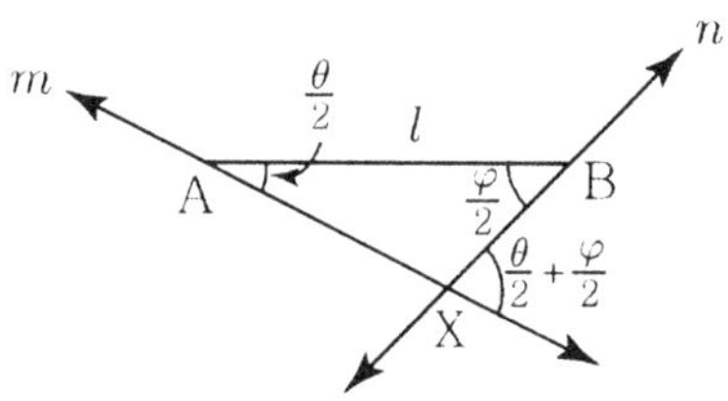

그림 3.11.

(ii) $\mathrm{A} \neq \mathrm{B}$일 때

$l = \overleftrightarrow{\mathrm{AB}}$로 놓고 점 A를 지나고 l까지의 양의 각이 $\dfrac{\theta}{2}$인 직선을 m, 점 B를 지나고 직선 l에서의 양의 각이 $\dfrac{\varphi}{2}$인 직선을 n이라고 하자. 정리 3.2.10에 의해

$$\begin{aligned} R_{\mathrm{B},\varphi} \circ R_{\mathrm{A},\theta} &= (\rho_n \circ \rho_l) \circ (\rho_l \circ \rho_m) \\ &= \rho_n \circ (\rho_l \circ \rho_l) \circ \rho_m \\ &= \rho_n \circ \rho_m \end{aligned}$$

이고 $\rho_n \circ \rho_m$은 평행이동 또는 회전이동을 나타낸다.

$$\begin{aligned} \theta + \varphi = 2k\pi \quad &\Leftrightarrow \quad \frac{\theta}{2} + \frac{\varphi}{2} = k\pi \\ &\Leftrightarrow \quad m \parallel n \end{aligned}$$

따라서 정리 3.2.11에 의해 $R_{B,\varphi} \circ R_{A,\theta} = \rho_n \circ \rho_m$은 평행이동이다. 한편

$$\theta + \varphi \neq 2k\pi \quad \Leftrightarrow \quad m \nparallel n$$

이므로 정리 3.2.10에 의해 $R_{B,\varphi} \circ R_{A,\theta}$는 두 직선 m과 n의 교점 X에서 각

$$2\left(\frac{\theta}{2} + \frac{\varphi}{2}\right) = \theta + \varphi$$

만큼의 회전이동이다. ∎

보기 3.2.13 서로 다른 두 점 A, B에 대하여 회전이동 $R_{B,\frac{\pi}{2}} \circ R_{A,\frac{\pi}{3}}$를 구하여라.

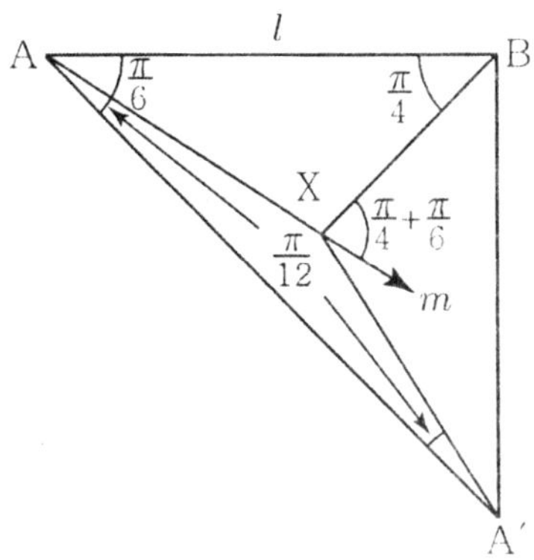

그림 3.12.

풀이. $\overleftrightarrow{AB} = l$로 놓고, 점 A를 지나고 직선 l까지의 양의 각이 $\dfrac{\pi}{6}$인 직선을 m, 점 B를 지나고 직선 l에서의 양의 각이 $\dfrac{\pi}{4}$인 직선을 n이라고 하자. 두 직선 m과 n의 교점을 X라고 하면 정리 3.2.12에 의해

$$R_{B,\frac{\pi}{2}} \circ R_{A,\frac{\pi}{3}} = \rho_n \circ \rho_m = R_{X,2\left(\frac{\pi}{6}+\frac{\pi}{4}\right)} = R_{X,\frac{5}{6}\pi}$$

$R_{B,\frac{\pi}{2}} \circ R_{A,\frac{\pi}{3}}(A) = R_{B,\frac{\pi}{2}}(A) = A'$으로 놓으면

$$AB \cong A'B, \ \angle ABA' = \frac{\pi}{2} = 90^\circ$$

이므로 $\triangle ABA'$은 $\angle BAA' = \angle BA'A = \frac{\pi}{4}$인 이등변삼각형이다. 따라서 $\triangle AA'X$는 이등변삼각형이고

$$\angle XAA' = \frac{\pi}{4} - \frac{\pi}{6} = \frac{\pi}{12}$$

따라서 점 X는 한 변이 AA'이고 $\angle XAA' = \angle XA'A = \dfrac{\pi}{12}$인 이등변삼각형의 나머지 꼭지점이다. ∎

정리 3.2.14 R가 **항등사상이 아닌 회전이동이고** τ가 **평행이동이면** $R \circ \tau$와 $\tau \circ R$는 R와 **같은 회전각을 갖는 회전이동이다.**

증명. $R = R_{A,\theta}$, $\tau^{-1}(A) = A'$으로 놓고 선분 AA'의 중점을 M이라고 하자. 또 점 A를 지나고 직선 AA'과 수직인 직선을 l, 점 M을 지나고 직선 AA'과 수직인 직선을 m, 점 A를 지나고 직선 l에서의 양의 각이 $\dfrac{\theta}{2}$인 직선을 n이라고 하자. 정리 3.2.10과 정리 3.2.11에 의해

$$\begin{aligned} R \circ \tau &= (\rho_n \circ \rho_l) \circ (\rho_l \circ \rho_m) = \rho_n \circ (\rho_l \circ \rho_l) \circ \rho_m \\ &= \rho_n \circ \rho_m \end{aligned}$$

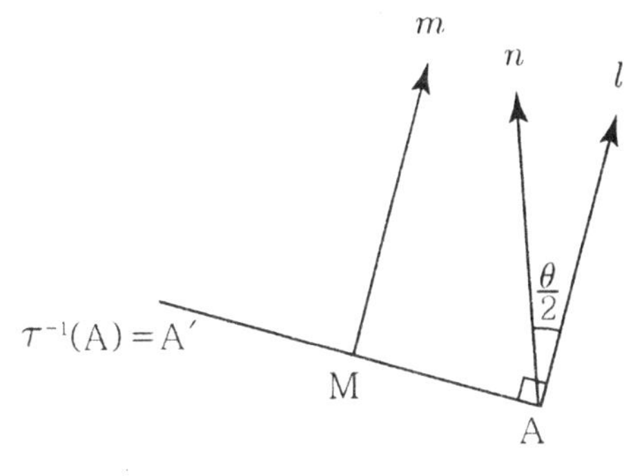

그림 3.13.

직선 m에서 직선 n까지의 양의 각은 $l \parallel m$으로부터 $\dfrac{\theta}{2}$이므로 정리 3.2.10에 의해 $\rho_n \circ \rho_m$은 두 직선 m과 n의 교점에서 각 θ만큼의 회전이동이다.

한편, $(\tau \circ R)^{-1} = R^{-1} \circ \tau^{-1}$, $R^{-1} = R_{A,-\theta}$이고 τ^{-1}도 평행이동이므로 위로부터 $(\tau \circ R)^{-1} = R^{-1} \circ \tau^{-1}$도 회전이동이다. 따라서 $\tau \circ R$는 회전이동이다. ∎

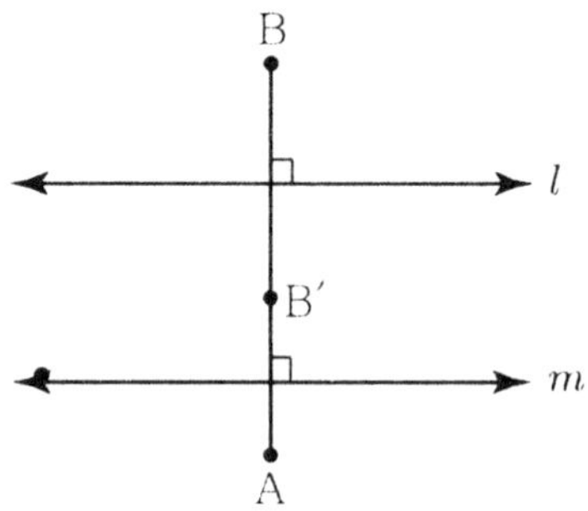

그림 3.14.

도움정리 3.2.15 선분 AB가 직선 l과 수직이면

$$\rho_l \circ \tau_{AB} = \rho_m$$

을 만족시키고 직선 l과 평행한 직선 m이 존재한다.

증명. 선분 AB와 선분 CD의 길이가 같고 방향이 일치하면 $\tau_{AB} = \tau_{CD}$이므로 점 A에서 직선 l까지의 거리가 점 B에서 직선 l까지의 거리보다 크다고 가정해도 된다. $\rho_l(B) = B'$일 때 선분 AB'의 중점을 지나고 직선 l에 평행한 직선을 m이라고 하면 $d(A, B) = 2d(l, m)$이고 점 A에서 직선 m까지의 거리가 점 A에서 직선 l까지의 거리보다 작다. 따라서 정리 3.2.11에 의해

$$\rho_l \circ \rho_m = \tau_{AB}$$

따라서

$$\rho_l \circ \tau_{AB} = \rho_l \circ (\rho_l \circ \rho_m) = (\rho_l \circ \rho_l) \circ \rho_m = \rho_m$$

∎

ρ_l이 직선 l에 대한 반사사상이고 $\mathrm{A} \in l$에 대하여 $R_{\mathrm{A},\theta}$가 회전이동이면

$$R_{\mathrm{A},\theta} \circ \rho_l, \quad \rho_l \circ R_{\mathrm{A},\theta}$$

는 반사사상이다 (연습문제). 그러나 회전이동 또는 평행이동과 반사사상의 합성사상은 새로운 형태의 등장사상이다.

정의 3.2.16 **서로 다른 두 점 A, B에 대하여 $l = \overleftrightarrow{\mathrm{AB}}$일 때 $\rho_l \circ \tau_{\mathrm{AB}}$를 이동반사사상(glide-reflection)이라 하고, 기호 γ_{AB}로 나타낸다. 이때 $l = \overleftrightarrow{\mathrm{AB}}$를 이동반사사상 γ_{AB}의 축(axis)이라고 한다.**

정의로부터 다음이 성립한다.

(1) $\rho_{\mathrm{AB}} \circ \tau_{\mathrm{AB}} = \tau_{\mathrm{AB}} \circ \rho_{\mathrm{AB}}$이고

$$\begin{aligned} \gamma_{\mathrm{AB}}^{-1} &= (\rho_{\mathrm{AB}} \circ \tau_{\mathrm{AB}})^{-1} = \tau_{\mathrm{AB}}^{-1} \circ \rho_{\mathrm{AB}}^{-1} = \tau_{\mathrm{BA}} \circ \rho_{\mathrm{AB}} \\ &= \rho_{\mathrm{BA}} \circ \tau_{\mathrm{BA}} = \gamma_{\mathrm{BA}} \end{aligned}$$

(2) $\gamma_{\mathrm{AB}}(\mathrm{P}) = \mathrm{Q}$이면 직선 $\overleftrightarrow{\mathrm{AB}}$는 선분 PQ를 이등분한다.

(3) 반사사상의 경우 평행이동을 항등사상으로 간주하면 이동반사사상이다. 따라서 고정점을 갖는 이동반사사상은 반사사상뿐이다.

정리 3.2.17 **τ가 평행이동이고 ρ가 반사사상이면 합성사상 $\rho \circ \tau$와 $\tau \circ \rho$는 이동반사사상이다.**

증명. $\tau = \tau_{\mathrm{AB}}$이고 $\rho = \rho_l$이라고 하자.

(i) $\overleftrightarrow{\mathrm{AB}} = l$인 경우

$$\rho \circ \tau = \rho_l \circ \tau_{\mathrm{AB}} = \gamma_{\mathrm{AB}} = \tau \circ \rho$$

(ii) $\overleftrightarrow{\mathrm{AB}} \neq l$, $\overleftrightarrow{\mathrm{AB}} \parallel l$인 경우

$\tau = \tau_{\mathrm{AB}} = \tau_{\mathrm{A'B'}}$인 두 점 $\mathrm{A'}, \mathrm{B'} \in l$이 존재한다. 따라서 위의 (i)에 의해

$$\rho \circ \tau = \tau \circ \rho = \rho \circ \tau_{\mathrm{A'B'}} = \tau_{\mathrm{A'B'}} \circ \rho = \gamma_{\mathrm{A'B'}}$$

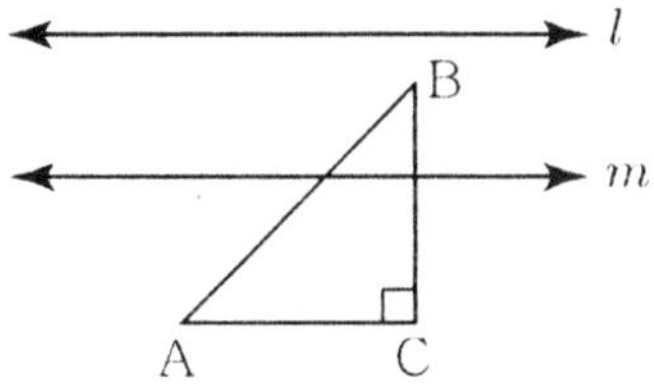

그림 3.15.

(iii) AB $\perp l$인 경우

도움정리 3.2.15에 의해 직선 l과 평행한 직선 m이 존재하여 $\rho_l \circ \tau_{\mathrm{AB}} = \rho_m$이다.

(iv) 위의 경우가 아닌 경우

$\overleftrightarrow{\mathrm{AC}} \parallel l$이고 $\overleftrightarrow{\mathrm{BC}} \perp l$이도록 점 C를 택하자. 정리 3.2.4에 의해

$$\begin{aligned} \rho \circ \tau &= \rho_l \circ \tau_{\mathrm{AB}} = \rho_l \circ (\tau_{\mathrm{CB}} \circ \tau_{\mathrm{AC}}) \\ &= (\rho_l \circ \tau_{\mathrm{CB}}) \circ \tau_{\mathrm{AC}} \end{aligned}$$

$\overleftrightarrow{\mathrm{BC}} \perp l$이므로 도움정리 3.2.15에 의해 직선 l과 평행한 직선 m이 존재하여 $\rho_l \circ \tau_{\mathrm{CB}} = \rho_m$이다. 따라서 $\overleftrightarrow{\mathrm{AC}} \parallel m$이므로 위의 (ii)에 의해 $\rho \circ \tau = \rho_m \circ \tau_{\mathrm{AC}}$는 이동반사사상이다.

끝으로, $\tau \circ \rho = \tau_{\mathrm{AB}} \circ \rho_l$이면

$$(\tau \circ \rho)^{-1} = \rho_l^{-1} \circ \tau_{\mathrm{AB}}^{-1} = \rho_l \circ \tau_{\mathrm{BA}}$$

이므로 $\tau \circ \rho$는 이동반사사상이다. ∎

정리 3.2.18 R가 회전이동이고 ρ가 반사사상이면 $R \circ \rho$와 $\rho \circ R$는 이동반사사상이다.

증명. $R = R_{\mathrm{A},\theta}$이고 $\rho = \rho_l$이라고 하자. 점 A를 지나고 직선 l에 평행한 직

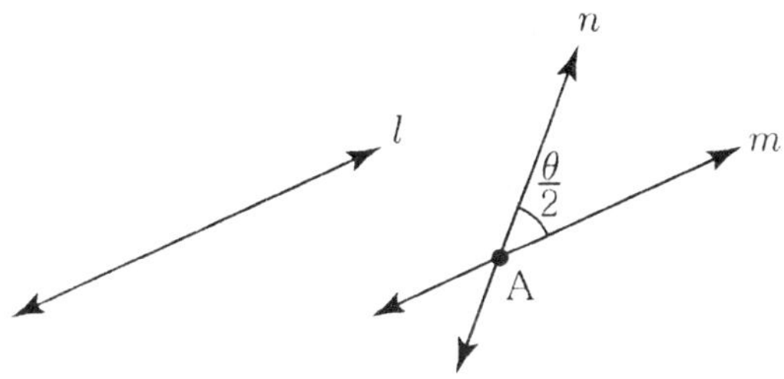

그림 3.16.

선을 m, 점 A를 지나고 직선 m에서의 양의 각이 $\dfrac{\theta}{2}$인 직선을 n이라고 하면 정리 3.2.10에 의해

$$R \circ \rho = (\rho_n \circ \rho_m) \circ \rho_l = \rho_n \circ (\rho_m \circ \rho_l)$$

정리 3.2.11에 의해 $\rho_m \circ \rho_l$은 평행이동이므로 정리 3.2.17로부터 $\rho_n \circ (\rho_m \circ \rho_l)$, 즉 $R \circ \rho$는 이동반사사상이다. 한편,

$$\rho \circ R = \rho_l \circ (\rho_n \circ \rho_m) = (\rho_l \circ \rho_n) \circ \rho_m$$

이고 정리 3.2.10에 의해 $\rho_l \circ \rho_n$은 회전이동이므로 위로부터 $(\rho_l \circ \rho_n) \circ \rho_m$, 즉 $\rho \circ R$는 이동반사사상이다. ∎

정리 3.2.19 두 삼각형 $\triangle$ABC와 $\triangle$DEF가 $\triangle\text{ABC} \cong \triangle\text{DEF}$이면 많아야 세 개의 반사사상이 존재하여 그 합성사상이 세 점 A, B, C를 각각 세 점 D, E, F로 사상시킨다.

증명. 사상 f_1을 $f_1(\text{A}) = \text{D}$인 반사사상 또는 항등사상이라고 하자. 이때 $f_1(\text{B}) = \text{B}'$으로 놓고 사상 f_2를 $f_2(\text{B}') = \text{E}$인 반사사상 또는 항등사상이라고 하자. $\text{DB}' \cong \text{AB} \cong \text{DE}$이므로 $f_2(\text{D}) = \text{D}$이다. 따라서

$$f_2 \circ f_1(\text{A}) = \text{D}, \quad f_2 \circ f_1(\text{B}) = \text{E}$$

$f_2 \circ f_1(\text{C}) = \text{C}'$으로 놓을 때 $\text{C}' = \text{F}$이면 $f_2 \circ f_1$이 원하는 반사사상의 합성사상이다. $\text{C}' \neq \text{F}$이면 $\triangle\text{DEC}' \cong \triangle\text{ABC} \cong \triangle\text{DEF}$이므로 $n = \overleftrightarrow{\text{DE}}$일 때

$$\rho_n(\text{C}') = \text{F}$$

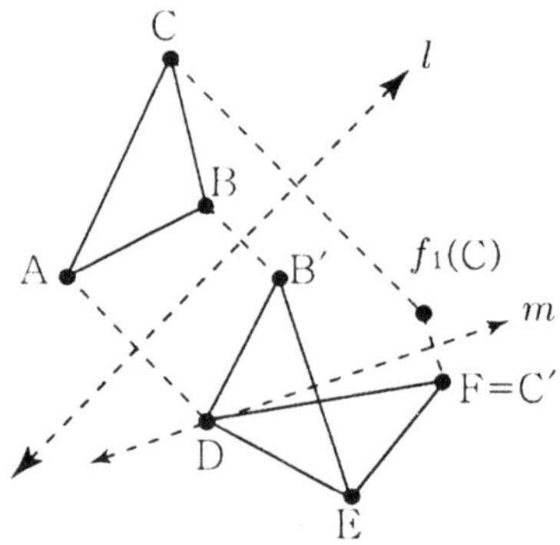

그림 3.17.

따라서 합성사상 $\rho_n \circ f_2 \circ f_1$는 $\mathrm{A} \to \mathrm{D}, \mathrm{B} \to \mathrm{E}, \mathrm{C} \to \mathrm{F}$이다. ∎

정리 3.2.20 **임의의 강체운동(유클리드 등장사상)은 많아야 세 개의 반사사상의 합성사상으로 나타낼 수 있다.**

증명. 정리 3.1.6과 정리 3.2.19에 의해 성립한다. ∎

정리 3.2.21 **임의의 강체운동(유클리드 등장사상)은 평행이동, 회전이동 또는 이동반사사상 중의 하나이다.**

증명. 함수 f가 등장사상일 때 f가 반사사상이면 이동반사사상이다. f가 두 반사사상의 합성사상이면 정리 3.2.10과 정리 3.2.11에 의해 f는 회전이동 또는 평행이동이다. f가 세 반사사상 ρ_1, ρ_2, ρ_3의 합성사상이면 즉 $f = \rho_3 \circ \rho_2 \circ \rho_1$이면 $\rho_3 \circ \rho_2$는 회전이동 또는 평행이동이므로 정리 3.2.17과 정리 3.2.18에 의해 $(\rho_3 \circ \rho_2) \circ \rho_1 = f$는 이동반사사상이다. ∎

따름정리 3.2.22 **임의의 강체운동(유클리드 등장사상)은 역사상을 갖는다.**

증명. 임의의 반사사상 ρ에 대하여 $\rho^{-1} = \rho$이므로 정리 3.2.20에 의해 임의의 등장사상은 역함수를 갖는다. ∎

3.3 좌표평면과 등장사상

유클리드 평면의 한 점 O에서 수직으로 만나는 두 직선을 좌표축이라고 하며, 이때 가로의 수직선을 x축, 세로의 수직선을 y축, 점 O를 원점이라고 한다. 또, 좌표축이 그려진 평면을 좌표평면이라고 하고 좌표평면 위의 점 $\mathrm{P}(a, b)$에서 순서쌍 (a, b)를 점 P의 좌표라고 한다. 이때 a를 점 P의 x좌표, b를 점 P의 y좌표라고 한다. 즉, 점 P에서 x축 및 y축에 내린 수선의 발을 각각 A, B라고 할 때 점 A의 x좌표가 a이고 점 B의 y좌표가 b임을 나타낸다.

좌표평면은 프랑스의 수학자 데카르트(Descartes; 1596~1650)가 처음 도입하여 사용하였으며 기하학에 좌표가 도입함을써 해석기하학이 크게 발전하는 계기가 되었다.

이 절에서는 유클리드 평면에 좌표를 도입한 다음 유클리드 등장사상을 좌표로 나타내고 이의 성질에 대하여 알아보기로 한다.

좌표평면 $\mathbb{R}^2$는 다음과 같이 정의한다:

$$\mathbb{R}^2 = \{(x, y) \mid x, y \in \mathbb{R}\}$$

또, 임의의 두 점 $\mathrm{P}(x_1, y_1), \mathrm{Q}(x_2, y_2) \in \mathbb{R}^2$에 대하여 P, Q 사이의 거리 $d(\mathrm{P}, \mathrm{Q})$를

$$d(\mathrm{P}, \mathrm{Q}) = \overline{\mathrm{PQ}} = \|\mathrm{P} - \mathrm{Q}\| = \sqrt{(x_2 - x_1)^2 + (y_2 - y_1)^2}$$

으로 정의하면 d는 좌표평면 $\mathbb{R}^2$의 거리이다. 특히 보기 3.1.1의 d_e와 일치한다. 즉 $d_e = d$.

앞으로 특별한 언급이 없으면 좌표평면 $\mathbb{R}^2$에는 거리 d가 있는 것으로 간주한다. 또 사상 $f : \mathbb{R}^2 \to \mathbb{R}^2$가 임의의 두 점 P, Q에 대하여

$$d(f(\mathrm{P}), f(\mathrm{Q})) = d(\mathrm{P}, \mathrm{Q})$$

일 때 f를 좌표평면 $\mathbb{R}^2$의 등장사상이라고 한다. $d_e = d$이므로 $\mathbb{R}^2$의 등장사상과 유클리드 평면의 등장사상은 일치한다.

보기 3.3.1 고정된 점 $\mathrm{A}(a,b) \in \mathbb{R}^2$에 대하여 사상 $\tau : \mathbb{R}^2 \to \mathbb{R}^2$를

$$\tau(x,y) = (x+a, y+b)$$

로 정의하면 τ는 $\mathbb{R}^2$의 등장사상이다.

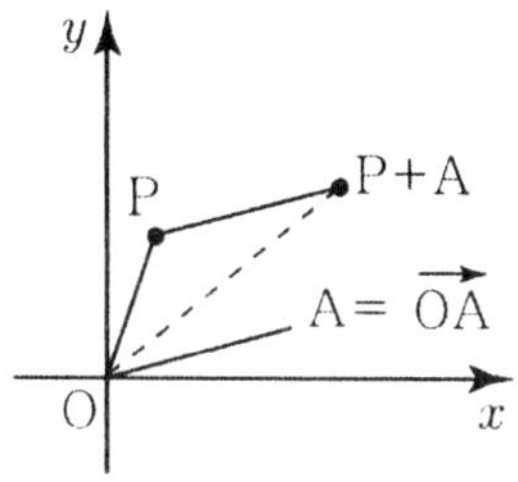

그림 3.18.

풀이. 두 점 P, Q의 좌표를 각각 $(x_1,y_1),(x_2,y_2)$로 놓으면

$$\begin{aligned} d(\tau(\mathrm{P}),\tau(\mathrm{Q})) &= \sqrt{(x_2+a-(x_1+a))^2+(y_2+a-(y_1+a))^2} \\ &= \sqrt{(x_2-x_1)^2+(y_2-y_1)^2} \\ &= d(\mathrm{P},\mathrm{Q}) \end{aligned}$$

∎

보기 3.3.1에서 정의된 사상 τ는 $\mathbb{R}^2$의 평행이동을 나타낸다. 특히 임의의 점 $\mathrm{P} \in \mathbb{R}^2$에 대하여 $\tau(\mathrm{P}) = \mathrm{P}+\mathrm{A}$이므로 τ는 A만큼의 평행이동을 나타낸다. A만큼의 평행이동을 $\tau = \tau_{\mathrm{A}}$로 나타낸다.

보기 3.3.2 실수 θ에 대하여 사상 $R_\theta : \mathbb{R}^2 \to \mathbb{R}^2$를

$$R_\theta(x,y) = (x\cos\theta - y\sin\theta, x\sin\theta + y\cos\theta)$$

로 정의하면 R_θ는 $\mathbb{R}^2$의 등장사상이다.

풀이. 임의의 두 점 $(x_1,y_1),(x_2,y_2) \in \mathbb{R}^2$에 대하여

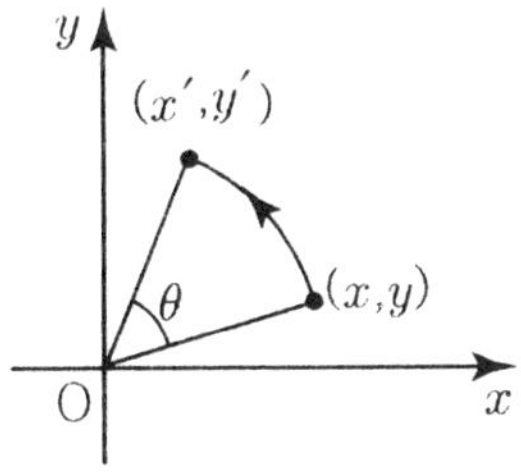

그림 3.19.

$$\begin{aligned} & d(R_\theta(x_1, y_1), R_\theta(x_2, y_2)) \\ = & \sqrt{\{(x_2 - x_1)\cos\theta - (y_2 - y_1)\sin\theta\}^2 + \{(x_2 - x_1)\sin\theta + (y_2 - y_1)\cos\theta\}^2} \\ = & \sqrt{(x_2 - x_1)^2 + (y_2 - y_1)^2} \\ = & d((x_1, y_1), (x_2, y_2)) \end{aligned}$$

∎

보기 3.3.4에서 정의된 사상 R_θ는 각 θ만큼의 회전이동을 나타내고 행렬을 이용하면

$$R_\theta(x, y) = \begin{pmatrix} \cos\theta & -\sin\theta \\ \sin\theta & \cos\theta \end{pmatrix} \begin{pmatrix} x \\ y \end{pmatrix}$$

로 나타낼 수 있다. 즉 $R_\theta = \begin{pmatrix} \cos\theta & -\sin\theta \\ \sin\theta & \cos\theta \end{pmatrix}$이다. R_θ를 원점을 중심으로 각 θ 만큼의 회전이동이라고 한다.

정리 3.3.3 (1) 좌표평면에서 임의의 두 점 A, B에 대하여 $\tau(\mathrm{A}) = \mathrm{B}$를 만족시키는 유일한 평행이동은 B − A만큼의 평행이동 $\tau_{\mathrm{B-A}}$이다.

(2) 임의의 두 점 A, B에 대하여

$$\tau_{\mathrm{B}} \circ \tau_{\mathrm{A}} = \tau_{\mathrm{A+B}} = \tau_{\mathrm{A}} \circ \tau_{\mathrm{B}}$$

(3) $\mathrm{A} \in \mathbb{R}^2$에 대하여 $\tau_{\mathrm{A}}^{-1} = \tau_{-\mathrm{A}}$

보기 3.3.4 사상 $\rho : \mathbb{R}^2 \to \mathbb{R}^2$를

$$\rho(x, y) = (x, -y)$$

로 정의하면 ρ는 $\mathbb{R}^2$의 등장사상이다.

풀이. 임의의 두 점 $(x_1, y_1), (x_2, y_2) \in \mathbb{R}^2$에 대하여

$$\begin{aligned} d(\rho(x_1, y_1), \rho(x_2, y_2)) &= \sqrt{\{(x_2 - x_1)^2 + (-y_2 + y_1)^2} \\ &= \sqrt{(x_2 - x_1)^2 + (y_2 - y_1)^2} \\ &= d((x_1, y_1), (x_2, y_2)) \end{aligned}$$

∎

사상 $\rho(x, y) = (x, -y)$는 x축에 대한 대칭이동을 나타내고 행렬을 이용하면

$$\rho(x, y) = \begin{pmatrix} 1 & 0 \\ 0 & -1 \end{pmatrix} \begin{pmatrix} x \\ y \end{pmatrix}$$

로 나타낼 수 있다. 즉, $\rho = \begin{pmatrix} 1 & 0 \\ 0 & -1 \end{pmatrix}$이다. ρ를 x축에 대한 반사사상(reflection)이라고 한다.

일반적으로 직선 $ax + by + c = 0$에 대한 반사사상은 다음과 같다.

정리 3.3.5 직선 $l : ax + by + c = 0$에 대한 반사사상을 ρ_l이라 할 때

(1) $a = 0, b \neq 0$이면

$$\rho_l(x, y) = \left(x, -y - \frac{2c}{b}\right)$$

(2) $a \neq 0, b = 0$이면

$$\rho_l(x, y) = \left(-x - \frac{2c}{a}, y\right)$$

(3) $a \neq 0, b \neq 0$이면

$$\rho_l(x, y) = \left(\frac{-a^2 + b^2}{a^2 + b^2}x - \frac{2ab}{a^2 + b^2}y - \frac{ac}{a^2 + b^2}, \frac{-2ab}{a^2 + b^2}x + \frac{a^2 - b^2}{a^2 + b^2}y - \frac{bc}{a^2 + b^2}\right)$$

증명.

(1) $a = 0, b \neq 0$이면 직선 l의 방정식은 $y = -\frac{c}{b}$이다. 따라서, $\rho_l(x, y) = (x', y')$으로 놓으면

$$x' = x, \quad \frac{y + y'}{2} = -\frac{c}{b}$$

이므로 $x' = x, y' = -y - \frac{2c}{b}$이다.

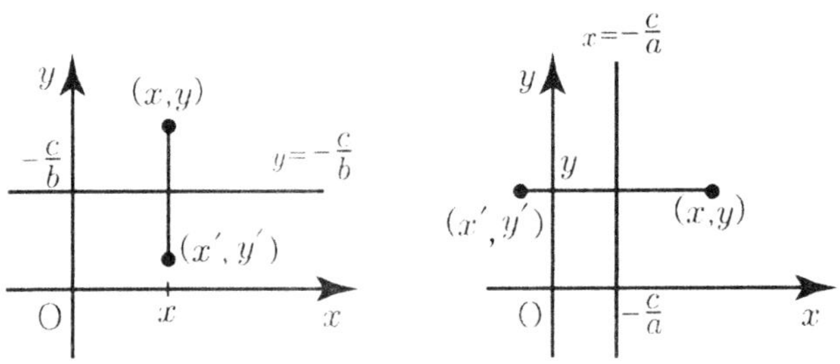

그림 3.20.

(2) $a \neq 0, b = 0$이면 직선 l의 방정식은 $x = -\frac{c}{a}$이므로 위의 (1)과 같은 방법에 의해

$$\rho_l(x, y) = \left(-x - \frac{2c}{a}, y\right)$$

(3) $\rho_l(x, y) = (x', y')$으로 놓으면 두 점 $(x, y), (x', y')$을 지나는 직선과 직선 l은 수직이므로

$$\frac{y' - y}{x' - x} = \frac{b}{a}$$

따라서

$$bx' - ay' - bx + ay = 0 \tag{3.3}$$

또 직선 l이 두 점 $(x, y), (x', y')$의 중점을 지나므로

$$a\frac{x + x'}{2} + b\frac{y' + y}{2} + c = 0$$

따라서

$$ax' + by' + ax + by + c = 0 \tag{3.4}$$

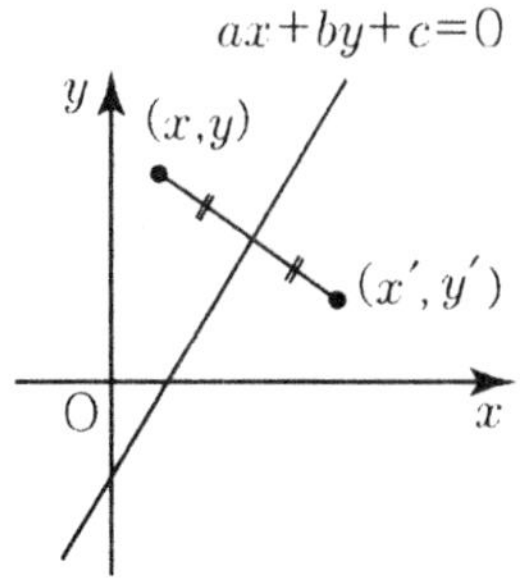

그림 3.21.

두 식 (3.3), (3.4)을 연립하여 x', y'에 대하여 풀면

$$\begin{aligned} x' &= \frac{-a^2+b^2}{a^2+b^2}x - \frac{2ab}{a^2+b^2}y - \frac{ac}{a^2+b^2} \\ y' &= \frac{-2ab}{a^2+b^2}x + \frac{a^2-b^2}{a^2+b^2}y - \frac{bc}{a^2+b^2} \end{aligned}$$

■

보기 3.3.6 직선 l의 방정식이 $y = x$일 때 $x - y = 0$에서 $a = 1, b = -1, c = 0$이므로 $\rho_l(x, y) = (y, x)$이다. ρ_l은 직선 $y = x$에 대한 대칭이동을 나타낸다.

정리 3.3.7 점 $\mathrm{A}(a, b) \in \mathbb{R}^2$과 실수 θ에 대하여 $R_{\mathrm{A},\theta}$를 점 A에서 각 θ만큼의 회전이동이라고 하면

$$R_{\mathrm{A},\theta}(x, y) = ((x-a)\cos\theta - (y-b)\sin\theta + a, (x-a)\sin\theta + (y-b)\cos\theta + b)$$

증명. 평행이동 τ을 $\tau(x, y) = (x - a, y - b)$로 정의하고 원점에 대한 각 θ만큼의 회전이동을 R_θ라 하면

$$R_{\mathrm{A},\theta} = \tau^{-1} \circ R_\theta \circ \tau$$

이다. 따라서

$$\begin{aligned} &R_{A,\theta}(x,y) \\ &= \tau^{-1} \circ R_\theta \circ \tau(x,y) \\ &= \tau^{-1} \circ R_\theta(x-a, y-b) \\ &= ((x-a)\cos\theta - (y-b)\sin\theta + a, (x-a)\sin\theta + (y-b)\cos\theta + b) \end{aligned}$$

∎

정리 3.3.7에서 $A = O = (0,0)$이면 회전이동 $R_{O,\theta}$는

$$R_{O,\theta}(x,y) = (x\cos\theta - y\sin\theta, x\sin\theta + y\cos t)$$

이므로 보기 3.3.4와 같다. 즉, $R_{O,\theta} = R_\theta$이다.

보기 3.3.8 두 직선 l과 m의 방정식이 각각

$$l:\ \sqrt{3}x - 3y = 0, \quad m:\ \sqrt{3}x - y = 0$$

이고 직선 l과 직선 m에 대한 반사사상을 각각 ρ_l, ρ_m이라 할 때, $\rho_m \circ \rho_l$을 구하여라.

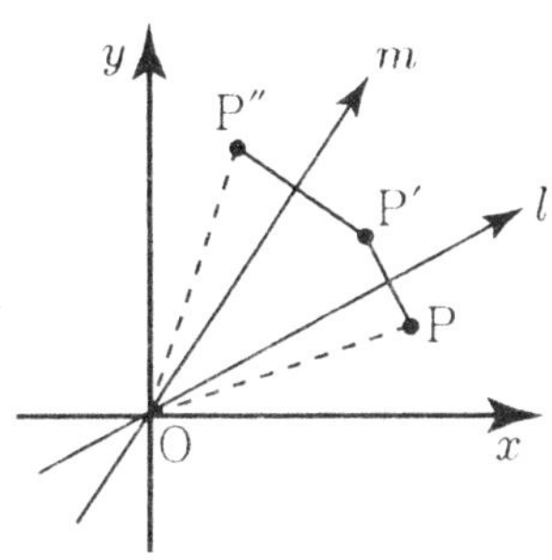

그림 3.22.

풀이. 직선 l과 직선 m의 교점은 원점 O이고 두 직선 사이의 각 θ는 $\theta = \dfrac{\pi}{3} - \dfrac{\pi}{6} = \dfrac{\pi}{6}$이

므로 정리 3.2.10에 의해

$$\rho_m \circ \rho_l = R_{O,\frac{\pi}{3}} = R_{\frac{\pi}{3}}$$

따라서

$$\begin{aligned}\rho_m \circ \rho_l(x,y) &= R_{\frac{\pi}{3}}(x,y) = \begin{pmatrix} \frac{1}{2} & -\frac{\sqrt{3}}{2} \\ \frac{\sqrt{3}}{2} & \frac{1}{2} \end{pmatrix}\begin{pmatrix} x \\ y \end{pmatrix} \\ &= \left(\frac{1}{2}x - \frac{\sqrt{3}}{2}y, \frac{\sqrt{3}}{2}x + \frac{1}{2}y\right)\end{aligned}$$

실제로, 정리 3.3.5에 의해 $a = \sqrt{3}, b = -3, c = 0$이므로

$$\rho_l(x,y) = \left(\frac{1}{2}x + \frac{\sqrt{3}}{2}y, \frac{\sqrt{3}}{2}x - \frac{1}{2}y\right)$$

이고 $a = \sqrt{3}, b = -1, c = 0$으로부터

$$\rho_m(x,y) = \left(-\frac{1}{2}x + \frac{\sqrt{3}}{2}y, \frac{\sqrt{3}}{2}x + \frac{1}{2}y\right)$$

이므로

$$\rho_m \circ \rho_l(x,y) = \left(\frac{1}{2}x - \frac{\sqrt{3}}{2}y, \frac{\sqrt{3}}{2}x + \frac{1}{2}y\right)$$

이다. ∎

서로 다른 두 점 $A(x_1, y_1), B(x_2, y_2)$에 대하여 점 A를 점 B로 사상시키는 평행이동 τ_{AB}와 직선 $l = \overleftrightarrow{AB}$에 대한 반사사상 ρ_l의 합성인 이동반사사상 $\rho_l \circ \tau_{AB}$를 좌표로 나타내보자.

(i) $x_1 \neq x_2,\ y_1 = y_2$일 때

직선 l의 방정식은 $y = y_1$이고

$$\tau_{AB}(x,y) = (x + x_2 - x_1, y)$$

또 정리 3.3.5에 의해

$$\rho_l(x,y) = (x, -y + 2y_1)$$

따라서

$$\begin{aligned}\rho_l \circ \tau_{\mathrm{AB}}(x,y) &= \rho_l(x+x_2-x_1, y) \\ &= (x+x_2-x_1, -y+2y_1)\end{aligned}$$

(ii) $x_1 = x_2,\ y_1 \neq y_2$일 때

직선 l의 방정식은 $x = x_1$이고

$$\tau_{\mathrm{AB}}(x,y) = (x, y+y_2-y_1), \quad \rho_l(x,y) = (-x+2x_1, y)$$

따라서

$$\rho_l \circ \tau_{\mathrm{AB}}(x,y) = (-x+2x_1, y+y_2-y_1)$$

(iii) $x_1 \neq x_1,\ y_1 \neq y_2$일 때

정리 3.3.3에 의해

$$\tau_{\mathrm{AB}}(x,y) = (x+x_2-x_1, y+y_2-y_1)$$

두 점 A, B를 지나는 직선 $l = \overleftrightarrow{\mathrm{AB}}$의 방정식은

$$(y_2-y_1)x - (x_2-x_1)y - (y_2-y_1)x_1 + (x_2-x_1)y_1 = 0$$

이므로 정리 3.3.5에 의해

$$\begin{aligned}\rho_l(x,y) = & \left(\frac{-a^2+b^2}{a^2+b^2}x - \frac{2ab}{a^2+b^2}y - \frac{ac}{a^2+b^2},\right. \\ & \left.\frac{-2ab}{a^2+b^2}x + \frac{a^2-b^2}{a^2+b^2}y - \frac{bc}{a^2+b^2}\right)\end{aligned}$$

여기서 $a = y_2 - y_1$, $b = -(x_2 - x_1)$, $c = (x_2 - x_1)y_1 - (y_2 - y_1)x_2$이

다. 따라서

$$\begin{aligned}\rho_l \circ \tau_{\mathrm{AB}}(x,y) &= \rho_l(x+x_2-x_1, y+y_2-y_1) = \rho_l(x-b, y+a)\\ &= \left(\frac{-a^2+b^2}{a^2+b^2}(x-b) - \frac{2ab}{a^2+b^2}(y+a) - \frac{ac}{a^2+b^2},\right.\\ &\qquad \left. -\frac{2ab}{a^2+b^2}(x-b) + \frac{a^2-b^2}{a^2+b^2}(y+a) - \frac{bc}{a^2+b^2}\right)\\ &= \left(\frac{-a^2+b^2}{a^2+b^2}x - \frac{2ab}{a^2+b^2}y - b - \frac{ac}{a^2+b^2},\right.\\ &\qquad \left. \frac{-2ab}{a^2+b^2}x + \frac{a^2-b^2}{a^2+b^2}y + a - \frac{bc}{a^2+b^2}\right)\end{aligned}$$

끝으로 좌표평면 $\mathbb{R}^2$의 등장사상 중에서 내적을 보존하는 선형사상인 직교사상에 대하여 알아보자.
좌표평면 $\mathbb{R}^2$의 점 (x,y)를 시점이 원점이고 종점이 (x,y)인 **벡터**(vector)라고 한다. 좌표평면의 점을 벡터로 생각하여 $\mathbf{v}$와 같이 대문자가 아닌 굵은 소문자로 나타내기로 한다.

정의 3.3.9 좌표평면 $\mathbb{R}^2$의 임의의 두 점 $(x_1,y_1),(x_2,y_2)$에 대하여

$$(x_1,y_1)\cdot(x_2,y_2) = x_1x_2 + y_1y_2$$

로 정의하고 이를 두 벡터 (x_1,y_1)와 (x_2,y_2)의 **내적**(*inner product*)이라고 한다. 또, 벡터 (x,y)에 대하여

$$\|(x,y)\| = \sqrt{(x,y)\cdot(x,y)} = \sqrt{x^2+y^2}$$

로 정의하고 이를 벡터 (x,y)의 **크기**(*norm*)라고 한다.

두 벡터 $\mathbf{v}=(v_1,v_2)$와 $\mathbf{w}=(w_1,w_2)$에 대하여 $\mathbf{v}+\mathbf{w}$를

$$\mathbf{v}+\mathbf{w} = (v_1+w_1, v_2+w_1)$$

로 정의한다. 또, 벡터 $\mathbf{v}=(v_1,v_2)$와 실수 $a\in\mathbb{R}$에 대하여 $a\mathbf{v}$를

$$a\mathbf{v} = (av_1, av_2)$$

로 정의하고 이를 **실수배**(scalar multiplication)라고 한다. 정의로부터

$$0 \cdot \mathbf{v} = \mathbf{0}, \quad a \cdot \mathbf{0} = \mathbf{0}$$

이고 $\|a\mathbf{v}\| = |a|\|\mathbf{v}\|$이 성립한다.
벡터의 크기가 1인 벡터를 **단위벡터**라 하고, $\mathbf{0} = (0,0)$을 **영벡터**라고 한다. 영벡터는 벡터의 덧셈에 대한 항등원이다. 또 두 벡터 $(x_1, y_1), (x_2, y_2)$에 대하여 $(x_1, y_1) \cdot (x_2, y_2) = 0$일 때 서로 **수직**이라고 한다.
두 벡터 $\mathbf{v}, \mathbf{w} \in \mathbb{R}^2$에 대하여

$$a\mathbf{v} + b\mathbf{w} = \mathbf{0}, \quad a, b \in \mathbb{R}$$

이면 항상 $a = b = 0$일 때, $\mathbf{v}, \mathbf{w}$를 일차독립(linearly independent)이라고 한다. 또, 일차독립이 아닌 경우 일차종속(linearly dependent)이라고 한다. 예를 들면, 단위벡터

$$\mathbf{e}_1 = (1, 0), \ \ \mathbf{e}_2 = (0, 1)$$

은 일차독립이다. 두 벡터 $\mathbf{v}, \mathbf{w}$에 대하여 실수를 곱해서 합한 형태의 벡터

$$a\mathbf{v} + b\mathbf{w}$$

를 두 벡터 $\mathbf{v}, \mathbf{w}$의 일차결합(linear combination)이라고 한다. $\mathbb{R}^2$의 임의의 벡터 $\mathbf{v} = (v_1, v_2)$는

$$\mathbf{v} = v_1\mathbf{e}_1 + v_2\mathbf{e}_2$$

로 나타낼 수 있다.
$\mathbb{R}^2$에서 두 벡터의 모임 $\mathcal{B} = \{\mathbf{v}, \mathbf{w}\}$가 다음 두 조건을 만족시킬 때, $\mathcal{B}$를 $\mathbb{R}^2$의 **기저**(basis)라고 한다:

(i) $\mathcal{B}$에 속하는 벡터는 일차독립이다

(ii) 임의의 벡터 $\mathbf{u} \in \mathbb{R}^2$은 $\mathcal{B}$에 속하는 벡터의 일차결합으로 나타낼 수 있다.

(ii)의 경우 $\mathcal{B} = \{\mathbf{v}, \mathbf{w}\}$가 $\mathbb{R}^2$을 생성(span)한다고 한다. 예를 들어, 위의

$$\mathbf{e}_1 = (1, 0), \ \ \mathbf{e}_2 = (0, 1)$$

은 일차독립이고 $\mathbb{R}^2$을 생성하므로 $\mathbb{R}^2$의 기저이다. $\mathbf{e}_1 = (1,0), \mathbf{e}_2 = (0,1)$을 $\mathbb{R}^2$의 표준기저(standard basis 또는 canonical basis)라고 한다.
$\mathbb{R}^2$의 기저 $\{\mathbf{v}, \mathbf{w}\}$가

$$\|\mathbf{v}\| = 1 = \|\mathbf{w}\|, \quad \mathbf{v} \cdot \mathbf{w} = 0$$

일 때, **정규직교기저**(orthonormal basis)라 한다. 이 경우 임의의 벡터 $\mathbf{u} \in \mathbb{R}^2$은

$$\mathbf{u} = (\mathbf{u} \cdot \mathbf{v})\mathbf{v} + (\mathbf{u} \cdot \mathbf{w})\mathbf{w} \tag{3.5}$$

로 나타낼 수 있다. 표준기저 $\mathbf{e}_1 = (1,0), \mathbf{e}_2 = (0,1)$은 정규직교기저이다.
좌표평면 $\mathbb{R}^2$에서 자기 자신으로 보내어지는 사상 $A : \mathbb{R}^2 \to \mathbb{R}^2$이 임의의 두 실수 $a, b \in \mathbb{R}$와 임의의 두 벡터 $\mathbf{v}, \mathbf{w}$에 대하여

$$A(a\mathbf{v} + b\mathbf{w}) = aA(\mathbf{v}) + bA(\mathbf{w})$$

를 만족시킬 때, A를 **선형사상**(linear map)이라고 한다.

보기 3.3.10 사상 $A : \mathbb{R}^2 \to \mathbb{R}^2$를

$$A(x,y) = (x - y, x + 2y)$$

로 정의하면 A는 선형사상이다.

보기 3.3.10를 행렬로 나타내면

$$A(x,y) = \begin{pmatrix} 1 & -1 \\ 1 & 2 \end{pmatrix} \begin{pmatrix} x \\ y \end{pmatrix}$$

이므로 선형사상 A는 행렬로 나타낼 수 있다.

보기 3.3.11 실수 θ에 대하여 사상 $R : \mathbb{R}^2 \to \mathbb{R}^2$를

$$R(x,y) = \begin{pmatrix} \cos\theta & -\sin\theta \\ \sin\theta & \cos\theta \end{pmatrix} \begin{pmatrix} x \\ y \end{pmatrix}$$

로 정의하면 R는 회전이동을 나타내는 선형사상이다.

2×2 행렬 $A = \begin{pmatrix} a & b \\ c & d \end{pmatrix}$에 대하여 행렬식이

$$\det(A) = ad - bc = \pm 1 \tag{3.6}$$

이고 각 열을 $\mathbb{R}^2$의 원소 $(a,c),(b,d)$로 간주했을 때 서로 수직인 단위벡터이면

$$a^2 + c^2 = 1 = b^2 + d^2, \quad ab + cd = 0 \tag{3.7}$$

이다. $\det(A) = 1$일 때 두 식 (3.6)와 (3.7)을 연립하여 풀면

$$A = \begin{pmatrix} a & b \\ -b & a \end{pmatrix}, \quad a^2 + b^2 = 1$$

이다. 따라서 $a = \cos\theta, b = -\sin\theta$로 나타내면

$$A = \begin{pmatrix} \cos\theta & -\sin\theta \\ \sin\theta & \cos\theta \end{pmatrix}$$

의 회전이동이 된다.
한편, $\det(A) = -1$인 경우에는

$$A = \begin{pmatrix} a & b \\ b & -a \end{pmatrix}, \quad a^2 + b^2 = 1$$

이다. 예를 들어 $\theta = \frac{\pi}{3}$인 경우 $a = \cos\theta, b = \sin\theta$로 놓으면

$$A = \begin{pmatrix} \frac{1}{2} & \frac{\sqrt{3}}{2} \\ \frac{\sqrt{3}}{2} & -\frac{1}{2} \end{pmatrix}$$

이고 이는 보기 3.3.8로부터 직선 $l : \sqrt{3}x - 3y = 0$에 대한 반사사상을 나타낸다. 일반적으로 식 (3.7)을 만족시키는 2×2 행렬이나 $\mathbb{R}^2$의 선형사상에 대하여 알아보자.

정의 3.3.12 선형사상 $A : \mathbb{R}^2 \to \mathbb{R}^2$이 임의의 두 점 $\mathbf{v}, \mathbf{w} \in \mathbb{R}^2$에 대하여

$$A(\mathbf{v}) \cdot A(\mathbf{w}) = \mathbf{v} \cdot \mathbf{w}$$

를 만족시킬 때, A를 **직교변환**(*orthogonal transformation*)이라고 한다.

$A : \mathbb{R}^2 \to \mathbb{R}^2$이 직교변환이면 $A^{-1} = A^t$이므로 $\det(A) = \pm 1$이다. [3] 일반적으로 선형사상 B는

$$B(\mathbf{v}) \cdot \mathbf{w} = \mathbf{v} \cdot B^t(\mathbf{w})$$

를 만족시킨다. 따라서 선형사상 A가 직교변환이면 모든 $\mathbf{v}$와 $\mathbf{w}$에 대하여

$$\mathbf{v} \cdot \mathbf{w} = A(\mathbf{v}) \cdot A(\mathbf{w}) = \mathbf{v} \cdot A^t A(\mathbf{w})$$

이므로 $A^t A$는 항등사상이다. 따라서, $A^{-1} = A^t$이고 $\det(A) = \det(A^t)$이므로 $\det(A)^2 = 1$이다.

정리 3.3.13 $A : \mathbb{R}^2 \to \mathbb{R}^2$이 직교변환이면 A는 등장사상이다.

증명. 직교변환의 정의에 의해

$$\begin{aligned} \|A(\mathbf{v}) - A(\mathbf{w})\|^2 &= A(\mathbf{v}) \cdot A(\mathbf{v}) - 2A(\mathbf{v}) \cdot A(\mathbf{w}) + A(\mathbf{w}) \cdot A(\mathbf{w}) \\ &= \mathbf{v} \cdot \mathbf{v} - 2\mathbf{v} \cdot \mathbf{w} + \mathbf{w} \cdot \mathbf{w} \\ &= \|\mathbf{v} - \mathbf{w}\|^2 \end{aligned}$$

따라서

$$d(A(\mathbf{v}), A(\mathbf{w})) = \|A(\mathbf{v}) - A(\mathbf{w})\| = \|\mathbf{v} - \mathbf{w}\| = d(\mathbf{v}, \mathbf{w})$$

∎

정리 3.3.14 $F : \mathbb{R}^2 \to \mathbb{R}^2$이 $F(\mathbf{0}) = \mathbf{0}$인 등장사상이면 F는 직교변환이다.

증명. 임의의 벡터 $\mathbf{v} \in \mathbb{R}^2$에 대하여

$$\begin{aligned} \|F(\mathbf{v})\| &= d(F(\mathbf{v}), \mathbf{0}) \\ &= d(F(\mathbf{v}), F(\mathbf{0})) = d(\mathbf{v}, \mathbf{0}) = \|\mathbf{v}\| \end{aligned}$$

[3] A^t는 A를 행렬로 나타냈을 때 전치행렬(transpose)이다. 즉, $A = \begin{pmatrix} a & b \\ c & d \end{pmatrix}$일 때, $A^t = \begin{pmatrix} a & c \\ b & d \end{pmatrix}$이다.

따라서

$$\|F(\mathbf{v}) - F(\mathbf{w})\|^2 = \|\mathbf{v}\|^2 - 2F(\mathbf{v}) \cdot F(\mathbf{w}) + \|\mathbf{w}\|^2$$

한편, F가 등장사상이므로

$$\|F(\mathbf{v}) - F(\mathbf{w})\|^2 = \|\mathbf{v} - \mathbf{w}\|^2 = \|\mathbf{v}\|^2 - 2\mathbf{v} \cdot \mathbf{w} + \|\mathbf{w}\|^2$$

위의 두 식을 비교하면

$$F(\mathbf{v}) \cdot F(\mathbf{w}) = \mathbf{v} \cdot \mathbf{w} \tag{3.8}$$

가 성립한다.

F가 선형사상임을 증명하자. $\mathbf{e}_1 = (1,0), \mathbf{e}_2 = (0,1)$을 $\mathbb{R}^2$의 표준기저라고 하면

$$\mathbf{e}_i \cdot \mathbf{e}_j = \delta_{ij} = \begin{cases} 1 & i = j \\ 0 & i \neq j \end{cases}$$

이고 함수 F는 내적을 보존하므로

$$\{F(\mathbf{e}_1), F(\mathbf{e}_2)\}$$

도 $\mathbb{R}^2$의 정규직교기저이다. 따라서 식 (3.5)로부터 임의의 벡터 $\mathbf{v} = (v_1, v_2) \in \mathbb{R}^2$에 대하여 $F(\mathbf{v})$는

$$F(\mathbf{v}) = (F(\mathbf{v}) \cdot F(\mathbf{e}_1))\, F(\mathbf{e}_1) + (F(\mathbf{v}) \cdot F(\mathbf{e}_2))\, F(\mathbf{e}_2)$$

으로 나타낼 수 있다. $F(\mathbf{v}) \cdot F(\mathbf{e}_i) = \mathbf{v} \cdot \mathbf{e}_i = v_i \ \ (i = 1, 2)$이므로

$$F(\mathbf{v}) = v_1 F(\mathbf{e}_1) + v_2 F(\mathbf{e}_2)$$

따라서 임의의 두 실수 a, b와 두 벡터 $\mathbf{v} = (v_1, v_2), \mathbf{w} = (w_1, w_2) \in \mathbb{R}^2$에 대하여

$$\begin{aligned} F(a\mathbf{v} + b\mathbf{w}) &= (av_1 + bw_1)F(\mathbf{e}_1) + (av_2 + bw_2)F(\mathbf{e}_2) \\ &= a\,(v_1 F(\mathbf{e}_1) + v_2 F(\mathbf{e}_2)) + b\,(w_1 F(\mathbf{e}_1) + w_2 F(\mathbf{e}_2)) \\ &= aF(\mathbf{v}) + bF(\mathbf{w}) \qquad (3.9) \end{aligned}$$

그러므로 F는 선형사상이다. 결과적으로 식 (3.8)과 (3.9)에 의해 F는 직교변환이다. ∎

정리 3.3.15 **$F : \mathbb{R}^2 \to \mathbb{R}^2$이 등장사상이면**

$$F = \tau \circ A$$

를 만족시키는 평행이동 τ와 직교변환 A가 유일하게 존재한다.

증명. $F(\mathbf{0}) = \mathbf{a}$로 놓고 τ를 벡터 $\mathbf{a}$만큼의 평행이동 $\tau = \tau_{\mathbf{a}}$로 정의하자. 또, $A : \mathbb{R}^2 \to \mathbb{R}^2$을

$$A = \tau^{-1} \circ F = \tau_{-\mathbf{a}} \circ F$$

로 정의하면 A는 등장사상이고 $F = \tau \circ A$이다. 더욱이, $A(\mathbf{0}) = \tau_{-\mathbf{a}} \circ F(\mathbf{0}) = \mathbf{0}$이므로 정리 3.3.14에 의해 A는 직교변환이다.
유일성을 보이기 위해 평행이동 τ, τ'과 직교변환 A, B에 대하여

$$F = \tau \circ A = \tau' \circ B$$

로 놓으면 $A(\mathbf{0}) = \mathbf{0} = B(\mathbf{0})$이므로 $\tau(\mathbf{0}) = \tau'(\mathbf{0}) = F(\mathbf{0})$이다. 따라서 $\tau = \tau'$이고 $A = B$이다. ∎

연습문제

1. 두 함수 f, g가 유클리드 등장사상이면 합성사상 $f \circ g$와 $g \circ f$도 유클리드 등장사상임을 증명하여라.

2. 함수 f가 유클리드 등장사상이면 f는 일대일함수(1-1)임을 증명하여라.

3. 서로 다른 세 점 A, B, C에 대하여 $d(\mathrm{A}, \mathrm{C}) = d(\mathrm{A}, \mathrm{B}) + d(\mathrm{B}, \mathrm{C})$이면 세 점 A, B, C는 한 직선 위에 있고 $\mathrm{A} * \mathrm{B} * \mathrm{C}$임을 증명하여라.

4. 유클리드 평면에서 등장사상 f와 한 직선 위에 있지 않은 세 점 A, B, C에 대하여

$$f(\mathrm{A}) = \mathrm{A}', \ \ f(\mathrm{B}) = \mathrm{B}', \ \ f(\mathrm{C}) = \mathrm{C}'$$

이면 $\angle \mathrm{ABC} \cong \angle \mathrm{A'B'C'}$임을 증명하여라.

(**도움말:** SSS 합동판정법을 이용하여라.)

5. 유클리드 평면의 두 평행이동 τ_1, τ_2에 대하여 $\tau_1 \circ \tau_2 = \tau_2 \circ \tau_1$임을 증명하여라.

6. 평행이동 τ가 고정점을 가지면 τ는 항등사상임을 증명하여라.

(**귀류법:** $\tau = \tau_{\mathrm{AB}}$이고 τ가 항등사상이 아니라고 가정하자. 임의의 점 P에 대하여 $\tau(\mathrm{P}) = \mathrm{Q}$라고 할 때 $\mathrm{AB} \equiv \mathrm{PQ}$이므로 $\mathrm{P} \neq \mathrm{Q}$이다. 따라서 τ는 고정점을 갖지 않는다.)

7. 점 C와 두 실수 θ_1, θ_2에 대하여 다음이 성립함을 증명하여라.

(1) $R_{\mathrm{C},\theta_2} \circ R_{\mathrm{C},\theta_1} = R_{\mathrm{C},\theta_1+\theta_2}$

(2) $R_{\mathrm{C},\theta_2} \circ R_{\mathrm{C},\theta_1} = R_{\mathrm{C},\theta_1} \circ R_{\mathrm{C},\theta_2}$

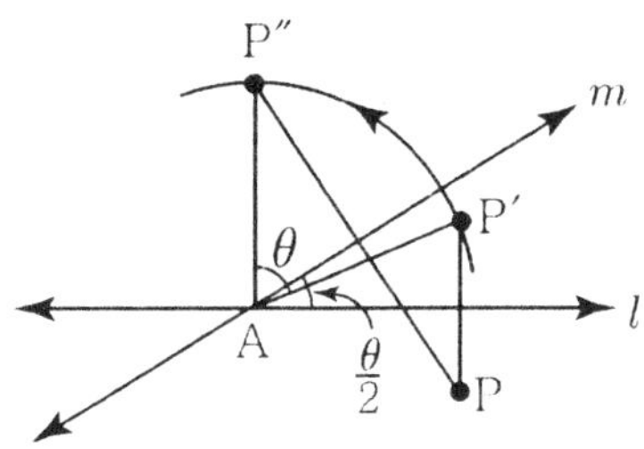

그림 3.23.

8. 직선 l과 점 $\mathrm{A} \in l$에 대하여 $R_{\mathrm{A},\theta} \circ \rho_l$, $\rho_l \circ R_{\mathrm{A},\theta}$는 반사사상임을 증명하여라(그림 3.23).

(**도움말:** 점 A를 지나고 직선 l에서의 양의 각이 $\frac{\theta}{2}$인 직선을 m이라고 하면 $R_{A,\theta} \circ \rho_l = \rho_m$이다. 또, 점 A를 지나고 직선 l까지의 양의 각이 $\frac{\theta}{2}$인 직선을 n이라고 하면 $\rho_l \circ R_{A,\theta} = \rho_n$이다.)

9. 이동반사사상 γ_{AB}에 대하여 $\gamma_{AB}(P) = Q$이면 직선 $\overleftrightarrow{AB}$는 선분 PQ의 중점을 지남을 증명하여라.

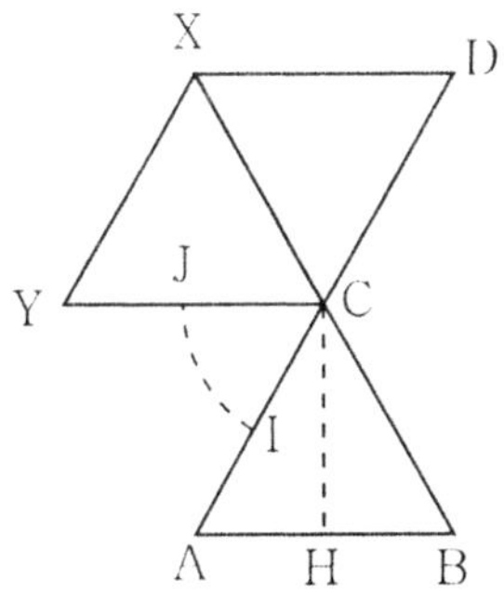

그림 3.24.

10. 그림 3.24에서 △ABC, △ABY, △AXY, △ADX는 합동인 정삼각형이고, 세 점 H, I, J는 각각 선분 BC, AB, YA의 중점이다. $\tau = \tau_{AC}$일 때 다음이 성립함을 증명하여라(그림 3.24).

(1) $R_{C,\frac{\pi}{3}} \circ \tau = R_{Y,\frac{\pi}{3}}$

(2) $R_{B,\frac{\pi}{3}} \circ \tau = R_{A,\frac{\pi}{3}}$

(3) $\tau \circ R_{C,\frac{\pi}{3}} = R_{X,\frac{\pi}{3}}$

(**도움말:** (1) $R_{C,\frac{\pi}{3}} \circ \tau(A) = C$이므로 정리 3.2.14에 의해 $R_{C,\frac{\pi}{3}} \circ \tau$는 각 $\frac{\pi}{3}$만큼의 회전이동으로 점 A를 점 C로 사상시킨다. 따라서, $R_{C,\frac{\pi}{3}} \circ \tau = R_{Y,\frac{\pi}{3}}$이 성립한다. (2), (3)도 비슷한 방법으로 보일 수 있다.)

11. 세 직선 l, m, n이 각각 삼각형 △ABC의 세 변 AB, BC, CA의 수직이등분선일 때 $\rho_l \circ \rho_m \circ \rho_n$은 반사사상임을 증명하여라.

(**도움말:** $\triangle$ABC의 외심을 O라고 할 때 $\rho_l \circ \rho_m \circ \rho_n$은 직선 $\overleftrightarrow{\mathrm{AO}}$에 대한 이동반사사상임을 보여라. 실제로, 직선 n에서 직선 m까지의 양의 각을 θ라고 하면 $\rho_m \circ \rho_n = R_{\mathrm{O},\theta}$이므로 $\rho_l \circ \rho_m \circ \rho_n = \rho_l \circ R_{\mathrm{O},\theta}$이고 $\rho_l \circ R_{\mathrm{O},\theta}(\mathrm{O}) = \mathrm{O}$이므로 $\rho_l \circ R_{\mathrm{O},\theta}$는 반사사상이다.)

12. 사상 $\delta : \mathbb{R}^2 \to \mathbb{R}^2$를

$$\delta(x, y) = (-x, y)$$

로 정의하면 δ는 $\mathbb{R}^2$의 등장사상임을 증명하여라. 또 δ를 행렬로 나타내어라.

13. 좌표평면 $\mathbb{R}^2$에서 직선 $l : y = 1$과 직선 $m : x = 1$에 대한 반사사상을 각각 ρ_l, ρ_m이라고 할 때 $\rho_m \circ \rho_l$을 구하여라. 또 $\rho_m \circ \rho_l = R_{\mathrm{C},\pi}$, $\mathrm{C} = (1, 1)$임을 유추하여라.

(**도움말:** $\rho_m \circ \rho_l(x, y) = \rho_m(x, -y + 2) = (-x + 2, -y + 2)$이고 정리 3.2.10에 의해 점 $(1, 1)$에서 각 π만큼의 회전이동을 나타낸다.)

14. $A : \mathbb{R}^2 \to \mathbb{R}^2$이 직교변환이고 $\tau_{\mathbf{a}}$가 벡터 $\mathbf{a}$만큼의 평행이동이면

$$A \circ \tau_{\mathbf{a}} = \tau_{A(\mathbf{a})} \circ A$$

임을 증명하여라.

제 4 장

쌍곡평면

4.1 쌍곡평면과 쌍곡거리

2장에서 쌍곡기하학의 모형으로 푸앵카레 원판에 대하여 다루었다. 이 장에서는 또 다른 쌍곡기하학의 모형인 쌍곡반평면(hyperbolic upper half-plane)에서 좌표를 도입한 다음 해석기하학적 관점에서 쌍곡기하학을 다루고자 한다.

정의 4.1.1 좌표평면에서 y 좌표가 양수인 전체의 집합을 반평면(*upper half-plane*)**이라 하고, 기호 $\mathbb{H}^2$로 나타낸다. 즉,**

$$\mathbb{H}^2 = \{(x, y) \in \mathbb{R}^2 \ : \ y > 0\}$$

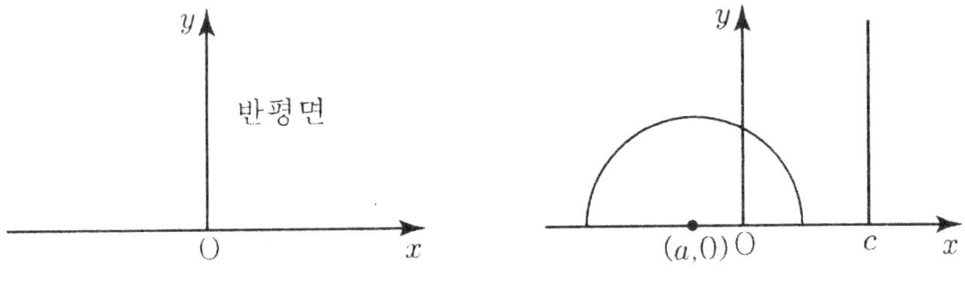

그림 4.1.

반평면 $\mathbb{H}^2$에서의 쌍곡기하학은 두 점의 x좌표가 같은 경우와 서로 같지 않은 경우로 나누어서 생각하기 때문에 직선을 나타내는 다음 두 종류의 집합은 쌍곡기하학에서 매우 중요하다.

(i) y축과 평행한 (유클리드) 직선과 $\mathbb{H}^2$의 교집합으로 주어지는 반직선 모양으로 좌표를 이용하면 $l : x = c,\ y > 0$ (단, c는 상수)으로 나타낼 수 있다.

(ii) 중심이 x축에 있고 x축과 수직으로 만나는 (유클리드) 원과 반평면 $\mathbb{H}^2$과의 교집합으로 주어지는 반원 모양으로 좌표를 이용하면

$$\gamma : (x-a)^2 + y^2 = r^2, \quad r > 0, y > 0$$

로 나타낼 수 있다.

반평면 $\mathbb{H}^2$에서 (i)과 같은 형태의 직선을 **쌍곡 S-직선**, (ii)와 같은 형태의 직선을 **쌍곡 P-직선**이라고 한다. 반평면 위의 두 점 P, Q가 쌍곡 S-직선 위에 놓여 있으면 점 P와 Q의 x좌표는 같다. 또, 두 점 P, Q가 쌍곡 P-직선 위에 놓여 있으면 (유클리드) 원의 중심으로부터 같은 (유클리드) 거리에 놓여 있다. 즉, 원의 중심을 C라고 하면 $\overline{\mathrm{CP}} = \overline{\mathrm{CQ}}$이다. 좌표평면 $\mathbb{R}^2$에서 두 점 P, Q를 지나고 x축과 수직으로 만나는 원의 중심은 항상 x축 위에 놓여 있고, 역으로 중심이 x축에 놓여 있는 (유클리드) 원은 항상 x축과 수직이다.

반평면 $\mathbb{H}^2$에 놓여 있는 두 점 사이의 **쌍곡거리**(hyperbolic distance)를 정의하자.

정의 4.1.2 두 점 $\mathrm{P}, \mathrm{Q} \in \mathbb{H}^2$에 대하여

(i) P, Q의 x좌표가 같을 때

P, Q의 좌표를 각각 $\mathrm{P}(x_1, y_1), \mathrm{Q}(x_1, y_2)$ (단, $y_1 \le y_2$)라 하고 $\mathrm{X}(x_1, 0), \mathrm{Y}(x_1, y_2 + n)$ (단, n은 자연수)라고 하자.[1] 이때 두 점 P와 Q 사이의 쌍곡거리 $d(\mathrm{P}, \mathrm{Q})$를

$$d(\mathrm{P}, \mathrm{Q}) = \lim_{n\to\infty} |\log(\mathrm{PQ}, \mathrm{XY})|$$

로 정의한다.[2]

---

[1] $\mathrm{X} \notin \mathbb{H}^2$이다.

[2] log는 자연로그 $\log_e = \ln$을 나타낸다.

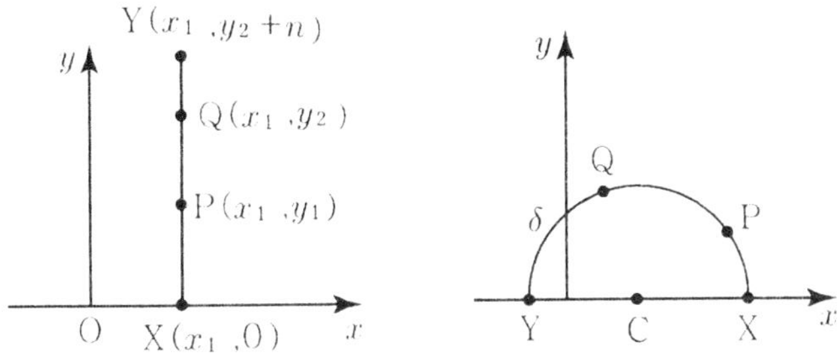

그림 4.2.

(ii) P, Q의 x좌표가 같지 않을 때

좌표평면 $\mathbb{R}^2$에서 두 점 P, Q를 지나고 x축과 수직으로 만나는 원을 δ라 하고 δ와 x축과의 교점을 차례로 X, Y라고 할 때,

$$d(\mathrm{P}, \mathrm{Q}) = |\log(\mathrm{PQ}, \mathrm{XY})|$$

로 정의한다.

정의 4.1.2에서 $(\mathrm{PQ}, \mathrm{XY})$는 복비(cross ratio)를 나타낸다. 즉,

$$(\mathrm{PQ}, \mathrm{XY}) = \frac{\overline{\mathrm{PY}} \cdot \overline{\mathrm{QX}}}{\overline{\mathrm{PX}} \cdot \overline{\mathrm{QY}}}$$

한편, 좌표평면 $\mathbb{R}^2$에서 두 점 P, Q를 지나고 x축과 수직으로 만나는 원은 유일하게 존재한다 (연습문제 1).

반평면 $\mathbb{H}^2$에서 두 점 사이의 쌍곡거리는 두 점의 x좌표가 같을 때와 같지 않을 때 그 값의 형태가 다르다.

정리 4.1.3 $\mathrm{P}(x_1, y_1), \mathrm{Q}(x_1, y_2) \in \mathbb{H}^2$ (단, $0 < y_1 \le y_2$)이면

$$d(\mathrm{P}, \mathrm{Q}) = \log \frac{y_2}{y_1}$$

증명. 좌표평면 $\mathbb{R}^2$의 두 점 X, Y를 각각 $\mathrm{X}(x_1, 0), \mathrm{Y}(x_1, y_2 + n)$ (단, n은 자연수)라고 하면

$$(\mathrm{PQ}, \mathrm{XY}) = \frac{\overline{\mathrm{PY}} \cdot \overline{\mathrm{QX}}}{\overline{\mathrm{PX}} \cdot \overline{\mathrm{QY}}} = \frac{(y_2 - y_1 + n) \cdot y_2}{y_1 \cdot n} \to \frac{y_2}{y_1} \quad (\text{as } n \to \infty)$$

따라서,

$$d(\mathrm{P},\mathrm{Q}) = \lim_{n\to\infty} |\log(\mathrm{PQ},\mathrm{XY})| = \log\frac{y_2}{y_1}$$

∎

보기 4.1.4 반평면 $\mathbb{H}^2$에서 두 점 P(0,1), Q(0,2) 사이의 쌍곡거리를 구하여라.

풀이. 정리 4.1.3에 의해 $d(\mathrm{P},\mathrm{Q}) = \log 2$ ∎

보기 4.1.5 반평면 $\mathbb{H}^2$의 두 점 P(0,1), $\mathrm{Q}\left(\frac{\sqrt{2}}{2},\frac{\sqrt{2}}{2}\right)$에 대하여 쌍곡거리 $d(\mathrm{P},\mathrm{Q})$를 구하여라.

풀이. 두 점 P, Q를 지나고 x축과 수직인 원의 방정식은 $x^2+y^2=1$이다. 따라서 X(−1,0), Y(1,0)으로 놓으면

$$(\mathrm{PQ},\mathrm{XY}) = \frac{\sqrt{2}\sqrt{2+\sqrt{2}}}{\sqrt{2}\sqrt{2-\sqrt{2}}} = \sqrt{2}+1$$

그러므로

$$d(\mathrm{P},\mathrm{Q}) = \log(\sqrt{2}+1)$$

∎

일반적으로 x좌표가 같지 않은 두 점 사이의 쌍곡거리를 구체적으로 구하기 위해서는 삼각함수에 대한 다음 도움정리가 필요하다.

도움정리 4.1.6 두 각 θ,φ에 대하여

$$\frac{\csc\varphi-\cot\varphi}{\csc\theta-\cot\theta} = \frac{\sin\varphi}{\sin\theta}\cdot\frac{1+\cos\theta}{1+\cos\varphi}$$

증명. 삼각함수의 정의 및 반각의 공식과 배각의 공식으로부터

$$\begin{aligned}\frac{\csc\varphi-\cot\varphi}{\csc\theta-\cot\theta} &= \frac{1-\cos\varphi}{1-\cos\theta}\cdot\frac{\sin\theta}{\sin\varphi}=\frac{\sin\frac{\varphi}{2}\cos\frac{\theta}{2}}{\cos\frac{\varphi}{2}\sin\frac{\theta}{2}}\\ &= \frac{\sin\frac{\varphi}{2}\cos\frac{\varphi}{2}}{\sin\frac{\theta}{2}\cos\frac{\theta}{2}}\cdot\frac{\cos^2\frac{\theta}{2}}{\cos^2\frac{\varphi}{2}}=\frac{\sin\varphi}{\sin\theta}\cdot\frac{1+\cos\theta}{1+\cos\varphi}\end{aligned}$$

∎

도움정리 4.1.6의 증명으로부터 다음 등식이 성립한다:

$$\frac{\csc\varphi-\cot\varphi}{\csc\theta-\cot\theta}=\frac{\tan\frac{\varphi}{2}}{\tan\frac{\theta}{2}} \tag{4.1}$$

정리 4.1.7 중심이 $C(c,0)$이고 반지름의 길이가 r인 원 위의 두 점 P, Q에 대하여 반지름 CP와 CQ가 x축의 양의 방향과 이루는 각의 크기를 각각 θ, φ (단, $0<\theta\le\varphi<\pi$)라고 하면

$$d(P,Q)=\log\frac{\csc\varphi-\cot\varphi}{\csc\theta-\cot\theta}$$

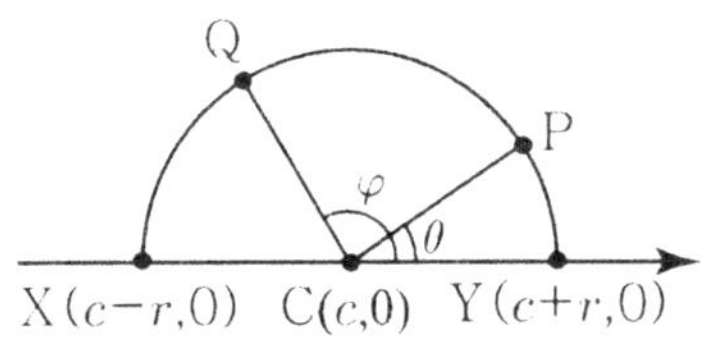

그림 4.3.

증명. 두 점 P, Q의 좌표는 $P(c+r\cos\theta, r\sin\theta)$, $Q(c+r\cos\varphi, r\sin\varphi)$로 나타낼 수 있다. X, Y의 좌표를 각각 $X(c-r,0)$, $Y(c+r,0)$이라고 하면

$$\overline{PX}=\sqrt{(r\cos\theta+r)^2+(r\sin\theta)^2}=\sqrt{2}\,r\sqrt{1+\cos\theta}$$

같은 방법으로

$$\overline{PY}=\sqrt{2}\,r\sqrt{1-\cos\theta}$$

$$\overline{\mathrm{QX}} = \sqrt{2}\, r\, \sqrt{1 + \cos\varphi}$$

$$\overline{\mathrm{QY}} = \sqrt{2}\, r\, \sqrt{1 - \cos\varphi}$$

따라서 복비 (QP, XY)는

$$(\mathrm{QP}, \mathrm{XY}) = \frac{\overline{\mathrm{PX}} \cdot \overline{\mathrm{QY}}}{\overline{\mathrm{PY}} \cdot \overline{\mathrm{QX}}} = \sqrt{\frac{(1+\cos\theta)(1-\cos\varphi)}{(1-\cos\theta)(1+\cos\varphi)}}$$

한편, 도움정리 4.1.6에 의해

$$\begin{aligned} \frac{(1+\cos\theta)(1-\cos\varphi)}{(1-\cos\theta)(1+\cos\varphi)} &= \frac{1-\cos\varphi}{1-\cos\theta} \cdot \frac{1+\cos\theta}{1+\cos\varphi} \\ &= = \frac{\csc\varphi - \cot\varphi}{\csc\theta - \cot\theta} \cdot \frac{\sin\varphi}{\sin\theta} \cdot \frac{1+\cos\theta}{1+\cos\varphi} \\ &= \left(\frac{\csc\varphi - \cot\varphi}{\csc\theta - \cot\theta}\right)^2 \end{aligned}$$

따라서

$$(\mathrm{QP}, \mathrm{XY}) = \frac{\csc\varphi - \cot\varphi}{\csc\theta - \cot\theta}$$

이므로

$$d(\mathrm{P}, \mathrm{Q}) = \log \frac{\csc\varphi - \cot\varphi}{\csc\theta - \cot\theta}$$

∎

따름정리 4.1.8 중심 C가 x축에 놓여 있는 두 동심원의 호 PQ, P′Q′에 대하여 세 점 C, P, P′과 C, Q, Q′이 각각 한 직선 위에 있으면

$$d(\mathrm{P}, \mathrm{Q}) = d(\mathrm{P}', \mathrm{Q}')$$

정의 4.1.9 쌍곡거리 d를 갖는 반평면 $(\mathbb{H}^2, d)$를 **쌍곡반평면**(hyperbolic upper half-plane)이라고 한다.

좌표평면에서 두 곡선이 만날 때, 교점에서 두 곡선이 이루는 (유클리드) 각은 그 교점에서 두 접선이 이루는 각을 말한다. 쌍곡반평면 $\mathbb{H}^2$에서도 서로 만나는 두 곡선의 각은 같은 방법으로 정의한다.

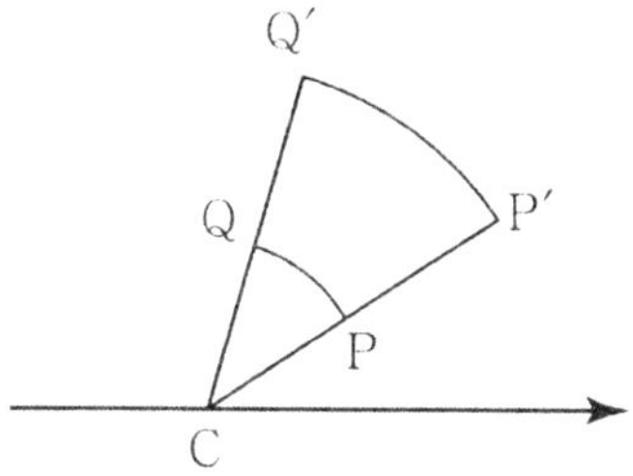

그림 4.4.

쌍곡반평면 $\mathbb{H}^2$에서 정의된 곡선의 쌍곡길이에 대하여 알아보자.

$\alpha(t) = (x(t), y(t))$, $(a \leq t \leq b)$가 쌍곡반평면 $\mathbb{H}^2$의 곡선으로 각 $t \in (a, b)$에 대하여 $\alpha'(t) = (x'(t), y'(t)) \neq (0, 0)$이고

$$\lim_{t \to a+0} \alpha'(t), \quad \lim_{t \to b-0} \alpha'(t)$$

가 각각 존재한다고 하자. 이때 곡선 α의 구간 $[a, b]$에서의 쌍곡길이 $L(\alpha)$는

$$L(\alpha) = \int_a^b \frac{\sqrt{x'(t)^2 + y'(t)^2}}{y(t)}\, dt$$

로 정의한다.

보기 4.1.10 실수 a와 두 양수 $0 < y_1 \leq y_2$에 대하여 곡선 $\alpha(t)$를

$$\alpha(t) = (a, (y_2 - y_1)t + y_1), \quad (0 \leq t \leq 1)$$

로 정의하면

$$L(\alpha) = d(\mathrm{P}, \mathrm{Q})$$

여기서 $\mathrm{P} = \mathrm{P}(a, y_1), \mathrm{Q} = \mathrm{Q}(a, y_2)$이다.

풀이. 정의에 의해

$$\frac{\sqrt{x'(t)^2 + y'(t)^2}}{y(t)} = \frac{y_2 - y_1}{(y_2 - y_1)t + y_1}$$

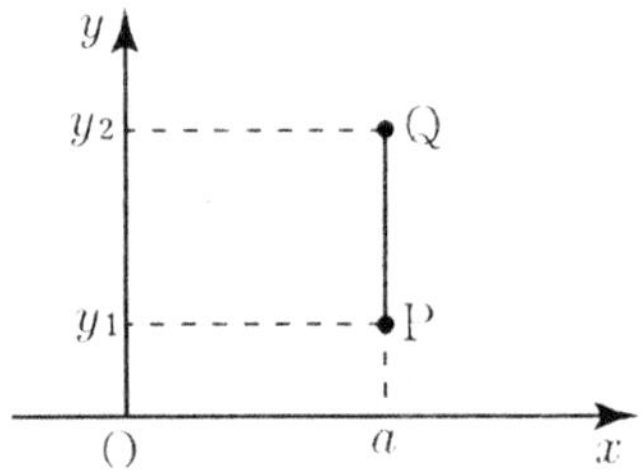

그림 4.5.

이므로

$$
\begin{aligned}
L(\alpha) &= \int_0^1 \frac{y_2 - y_1}{(y_2 - y_1)t + y_1} = [\log((y_2 - y_1)t + y_1)]_0^1 \\
&= \log y_2 - \ln y_1 = \ln \frac{y_2}{y_1} \\
&= d(\mathrm{P}, \mathrm{Q})
\end{aligned}
$$

∎

보기 4.1.10에 의하면 쌍곡반평면 $\mathbb{H}^2$에서 x좌표가 같은 두 점 사이의 쌍곡거리는 유클리드 선분 PQ의 쌍곡길이와 같다.

보기 4.1.11 중심이 $\mathrm{C}(c, 0)$이고 반지름의 길이가 r인 원의 호 PQ를 나타내는 곡선은

$$\alpha(t) = (c + r\cos t, r\sin t), \quad \theta_1 \le t \le \theta_2$$

여기서 θ_1과 θ_2는 반직선 $\overrightarrow{\mathrm{CP}}$와 $\overrightarrow{\mathrm{CQ}}$가 x축의 양의 방향과 이루는 각의 크기를 나타낸다. 이때

$$L(\alpha) = d(\mathrm{P}, \mathrm{Q})$$

풀이. 정의에 의해

$$\frac{\sqrt{x'(t)^2 + y'(t)^2}}{y(t)} = \frac{r}{r\sin t}$$

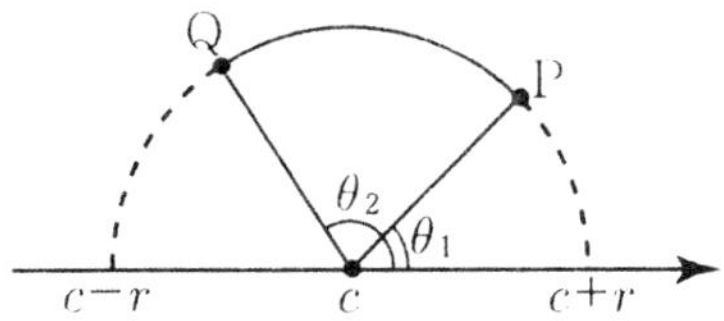

그림 4.6.

이므로

$$\begin{aligned} L(\alpha) &= \int_{\theta_1}^{\theta_2} \csc t\, dt = [\log|\csc t - \cot t|]_{\theta_1}^{\theta_2} \\ &= \log\frac{\csc\theta_2 - \cot\theta_2}{\csc\theta_1 - \cot\theta_1} \\ &= d(\mathrm{P},\mathrm{Q}) \end{aligned}$$

∎

보기 4.1.11에 의하면 쌍곡반평면 $\mathbb{H}^2$에서 x축과 수직인 원 위의 두 점 사이의 쌍곡거리는 유클리드 호 PQ의 쌍곡길이와 같다.

쌍곡반평면 $\mathbb{H}^2$에서 쌍곡거리를 보존하는 사상에 대하여 알아보자. 중심이 C이고 반지름의 길이가 r인 원에 대한 반전사상(inversion)을 $I_{\mathrm{C},r}$라고 하자. 즉

$$I_{\mathrm{C},r}(\mathrm{P}) = \mathrm{P}' \quad \Leftrightarrow \quad \overline{\mathrm{CP}}\cdot\overline{\mathrm{CP}'} = r^2,\ \ \mathrm{P}' \in \overrightarrow{\mathrm{CP}}$$

정리 4.1.12 **점 C가 x축 위에 놓여 있을 때 반전사상 $I_{\mathrm{C},r}$는 쌍곡각과 쌍곡거리를 보존한다.**

증명. 정리 2.4.7에 의해 반전사상 $I_{\mathrm{C},r}$는 유클리드 각을 보존하고 쌍곡평면에서의 쌍곡각은 유클리드 각과 같으므로 반전사상은 쌍곡각을 보존한다. 반전사상 $I_{\mathrm{C},r}$가 쌍곡거리를 보존한다는 것을 보이기 위해 점 C의 좌표를 $(c,0)$이라 하고 P,Q가 쌍곡반평면 $\mathbb{H}^2$의 임의의 두 점일 때, 다음 두 가지 경우로 나누어 생각하자.

(i) P와 Q의 x 좌표가 같지 않을 때

두 점 P, Q를 지나고 x축과 직교하는 원을 δ라 하고, δ의 중심을 $\mathrm{A}(a,0)$, 반지름의 길이를 s라고 하자. 그러면 원 δ의 호 PQ는 곡선

$$\alpha(t) = (a + s\cos t, s\sin t), \quad \theta_1 \le t \le \theta_2$$

로 나타낼 수 있으므로 보기 4.1.11에 의해

$$L(\alpha) = d(\mathrm{P}, \mathrm{Q}) = \log \frac{\csc\theta_2 - \cot\theta_2}{\csc\theta_1 - \cot\theta_2}$$

이다. 만일 $a - s = c$이면 정리 2.3.9에 의해 원 δ는 반전사상 $I_{\mathrm{C},r}$에 의해 y축과 평행한 직선으로 사상된다. 따라서 $I_{\mathrm{C},r}(\mathrm{P}) = \mathrm{P}'$, $I_{\mathrm{C},r}(\mathrm{Q}) = \mathrm{Q}'$이라고 하면 두 점 P', Q'의 x좌표가 같다. $\mathrm{P}'(x_1, y_1), \mathrm{Q}'(x_1, y_2)$, $0 < y_1 \le y_2$라고 하면 $d(\mathrm{P}', \mathrm{Q}') = \log \frac{y_2}{y_1}$이다. 그러므로 식 (4.1)에 의해

$$\begin{aligned} d(\mathrm{P}, \mathrm{Q}) &= \log \frac{\csc\theta_2 - \cot\theta_2}{\csc\theta_1 - \cot\theta_2} \\ &= \log \frac{\tan\frac{\theta_2}{2}}{\tan\frac{\theta_1}{2}} = \log \frac{\tan\angle\mathrm{QCA}}{\tan\angle\mathrm{PCA}} \\ &= \log \frac{y_2}{y_1} = d(\mathrm{P}', \mathrm{Q}') \end{aligned}$$

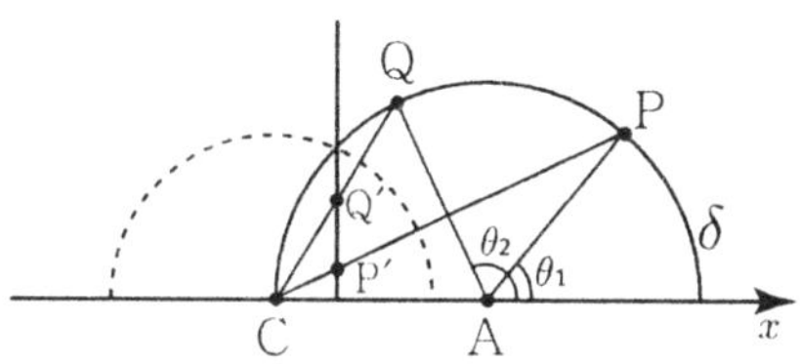

그림 4.7.

한편, $a - s \ne c$이면 반전사상 $I_{\mathrm{C},r}$는 각을 보존하고 x축 위의 점을 x축 위의 점으로 사상시키므로 곡선 $\beta := I_{\mathrm{C},r} \circ \alpha$는 두 점 P', Q'를 지나고 중심이 x축에 있는 원 δ'의 호 $\mathrm{P}'\mathrm{Q}'$를 나타낸다. 특히 δ'의 중심을 B라고 하면 $\angle\mathrm{PAQ} = \angle\mathrm{P}'\mathrm{BQ}'$이므로 정리 4.1.7에 의해 $d(\mathrm{P}, \mathrm{Q}) = d(\mathrm{P}', \mathrm{Q}')$이 성립한다.

실제로, 연습문제 5에 의해

$$I_{\mathrm{C},r}(x, y) = \left(\frac{r^2(x - c)}{(x - c)^2 + y^2} + c, \frac{r^2 y}{(x - c)^2 + y^2} \right)$$

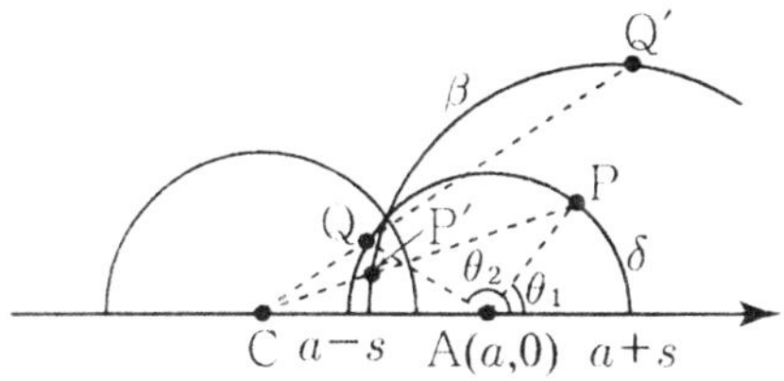

그림 4.8.

이다. 복잡한 계산을 피하기 위해 C를 원점, 즉 $c = 0$이라고 가정하고 $a - s \neq 0$이라고 하자. 그러면

$$I_{\mathrm{C},r}(x,y) = I_{\mathrm{O},r}(x,y) = \left(\frac{r^2x}{x^2+y^2}, \frac{r^2y}{x^2+y^2}\right)$$

이므로

$$\begin{aligned}\beta(t) &= I_{\mathrm{C},r} \circ \alpha(t) \\ &= \left(\frac{r^2(a+s\cos t)}{(a+s\cos t)^2+s^2\sin^2 t}, \frac{r^2 s\sin t}{(a+s\cos t)^2+s^2\sin^2 t}\right) \\ &= \left(\frac{r^2(a+s\cos t)}{a^2+s^2+2as\cos t}, \frac{r^2 s\sin t}{a^2+s^2+2as\cos t}\right) \\ &= (\widetilde{x}(t), \widetilde{y}(t))\end{aligned}$$

곡선 $\beta(t)$는 중심의 좌표가 $\left(\frac{ar^2}{a^2-s^2}, 0\right)$이고 반지름의 길이가 $\frac{r^2 s}{|a^2-s^2|}$인 원을 나타낸다.

$\Lambda(t) = a^2 + s^2 + 2as\cos t$로 놓으면 연습문제 6에 의해

$$\sqrt{\widetilde{x}'(t)^2 + \widetilde{y}'(t)^2} = \frac{r^2 s}{\Lambda}$$

이므로

$$\frac{\sqrt{\widetilde{x}'(t)^2 + \widetilde{y}'(t)^2}}{\widetilde{y}(t)} = \frac{\Lambda}{r^2 s\sin t} \cdot \frac{r^2 s}{\Lambda} = \frac{1}{\sin t}$$

한편 $\angle\mathrm{XAP} = \theta_1$, $\angle\mathrm{XAQ} = \theta_2$이면 $\angle\mathrm{X'A'P'} = \pi - \theta_1$, $\angle\mathrm{X'A'Q'} =$

$\pi - \theta_2$이므로

$$\begin{aligned} L(\beta) &= \int_{\pi-\theta_1}^{\pi-\theta_2} \frac{\sqrt{\widetilde{x}'(t)^2 + \widetilde{y}'(t)^2}}{\widetilde{y}(t)}\,dt = \int_{\pi-\theta_1}^{\pi-\theta_2} \frac{1}{\sin t}\,dt \\ &= \int_{\theta_1}^{\theta_2} \frac{1}{\sin t}\,dt = \log \frac{\csc\theta_2 - \cot\theta_2}{\csc\theta_1 - \cot\theta_1} \\ &= L(\alpha) = d(\mathrm{P}, \mathrm{Q}) \end{aligned}$$

일반적인 경우에 대한 증명은 연습문제로 남기기로 한다(연습문제 7).

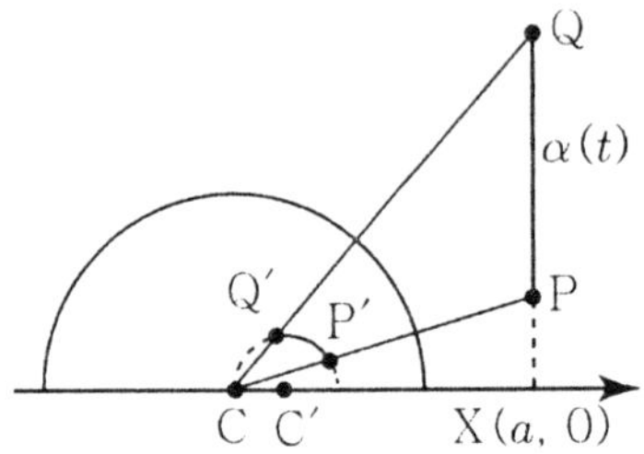

그림 4.9.

(ii) P와 Q의 x 좌표가 같을 때(그림 4.9)

이 경우 α가 P와 Q를 연결하는 (유클리드)선분으로 y축과 평행하면 정리 2.3.9에 의해 반전사상과의 합성사상 $\beta := I_{\mathrm{C},r} \circ \alpha$는 두 점 $\mathrm{P}' = I_{\mathrm{C},r}(\mathrm{P})$와 $\mathrm{Q}' = I_{\mathrm{C},r}(\mathrm{Q})$를 연결하는 호를 나타낸다. 두 점 P′, Q′를 지나고 x축과 직교하는 원의 중심을 C′이라고 하고

$$\mathrm{P}(a, y_1),\ \ \mathrm{Q}(a, y_2),\ \ \mathrm{X}(a, 0)\quad (\text{단, } 0 < y_1 \le y_2)$$

로 놓으면

$$\angle \mathrm{P'C'X} = 2\angle \mathrm{PCX}, \quad \angle \mathrm{Q'C'X} = 2\angle \mathrm{QCX}$$

이고

$$\tan \angle \mathrm{PCX} = \frac{y_1}{|a-c|}, \quad \tan \angle \mathrm{QCX} = \frac{y_2}{|a-c|}$$

이다. 정리 4.1.7과 식 (4.1)에 의해

$$d(\mathrm{P}', \mathrm{Q}') = \log \frac{\tan \angle \mathrm{QCX}}{\tan \angle \mathrm{PCX}} = \log \frac{y_2}{y_1} = d(\mathrm{P}, \mathrm{Q})$$

■

정리 4.1.13 x축과 수직인 직선 l에 대한 반사사상 ρ_l은 쌍곡각과 쌍곡거리를 보존한다.

증명. 반사사상 ρ_l은 유클리드 등장사상이므로 유클리드 각을 보존한다. 유클리드 각과 쌍곡각은 같으므로 ρ_l은 쌍곡반평면에서 쌍곡각을 보존한다.
$l : x = a$일 때 반사사상 ρ_l을 좌표로 나타내면

$$\rho_l(x, y) = (2a - x, y) \tag{4.2}$$

임의의 두 점 $\mathrm{P}, \mathrm{Q} \in \mathbb{H}^2$에 대하여 다음의 두 경우로 나누어 생각하자.

(i) P, Q의 x좌표가 같을 때

$\rho_l(\mathrm{P}) = \mathrm{P}'$, $\rho_l(\mathrm{Q}) = \mathrm{Q}'$이라고 하면 식 (4.2)에 의해 P'과 Q'의 x 좌표는 같고 P, P'과 Q, Q'의 y 좌표는 각각 같다. 따라서

$$d(\mathrm{P}, \mathrm{Q}) = d(\mathrm{P}', \mathrm{Q}')$$

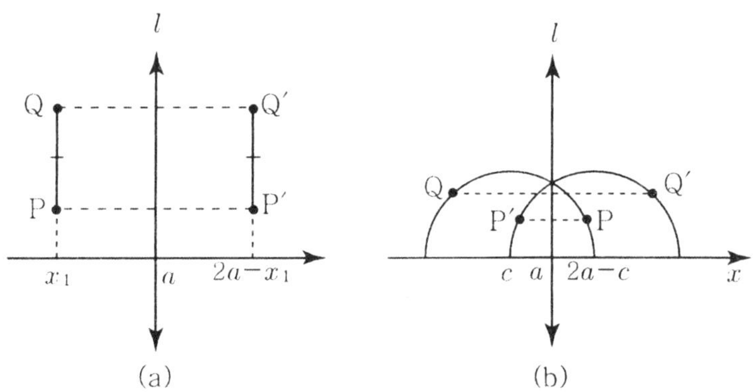

그림 4.10.

(ii) P, Q의 x좌표가 같지 않을 때

두 점 P, Q를 지나고 중심이 $(c, 0)$인 원에서 호 PQ를 나타내는 곡선을 $\alpha(t)$라고 하면

$$\alpha(t) = (c + r\cos t, r\sin t), \quad \theta_1 \le t \le \theta_2$$

로 나타낼 수 있다. 이때 곡선 $\beta(t)$를 $\beta := \rho_l \circ \alpha$로 정의하면 식 (4.2)에 의해

$$\beta(t) = \rho_l \circ \alpha(t) = (2a - c - r\cos t, r\sin t)$$

이고

$$\pi - \theta_2 \le t \le \pi - \theta_1$$

이다. 따라서

$$\begin{aligned} d(\mathrm{P}', \mathrm{Q}') &= L(\beta) = \int_{\pi-\theta_1}^{\pi-\theta_2} \frac{r^2}{r^2 \sin t}\, dt \\ &= \int_{\theta_1}^{\theta_2} \frac{du}{\sin u} = L(\alpha) \\ &= d(\mathrm{P}, \mathrm{Q}) \qquad (\because u = \pi - t) \end{aligned}$$

■

정리 4.1.14 두 점 $\mathrm{A}, \mathrm{B} \in \mathbb{H}^2$에 대하여 유클리드 직선 $\overleftrightarrow{\mathrm{AB}}$가 x축과 평행할 때, τ_{AB}가 선분 AB 만큼의 평행이동이면 τ_{AB}는 쌍곡각과 쌍곡거리를 보존한다.

증명. τ_{AB}는 유클리드 등장사상이므로 유클리드 각을 보존한다. 따라서 쌍곡반평면에서 쌍곡각을 보존한다.
$\mathrm{A}(a, b)$, $\mathrm{B}(a + a', b)$ (단, $a' > 0$, $b > 0$)으로 놓고 임의의 두 점 $\mathrm{P}, \mathrm{Q} \in \mathbb{H}^2$에 대하여 그 좌표를 각각 $\mathrm{P}(x_1, y_1)$, $\mathrm{Q}(x_2, y_2)$ (단, $0 < y_1 \le y_2$)라고 하자.

(i) $x_1 = x_2$일 때

이 경우 보기 4.1.10에 의해 $d(\mathrm{P}', \mathrm{Q}') = \ln \dfrac{y_2}{y_1}$이다. 또, $\tau_{\mathrm{AB}}(\mathrm{P}) = \mathrm{P}'$, $\tau_{\mathrm{AB}}(\mathrm{Q}) = \mathrm{Q}'$이라고 하면 $\mathrm{P}'(x_1 + a', y_1), \mathrm{Q}'(x_1 + a', y_2)$이므로 두 점 P'과 Q'의 x 좌표는 같다. 따라서 보기 4.1.10에 의해

$$d(\mathrm{P}', \mathrm{Q}') = \ln \frac{y_2}{y_1} = d(\mathrm{P}, \mathrm{Q})$$

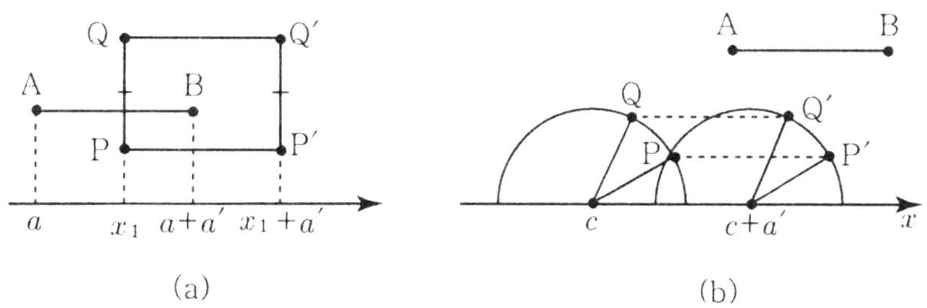

그림 4.11.

(ii) $x_1 \neq x_2$일 때

$\alpha(t) = (c + r\cos t, r\sin t)$, $\theta_1 \leq t \leq \theta_2$를 중심이 x축 위에 놓여 있고 두 점 P, Q를 지나는 원에서 호 PQ를 나타내는 곡선이라 할 때, $\beta := \tau_{\mathrm{AB}} \circ \alpha$로 정의하면

$$\beta(t) = \tau_{AB} \circ \alpha(t) = (a' + c + r\cos t,\ r\sin t)$$

이므로 β는 두 점 P', Q'을 지나고 중심이 x축 위에 있는 원의 호를 나타낸다. 따라서

$$d(\mathrm{P}', \mathrm{Q}') = L(\beta) = L(\alpha) = d(\mathrm{P}, \mathrm{Q})$$

■

정의 4.1.15 사상 $f : \mathbb{H}^2 \to \mathbb{H}^2$가 쌍곡거리를 보존할 때, 즉 임의의 두 점 $\mathrm{P}, \mathrm{Q} \in \mathbb{H}^2$에 대하여

$$d(\mathrm{P}, \mathrm{Q}) = d(f(\mathrm{P}), f(\mathrm{Q}))$$

일 때, f를 **쌍곡등장사상**(hyperbolic isometry)이라고 한다.

정리 4.1.12, 정리 4.1.13과 정리 4.1.14에 의해 다음이 성립한다.

따름정리 4.1.16 (i) 점 C가 x축 위에 놓여 있을 때, 반전사상 $I_{C,r}$는 쌍곡등장사상이다.

(ii) 직선 l이 x축과 수직일 때, 반사사상 ρ_l은 쌍곡등장사상이다.

(iii) 선분 AB가 x축과 평행할 때, 평행이동 τ_{AB}는 쌍곡등장사상이다.

유클리드 등장사상은 평행이동, 회전이동, 반사사상, 이동반사사상의 합성사상으로 주어진다는 것을 3장에서 보았다. 그러나 쌍곡반평면의 경우 쌍곡등장사상을 분류하는 것은 쉬운 일이 아니다.

끝으로, 쌍곡반평면에서의 유클리드 원과 쌍곡원(hyperbolic circle)과의 관계에 대하여 알아보자.

예를 들어, 점 C$(0,e)$에서 쌍곡거리가 1인 점 전체의 집합을 δ라고 하면 두 점 A$(0,1)$, B$(0,e^2)$에 대하여[3]

$$d(\mathrm{C},\mathrm{A}) = d(\mathrm{C},\mathrm{B}) = 1$$

이므로 A, B $\in \delta$이다. 또 중심이 x축 위에 놓여 있고 점 C를 지나는 원을 γ라 하고 원 γ와 원 δ의 교점을 P, Q라고 하면

$$d(\mathrm{C},\mathrm{P}) = d(\mathrm{C},\mathrm{Q}) = 1$$

이다. 두 점 A와 B의 유클리드 중점을 M이라고 하면 M의 좌표는 $\left(0, \dfrac{e^2+1}{2}\right)$이고

$$\overline{\mathrm{AM}} = \overline{\mathrm{BM}} = \frac{e^2-1}{2}$$

특히, 원 γ의 중심이 원점 O이고 반지름의 길이가 e이므로

$$\overline{\mathrm{MP}} = \overline{\mathrm{MQ}}$$

임을 알 수 있다. 한편, 원 δ와 원 γ의 유클리드 방정식

$$(4.3) \qquad \delta : x^2 + \left(y - \frac{e^2+1}{2}\right)^2 = \left(\frac{e^2-1}{2}\right)^2$$

---

[3] e는 자연로그 $e = \lim_{n\to\infty}\left(1+\dfrac{1}{n}\right)^n$을 나타낸다.

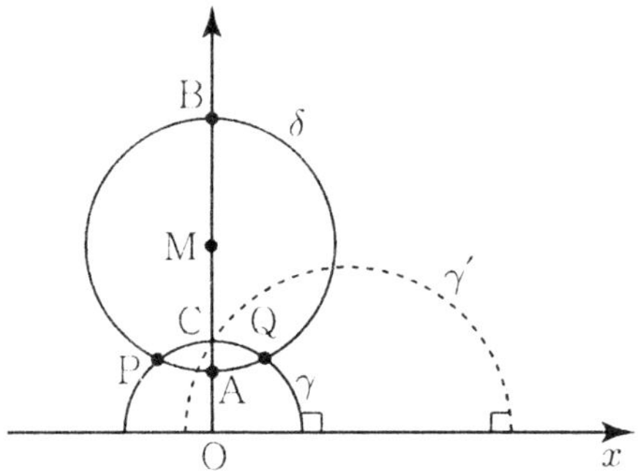

그림 4.12.

$$\gamma : x^2 + y^2 = e^2 \tag{4.4}$$

에서 뺄셈을 하면

$$x = \pm\frac{e(e^2-1)}{e^2+1}, \quad y = \frac{2e^2}{e^2+1}$$

이므로 점 P와 Q의 좌표는 각각

$$\mathrm{P}\left(-\frac{e(e^2-1)}{e^2+1}, \frac{2e^2}{e^2+1}\right), \quad \mathrm{Q}\left(\frac{e(e^2-1)}{e^2+1}, \frac{2e^2}{e^2+1}\right)$$

이다. 따라서

$$\overline{\mathrm{MP}} = \frac{e^2-1}{2} = \overline{\mathrm{MQ}} = \overline{\mathrm{AM}} = \overline{\mathrm{BM}}$$

이것은 한 정점으로부터 같은 쌍곡거리에 놓여 있는 쌍곡원(hyperbolic circle)은 유클리드의 의미로도 원이라는 것을 나타낸다. 다만 그 원의 중심의 좌표만 다를 뿐이다. 특히, 위에서 쌍곡거리의 의미로 선분 AB의 쌍곡중점(hyperbolic midpoint)은 $\mathrm{C}(0, e)$이고 유클리드 중점은 $\mathrm{M}\left(0, \frac{e^2+1}{2}\right)$임을 알 수 있다.

이로부터 다음 정리가 성립함을 알 수 있다.

정리 4.1.17 **쌍곡반평면 $\mathbb{H}^2$에 놓여 있는 유클리드 원은 쌍곡원이고 역도 성립한다.**

증명. δ가 중심이 $\mathrm{C}(a, b)$이고 유클리드 반지름의 길이가 r인 유클리드 원이라고 하자. 중심 C를 지나고 x축에 수직인 직선과 원 δ의 교점을 각각 A, B라고 하면 두 점 A, B의 좌표는 각각 $(a, b-r)$, $(a, b+r)$이다. 직선 AB 위의 점 $\mathrm{G}(a, y_0)$이 원 δ의 쌍곡중심이면 $d(\mathrm{A},\mathrm{G}) = d(\mathrm{B},\mathrm{G})$ 즉, $\ln \dfrac{y_0}{b-r} = \ln \dfrac{b+r}{y_0}$이므로 $y_0^2 = b^2 - r^2$이다(그림 4.13). 따라서 점 G의 좌표를 $(a, \sqrt{b^2-r^2})$이라고 하고 점 G가 원 δ의 쌍곡중심임을 보이자. 점 G를 지나고 x축과 직교하는 원을 γ라 하고, 원 γ와 원 δ의 교점을 각각 E, F라고 하자. 이때 $d(\mathrm{G},\mathrm{E}) = d(\mathrm{G},\mathrm{F})$임을 보이면 된다.

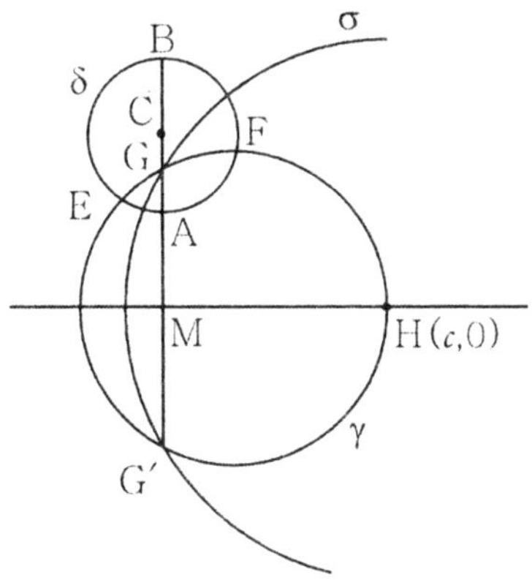

그림 4.13.

(단계 1) 원 γ와 원 δ는 직교한다.

직선 AB와 x축의 교점을 M, 직선 AB와 원 γ의 교점을 G′으로 놓으면 점 G′은 x축에 대한 점 G의 대칭점이므로 $\overline{\mathrm{MG}'} = y_0 = \sqrt{b^2-r^2}$이다. 따라서

$$\overline{\mathrm{CG}} \cdot \overline{\mathrm{CG}'} = (b-y_0)(b+y_0) = b^2 - y_0^2 = r^2$$

즉 원 δ에 대한 반전사상을 $I_{\mathrm{C},r}$라고 하면 $I_{\mathrm{C},r}(\mathrm{G}) = \mathrm{G}'$이다. 두 점 E, F는 원 δ 위의 점이므로 $I_{\mathrm{C},r}(\mathrm{E}) = \mathrm{E}$, $I_{\mathrm{C},r}(\mathrm{F}) = \mathrm{F}$이다. 그러므로 반전사상 $I_{\mathrm{C},r}$에 대하여 원 γ는 자기 자신으로 사상된다. 즉, $I_{\mathrm{C},r}(\gamma) = \gamma$이므로 정리 2.4.6에 의해 두 원 γ와 δ는 직교한다.

(단계 2) 원 γ와 x축의 교점 중에 오른쪽에 위치한 점을 $\mathrm{H}(c,0)$라 하고 $\overline{\mathrm{GH}} = s$라고 하자. 중심이 $\mathrm{H}(c,0)$이고 반지름의 길이가 s인 원 σ에 대한 반전사상을 $I_{\mathrm{H},s}$라고 하면 원 γ는 반전사상 $I_{\mathrm{H},s}$의 중심 H를 지나므로 정리 2.3.10에 의해

x축에 수직인 직선으로 사상된다. 더욱이 $I_{\mathrm{H},s}(\mathrm{G}) = \mathrm{G}$이므로

$$I_{\mathrm{H},s}(\gamma) = \overleftrightarrow{\mathrm{AB}}$$

이다. 따라서 $I_{\mathrm{H},s}(\mathrm{E}) \in \overleftrightarrow{\mathrm{AB}}$이다. 또한 **(단계 1)**에 의해 원 σ와 원 δ가 직교하므로 $I_{\mathrm{H},s}(\delta) = \delta$이다. 그러므로 $I_{\mathrm{H},s}(\mathrm{E}) = \mathrm{A}$이다. 정리 4.1.12에 의해

$$d(\mathrm{G}, \mathrm{E}) = d(I_{\mathrm{H},s}(\mathrm{G}), I_{\mathrm{H},s}(\mathrm{E})) = d(\mathrm{G}, \mathrm{A})$$

이므로 두 점 G, E 사이의 쌍곡거리는 일정하다. 같은 이유에 의해 $d(\mathrm{G}, \mathrm{F}) = d(\mathrm{G}, \mathrm{A})$이므로 점 G는 원 δ의 쌍곡중심이다. ∎

반전사상을 이용하면 정리 4.1.17을 엄밀하게 증명할 수 있다 ([9] 참고).

정리 4.1.18 유클리드 중심이 (a, b)이고 유클리드 반지름의 길이가 r인 원을 쌍곡원으로 생각하면 쌍곡중심은 $(a, \sqrt{b^2 - r^2})$이고 쌍곡반지름의 길이는 $\frac{1}{2}\log\frac{b+r}{a-r}$이다. (단, $0 < r < b$)

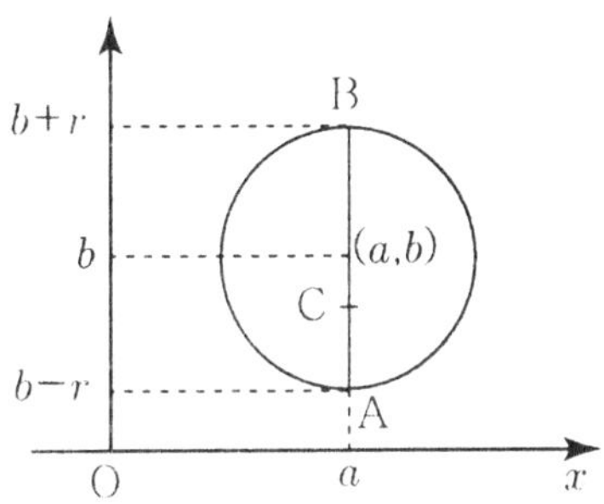

그림 4.14.

증명. 점 A, B를 각각 $\mathrm{A}(a, b+r)$, $\mathrm{B}(a, b-r)$로 놓으면 선분 AB는 유클리드 원의 지름이다. 두 점 A와 B 사이의 쌍곡거리는

$$d(\mathrm{B}, \mathrm{C}) = \log\frac{b+r}{b-r}$$

이므로 쌍곡반지름의 길이는 $\frac{1}{2}\log\frac{b+1}{b-r}$이다.

한편, 쌍곡중심을 $\mathrm{C}(a, y_1)$로 놓으면 $d(\mathrm{A}, \mathrm{C}) = d(\mathrm{B}, \mathrm{C})$이므로

$$\log \frac{b+r}{y_1} = \log \frac{y_1}{b-r}$$

따라서 $y_1^2 = (b+r)(b-r) = b^2 - r^2$, 즉 $y_1 = \sqrt{b^2 - r^2}$이므로

$$\mathrm{C}(a, \sqrt{b^2 - r^2})$$

이다. ∎

4.2 쌍곡삼각형

기하학에서 삼각형은 도형을 이루는 기본단위라고 할 수 있으므로 삼각형의 성질을 파악하는 것은 기하학에서 매우 중요한 일이다.

쌍곡반평면 $\mathbb{H}^2$에서 한 쌍곡직선 위에 있지 않은 세 점 A, B, C에 대하여 세 쌍곡선분 AB, BC, AC와 꼭짓점 A, B, C로 구성된 도형을 **쌍곡삼각형**(hyperbolic triangle)이라고 한다. 또, 쌍곡삼각형 △ABC에서 꼭짓점 A, B, C의 좌표가 각각

$$(0, a), \quad (s, t), \quad (0, 1) \quad (\text{단, } a > 1, s > 0)$$

일 때, △ABC는 **표준위치**(standard position)에 있다고 한다.

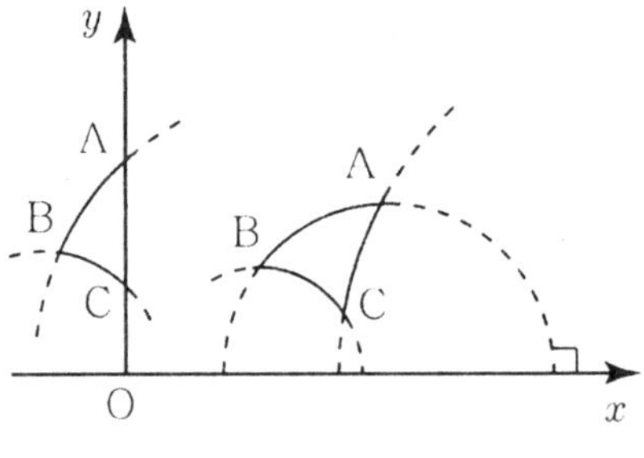

그림 4.15.

다음 정리에 의하면 임의 위치에 있는 쌍곡삼각형은 쌍곡등장사상에 의해 표준위치로 항상 옮길 수 있다. 따라서, 앞으로 쌍곡삼각형의 경우에는 표준위치에 있는 것만을 생각하면 된다.

정리 4.2.1 임의의 쌍곡삼각형 $\triangle$ABC는 쌍곡등장사상 또는 쌍곡등장사상의 합성에 의해 표준위치로 옮길 수 있다.

증명. 다음과 같이 세 가지의 경우로 나누어서 증명하자.

(i) $\mathrm{A}(0,a)$, $\mathrm{B}(s,t)$, $\mathrm{C}(0,1)$이고 $0<a<1,\ s>0$

원점을 O라 하면 따름정리 4.1.16에 의해 반전사상 $I_{\mathrm{O},1}$는 쌍곡등장사상이다. 또 반전사상의 정의에 의해 $I_{\mathrm{O},1}(\mathrm{A})=\mathrm{A}'\left(0,\dfrac{1}{a}\right)$이고 $I_{\mathrm{O},1}(\mathrm{C})=\mathrm{C}$이다. $I_{\mathrm{O},1}(\mathrm{B})=\mathrm{B}'$으로 놓으면

$$I_{\mathrm{O},1}(\triangle\mathrm{ABC})=\triangle\mathrm{A'B'C}$$

는 표준위치에 놓여 있는 쌍곡삼각형이다.

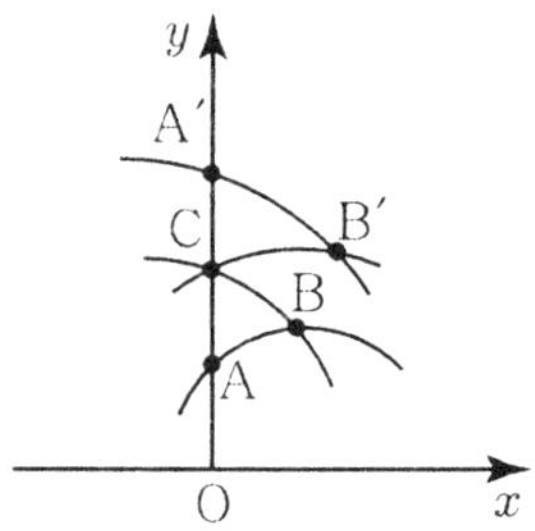

그림 4.16.

(ii) $\mathrm{A}(0,a), \mathrm{C}(0,c)$이고 $\mathrm{B}(s,t)$는 임의의 위치일 때

따름정리 4.1.16에 의해 y축에 대한 반사사상 및 원점 O에 대한 반전사상 $I_{\mathrm{O},\sqrt{c}}$는 쌍곡등장사상이다. y축에 대한 반사사상에 의해 $\mathrm{B}(s,t)$에서 $s>0$이라고 가정해도 된다. 이때 반전사상 $I_{\mathrm{O},\sqrt{c}}$에 의해

$$I_{\mathrm{O},\sqrt{c}}(\mathrm{C})=\mathrm{C}'(0,1)$$

이므로 위의 (i)에 의해 $\triangle$ABC는 쌍곡등장사상의 합성에 의해 표준위치로 옮길 수 있다.

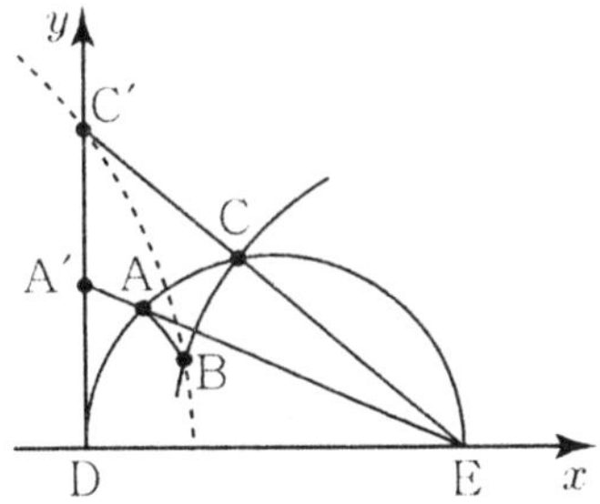

그림 4.17.

(iii) △ABC가 임의의 위치에 있을 때

따름정리 4.1.16에 의해 x축과 평행한 선분에 대한 수평평행이동은 쌍곡등장사상이다. 따라서 두 점 A, C를 지나고 x축과 수직인 유클리드 원을 γ라 하고 γ와 x축과의 교점을 각각 D, E라고 하면 수평평행이동에 의해 $\mathrm{D} = \mathrm{O}(0,0)$이라고 가정해도 된다. 이때 두 점 A와 C의 x좌표가 같으면 위의 (i), (ii)에 의해 성립하므로 A와 C의 x좌표가 서로 같지 않다고 가정하자. 그러면 쌍곡선분 AC는 유클리드 원 γ의 호이다.

$\mathrm{E}(d,0)$으로 놓고 정리 2.3.9와 정리 2.3.10을 적용하면 반전사상 $I_{\mathrm{E},d}$에 의해 $\gamma \cap \mathbb{H}^2$는 양의 y축으로 사상된다. 따라서

$$I_{\mathrm{E},d}(\mathrm{A}) = \mathrm{A}', \quad I_{\mathrm{E},d}(\mathrm{C}) = \mathrm{C}'$$

으로 놓고 (ii)를 △A′BC′에 적용하면 △ABC를 쌍곡등장사상의 합성에 의해 표준위치로 옮길 수 있다.

■

정의 4.2.2 점 $\mathrm{P} \in \mathbb{H}^2$에 대하여 점 P를 지나고 x축에 수직인 유클리드 직선을 l이라 할 때, $l \cap \mathbb{H}^2$을 **쌍곡 S-직선**(hyperbolic S-line)[4]이라고 한다. 이때 직선 l과 x축과의 교점을 쌍곡 S-직선 l의 **밑점**(base point)이라고 한다. 또, 점

[4] 여기서 S는 직선(straight line)의 첫글자 S를 나타낸다.

P를 지나고 x축과 수직인 원을 γ라 할 때, $\gamma \cap \mathbb{H}^2$를 **쌍곡 P-직선**(hyperbolic P-line)[5] 이라고 한다.

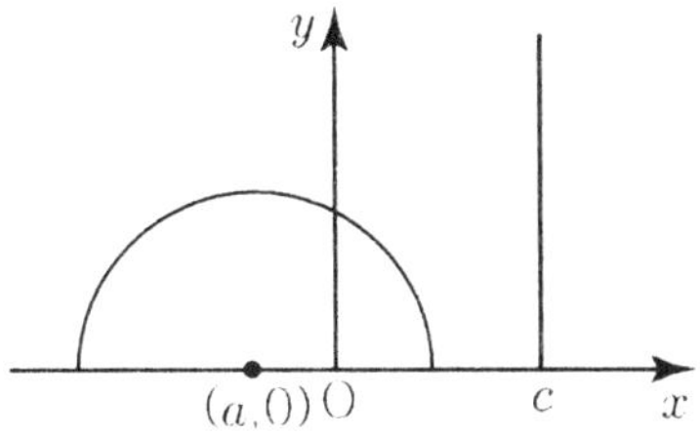

그림 4.18.

정리 4.2.3 점 $P \in \mathbb{H}^2$일 때, 점 P를 지나는 쌍곡 S-직선을 l이라고 하자. 또, $\gamma_1, \gamma_2, \gamma_3$을 중심이 각각 C_1, C_2, C_3이고 점 P를 지나는 쌍곡 P-직선이라고 하자. 그러면

$$\begin{aligned}\angle(l, \gamma_i) &= \angle \mathrm{DC}_i\mathrm{P} \quad (i = 1, 2, 3)\\ \angle(\gamma_1, \gamma_2) &= \angle \mathrm{C}_1\mathrm{PC}_2\\ \angle(\gamma_3, \gamma_1) &= \pi - \angle \mathrm{C}_1\mathrm{PC}_3\end{aligned}$$

여기서 D는 직선 l의 밑점이다.

증명. $\mathrm{PT}_1, \mathrm{PT}_2$를 점 P에서 쌍곡 P-직선 γ_1, γ_2에 접하는 유클리드 접선이라고 하자. 원의 접선에 대한 성질에 의하여 $\mathrm{PT}_1 \perp \mathrm{C}_1\mathrm{P}$, $\mathrm{PT}_2 \perp \mathrm{C}_2\mathrm{P}$이므로

$$\begin{aligned}\angle(\gamma_1, \gamma_2) = \angle \mathrm{T}_1\mathrm{PT}_2 &= \angle \mathrm{T}_1\mathrm{PC}_1 - \angle \mathrm{T}_2\mathrm{PC}_1\\ &= \frac{\pi}{2} - \angle \mathrm{T}_2\mathrm{PC}_1\\ &= \angle \mathrm{T}_2\mathrm{PC}_2 - \angle \mathrm{T}_2\mathrm{PC}_1\\ &= \angle \mathrm{C}_1\mathrm{PC}_2\end{aligned}$$

[5] 여기서 P는 푸앵카레(Poincaré)의 첫글자 P를 나타낸다.

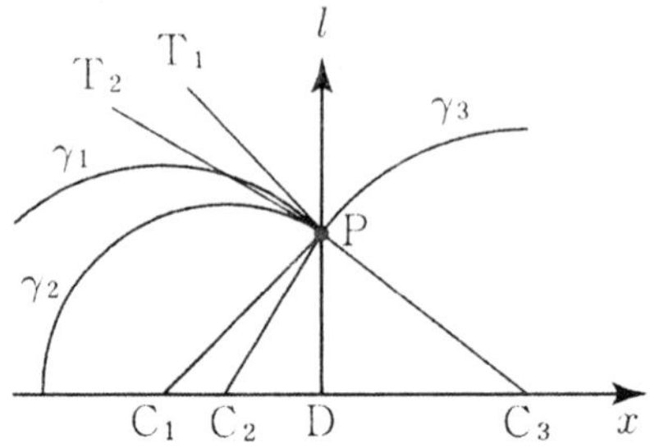

그림 4.19.

또한, $D * P * D'$인 점 D'을 택하면

$$\begin{aligned}\angle(l,\gamma_1) = \angle D'PT_1 &= \pi - \angle T_1PC_1 - \angle C_1PD \\ &= \frac{\pi}{2} - \angle C_1PD \\ &= \angle DC_1P\end{aligned}$$

비슷한 방법으로

$$\angle(l,\gamma_i) = \angle DC_iP \quad (i = 2, 3)$$

이 성립한다. 한편,

$$\begin{aligned}\angle(\gamma_3,\gamma_1) &= \angle(\gamma_3, l) + \angle(l,\gamma_1) \\ &= \angle DC_3P + \angle DC_1P \\ &= \pi - \angle C_1PC_3\end{aligned}$$

∎

정리 4.2.4 $\triangle ABC$가 직각쌍곡삼각형이면

$$\angle A + \angle B + \angle C < \pi$$

증명. $\angle C = \dfrac{\pi}{2}$이고 정리 4.2.1에 의해

$$C(0,1),\ \ A(0,a),\ \ B(s,t) \quad (\text{단}, a > 1, s > 0)$$

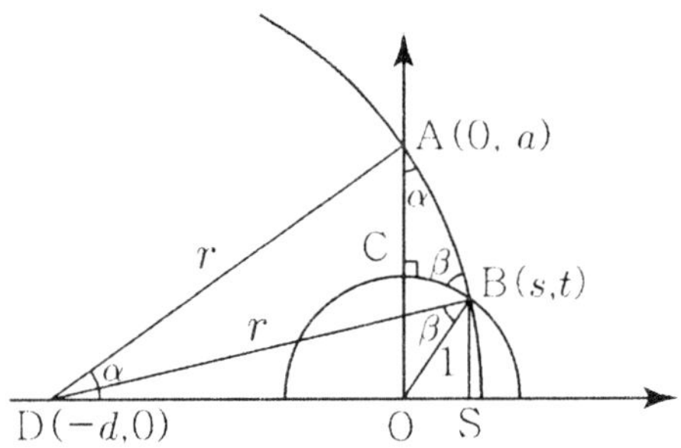

그림 4.20.

라고 가정해도 된다. $\angle$BCA가 직각이므로 쌍곡선분 BC는 중심이 원점 O이고 반지름의 길이가 1인 유클리드 원의 호이고 AC는 양의 y축 위의 선분이다. 두 점 A, B를 지나는 쌍곡 P-직선의 중심을 D$(-d, 0)$이라 하고 유클리드 반지름의 길이를 r라고 하자. 또, 점 B를 지나는 쌍곡 S-직선의 밑점을 S라고 하자. $\angle\mathrm{CAB} = \angle\mathrm{A} = \alpha$, $\angle\mathrm{ABC} = \angle\mathrm{B} = \beta$로 놓으면 정리 4.2.3에 의해

$$\alpha = \angle\mathrm{ODA}, \quad \beta = \angle\mathrm{DBO}$$

주장: $\alpha < \dfrac{\pi}{2} - \beta$

$\angle\mathrm{C} = \dfrac{\pi}{2}$이므로 따름정리 1.6.10에 의해 α, β는 예각이다. 따라서

$$\sin\alpha < \sin\left(\frac{\pi}{2} - \beta\right) = \cos\beta$$

임을 보이면 된다.

$$\sin\alpha = \frac{a}{r}, \quad \cos\beta = \frac{r^2 + 1^2 - d^2}{2r} = \frac{a^2+1}{2r}$$

이고 $2a < a^2 + 1$이므로 $\sin\alpha < \cos\beta$, 즉 $\alpha < \dfrac{\pi}{2} - \beta$이 성립한다. ∎

정리 4.2.5 **쌍곡반평면에서 쌍곡삼각형의 내각의 합은 π보다 작다.**

증명. 쌍곡삼각형을 △ABC라 하면 정리 1.6.13과 정리 1.6.18의 (단계1) 증명으로부터 세 꼭짓점에서 내린 수선의 발 중에 삼각형 △ABC의 변 위에 있는 점이 존재한다.

꼭짓점 A에서 변 BC에 내린 수선의 발 D가 B $*$ D $*$ C라고 가정해도 된다. 즉 $\triangle$ABC의 높이 AD가 $\triangle$ABC의 내부에 있다.

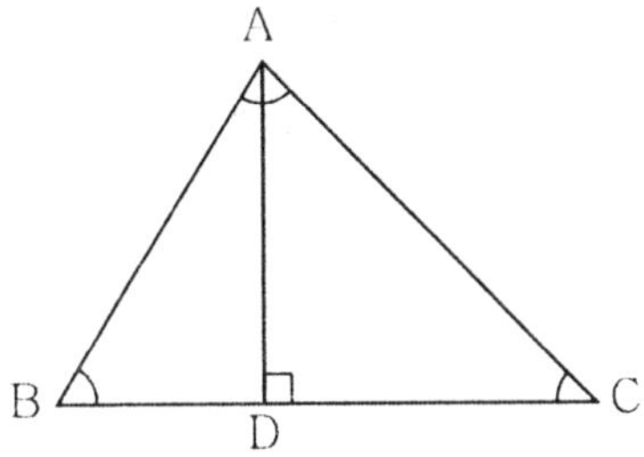

그림 4.21.

$\angle \mathrm{ADB} = \angle \mathrm{ADC} = \frac{\pi}{2}$이므로 정리 4.2.4에 의해

$$\begin{aligned} \angle \mathrm{ABC} + \angle \mathrm{BAD} &< \frac{\pi}{2} \\ \angle \mathrm{BCA} + \angle \mathrm{CAD} &< \frac{\pi}{2} \end{aligned}$$

따라서

$$\begin{aligned} \angle \mathrm{A} + \angle \mathrm{B} + \angle \mathrm{C} &= \angle \mathrm{ABC} + \angle \mathrm{BCA} + \angle \mathrm{BAD} + \angle \mathrm{CAD} \\ &< \frac{\pi}{2} + \frac{\pi}{2} = \pi \end{aligned}$$

∎

정리 4.2.5의 역도 성립한다. 즉 합이 π보다 작은 세 각 α, β, γ에 대하여

$$\angle \mathrm{A} = \alpha, \quad \angle \mathrm{B} = \beta, \quad \angle \mathrm{C} = \gamma$$

인 쌍곡삼각형 $\triangle$ABC가 존재한다. 이 사실을 증명하기 위하여 쌍곡삼각형 $\triangle$ABC가 표준위치에 있을 때 각에 대한 조건을 나타내는 다음 도움정리가 필요하다.

도움정리 4.2.6 **양의 각** α, β, γ**가** $\alpha+\beta+\gamma < \pi$**이고 좌표가 각각** $\mathrm{A}(0, a), \mathrm{B}(s, t), \mathrm{C}(0, 1)$**인 쌍곡삼각형** $\triangle$ABC**에 대하여**

$$\angle \mathrm{A} = \alpha, \quad \angle \mathrm{B} = \beta, \quad \angle \mathrm{C} = \gamma$$

이면

$$s^2 \sin^2 \alpha - 2s(\cos\alpha \cot\gamma + \cos\beta \csc\gamma) + 1 = 0 \tag{4.5}$$

여기서 s는 두 점 A, B를 지나고 x축에 수직인 유클리드 원의 반지름의 길이이다.

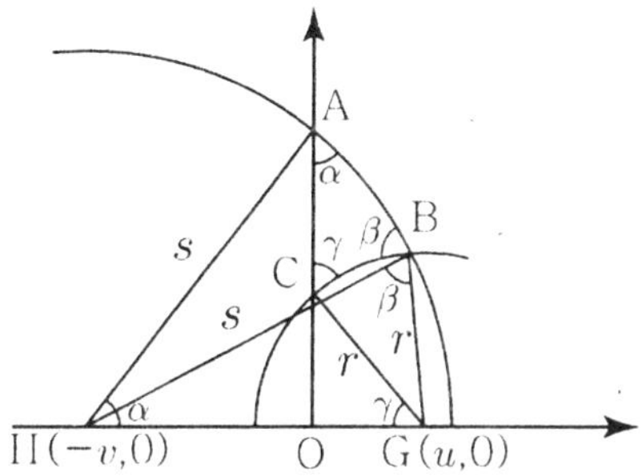

그림 4.22.

증명. $G(u,0), H(-v,0)$ (단, $u > 0, v > 0$)을 쌍곡 P-직선 BC와 AB의 유클리드 중심이라 하고 유클리드 반지름의 길이를 각각 r, s라고 하자. 정리 4.2.3에 의해

$$\angle CGO = \gamma, \quad \angle OHA = \alpha, \quad \angle HBG = \beta$$

이므로 유클리드 삼각형 $\triangle GCO$, $\triangle AHO$, $\triangle BGH$에 삼각함수와 코사인법칙을 적용하면

$$u = r\cos\gamma \tag{4.6}$$

$$v = s\cos\alpha \tag{4.7}$$

$$(u+v)^2 = r^2 + s^2 - 2rs\cos\beta \tag{4.8}$$

또 피타고라스의 정리에 의해

$$r^2 = u^2 + 1$$

식 (4.6)으로부터 $u^2 = r^2\cos^2\gamma$이므로

$$r^2 - 1 = u^2 = r^2\cos^2\gamma$$

따라서

$$r = \frac{1}{\sin\gamma} = \csc\gamma \tag{4.9}$$

또

$$u^2 = r^2\cos^2\gamma = (u^2+1)\cos^2\gamma$$

따라서

$$u = \cot\gamma \tag{4.10}$$

식 (4.7), (4.9)와 (4.10)을 식 (4.8)에 대입하면

$$(\cot\gamma + s\cos\alpha)^2 = \csc^2\gamma + s^2 - 2s\cos\beta\csc\gamma$$

전개하여 정리하면

$$s^2\sin^2\alpha - 2s(\cos\alpha\cot\gamma + \cos\beta\csc\gamma) + 1 = 0$$

∎

정리 4.2.7 양의 각 α, β, γ가 $\alpha+\beta+\gamma<\pi$이면 쌍곡반평면 $\mathbb{H}^2$에

$$\angle\mathrm{A} = \alpha, \quad \angle\mathrm{B} = \beta, \quad \angle\mathrm{C} = \gamma$$

를 만족시키는 쌍곡삼각형 $\triangle\mathrm{ABC}$가 존재한다.

증명. 정리 4.2.1에 의해 삼각형 $\triangle\mathrm{ABC}$가 표준위치에 있다고 가정해도 된다. 이때 도움정리 4.2.6으로부터 $\triangle\mathrm{ABC}$에 대하여 α, β, γ가

$$s^2\sin^2\alpha - 2s(\cos\alpha\cot\gamma + \cos\beta\csc\gamma) + 1 = 0 \tag{4.11}$$

을 만족시키면

$$\angle\mathrm{A} = \alpha, \quad \angle\mathrm{B} = \beta, \quad \angle\mathrm{C} = \gamma$$

가 성립한다. 따라서, 이차방정식 (4.11)이 근 s를 갖는다는 것을 보이면 된다. 판별식을 계산하면

$$D/4 = (\cos\alpha\cot\gamma + \cos\beta\csc\gamma)^2 - \sin^2\alpha \tag{4.12}$$

$\alpha + \gamma < \pi - \beta$이고 코사인함수 cos가 제1사분면과 제2사분면에서 감소함수이므로

$$\cos(\alpha+\gamma) > \cos(\pi-\beta) = -\cos\beta$$

삼각함수의 덧셈정리에 의해

$$\cos\alpha\cos\gamma - \sin\alpha\sin\gamma > -\cos\beta$$

즉

$$\cos\alpha\cos\gamma + \cos\beta > \sin\alpha\sin\gamma > 0$$

이다. 양변을 $\sin\gamma$로 나누면

$$\cos\alpha\cot\gamma + \cos\beta\csc\gamma > \sin\alpha > 0$$

이므로

$$(\cos\alpha\cot\gamma + \cos\beta\csc\gamma)^2 > \sin^2\alpha > 0$$

이 성립한다. 따라서 식 (4.12)에 의해 $D/4 > 0$이므로 이차방정식 (4.11)은 $\alpha+\beta+\gamma < \pi$일 때 서로 다른 두 실근을 갖는다.

이때 $v = s\cos\alpha$로 놓으면 $s, u = \cot\gamma, v, r = \csc\gamma$는 방정식 (4.6)-(4.8)을 만족시키므로

$$\angle\mathrm{A} = \alpha, \quad \angle\mathrm{B} = \beta, \quad \angle\mathrm{C} = \gamma$$

이다. ∎

쌍곡삼각형 △ABC가 표준위치에 있고

$$\angle\mathrm{A} = \alpha, \quad \angle\mathrm{B} = \beta, \quad \angle\mathrm{C} = \gamma$$

라고 하자. 이때 쌍곡 선분 BC와 AB의 유클리드 반지름의 길이를 각각 r, s라고 하면 $\mathrm{A}(0, s\sin\alpha)$이다(그림 4.22 참고). 따라서

$$d(\mathrm{A},\mathrm{C}) = |\log(s\sin\alpha)| \tag{4.13}$$

s는 세 각 α, β, γ에만 종속된 계수를 갖는 이차방정식 (4.11)의 근이므로 식 (4.13)을 만족시키고 표준위치에 있는 쌍곡삼각형은 두 개 존재할 수 있다 그러나 실제로는 이러한 각의 조건을 만족시키는 쌍곡삼각형은 하나밖에 없다.
실제로 s_1과 s_2가 이차방정식 (4.11)의 근이면

$$s_1 s_2 = \frac{1}{\sin^2\alpha}$$

즉

$$s_1 \sin\alpha = \frac{1}{s_2\sin\alpha}$$

이다. 그러나 로그의 성질에 의해 $\left|\log\left(\frac{1}{x}\right)\right| = |\log x|$이므로 두 점 A, C 사이의 쌍곡거리 (4.13)은 각 α, β, γ에 의해서 결정된다. 즉 쌍곡반평면에서 각이 합동인 두 쌍곡삼각형은 쌍곡거리도 같으므로 합동이다.

정리 4.2.8 (정리 2.1.5 참고) 두 쌍곡삼각형 ABC와 DEF에 닮음삼각형이면 즉

$$\angle\mathrm{A} = \angle\mathrm{D}, \quad \angle\mathrm{B} = \angle\mathrm{E}, \quad \angle\mathrm{C} = \angle\mathrm{F}$$

이면

$$\triangle\mathrm{ABC} \cong \triangle\mathrm{DEF}$$

이다.

정리 4.2.9 $k > n > 2$인 자연수 k, n에 대하여 꼭짓점의 각이 $\dfrac{(n-2)\pi}{k}$인 쌍곡 정n각형이 존재한다.

증명. 각이 각각

$$\frac{2\pi}{n}, \ \frac{(n-2)\pi}{2k}, \ \frac{(n-2)\pi}{2k}$$

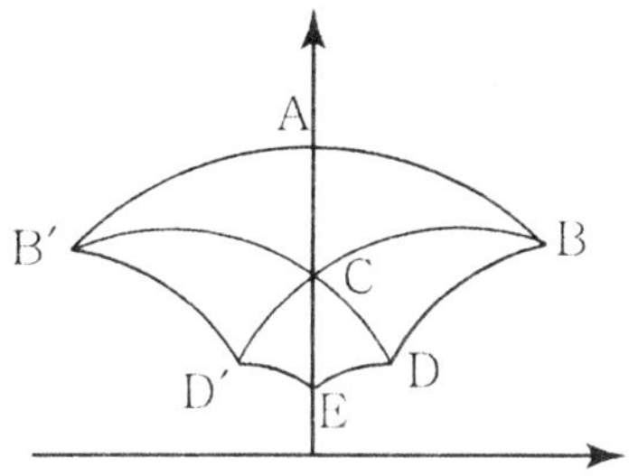

그림 4.23.

인 쌍곡이등변삼각형이 존재함을 보이면 충분하다. $k > n > 2$이므로 $n^2 - 2n = n(n-2) < k(n-2)$이다. 즉

$$2k + n^2 - 2n < kn$$

양변에 $\dfrac{1}{nk}$를 곱하면 $\dfrac{2}{n} + \dfrac{n-2}{k} < 1$이므로

$$\frac{2\pi}{n} + \frac{(n-2)\pi}{2k} + \frac{(n-2)\pi}{2k} < \pi$$

따라서 정리 4.2.7에 의해 세 꼭짓점의 각이 각각

$$\frac{2\pi}{n}, \ \frac{(n-2)\pi}{2k}, \ \frac{(n-2)\pi}{2k}$$

인 쌍곡삼각형이 존재한다. ∎

쌍곡반평면의 영역에 대한 쌍곡넓이에 대하여 알아보자. 곡선 $\alpha : [a,b] \to \mathbb{H}^2$, $\alpha(t) = (x(t), y(t))$의 경우 쌍곡길이 $L(\alpha)$는

$$L(\alpha) = \int_a^b \frac{\sqrt{x'(t)^2 + y'(t)^2}}{y(t)}\, dt$$

로 정의하였다. 따라서 쌍곡반평면 $\mathbb{H}^2$에서 영역의 쌍곡넓이는 피적분함수의 분모에 y^2을 곱하여 이중적분하면 된다. 즉, $R \subset \mathbb{H}^2$일 때 R의 **쌍곡넓이** $A_h(R)$는

$$A_h(R) = \iint_R \frac{dxdy}{y^2}$$

으로 정의한다.

중심이 C$(c,0)$이고 반지름의 길이가 s인 유클리드 원에 대한 반전사상 $I_{C,s}$와 영역 R에 대하여 $I_{C,s}(R) = R'$이라고 하자. 영역 R를 점 C에 대한 극좌표로 나타내면

$$x = c + r\cos\theta, \quad y = r\sin\theta$$

이므로 야코비행렬식은

$$\begin{aligned}\frac{\partial(x,y)}{\partial(r,\theta)} &= \frac{\partial x}{\partial r}\frac{\partial y}{\partial \theta} - \frac{\partial x}{\partial \theta}\frac{\partial y}{\partial r} \\ &= (\cos\theta)(r\cos\theta) - (-r\sin\theta)(\sin\theta) \\ &= r\end{aligned}$$

이다. 반전사상 $I_{C,s}$가 점 $(r,\theta) \in R$를 $(\rho,\varphi) \in R'$로 사상시키면

$$\rho = \frac{s^2}{r}, \quad \varphi = \theta$$

이고

$$\frac{\partial(\rho,\theta)}{\partial(r,\theta)} = -\frac{s^2}{r^2}\cdot 1 - 0\cdot 0 = -\frac{s^2}{r^2}$$

이다. 따라서

$$\begin{aligned}A_h(R') &= \iint_{R'} \frac{dxdy}{y^2} = \iint \frac{\rho d\rho d\theta}{\rho^2\sin^2\theta} \\ &= \iint \frac{\frac{s^2}{r}\frac{s^2}{r^2}drd\theta}{\frac{s^4}{r^2}\sin^2\theta} = \iint \frac{rdrd\theta}{r^2\sin^2\theta} = \iint_R \frac{dxdy}{y^2} = A_h(R)\end{aligned}$$

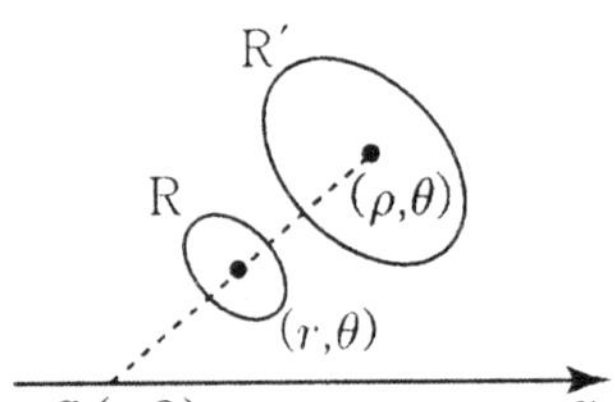

그림 4.24.

다시 말해서 중심이 x축 위에 있는 원에 대한 반전사상은 쌍곡반평면에서 영역의 넓이를 보존한다. 실제로 중심이 x축 위에 있는 원에 대한 반전사상은 쌍곡반평면에서 쌍곡등장사상(정리 4.1.16)이므로 이러한 사실은 새로운 것이 아니다. 다른 쌍곡등장사상에 대해서도 영역의 넓이가 보존된다는 것을 보일 수 있다. 이를테면, $l : x = c$이고 ρ_l이 쌍곡 S-직선 l에 대한 반사사상이라고 하자. $(x, y) \in R$에 대하여 $\rho_l(x, y) = (x', y') \in R'$이라고 하면

$$\frac{x' + x}{2} = c, y' = y$$

이므로 $dxdy = -dx'dy'$이고 넓이는 양수이므로

$$\iint_{R'} \frac{dx'dy'}{y'^2} = \iint_R \frac{dxdy}{y^2}$$

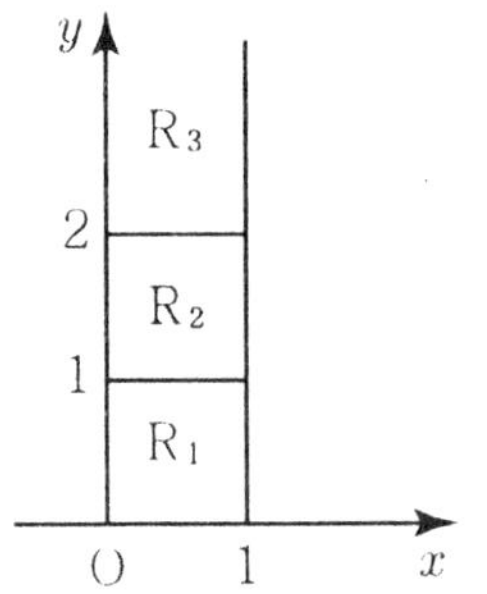

그림 4.25.

보기 4.2.10 양의 y축과 쌍곡 S-직선 $x = 1$ 사이의 영역을 R라고 하자. 또 x축 및 직선 $y = 1$과 영역 R에 의해 둘러싸인 영역을 R_1, 두 직선 $y = 1$과 $y = 2$ 및 영역 R에 의해 둘러싸인 영역을 R_2, $y = 2$와 영역 R에 의해 둘러싸인 영역을 R_3라고 하자. 그러면

$$\begin{aligned} A_h(R_1) &= \iint_{R_1} \frac{dxdy}{y^2} = \int_0^1 \int_0^1 \frac{dxdy}{y^2} = \int_0^1 \frac{dy}{y^2} = \infty \\ A_h(R_2) &= \int_1^2 \int_0^1 \frac{dxdy}{y^2} = \frac{1}{2} \\ A_h(R_3) &= \int_2^\infty \int_0^1 \frac{dxdy}{y^2} = \lim_{t\to\infty} \int_2^t \frac{dy}{y^2} = \frac{1}{2} \end{aligned}$$

쌍곡삼각형 $\triangle ABC$에서 결손 $\delta(\triangle ABC)$는

$$\delta(\triangle ABC) = \pi - (\angle A + \angle B + \angle C)$$

로 정의한다.
다음 정리에 의하면 쌍곡삼각형의 쌍곡넓이는 그 결손과 같다.

정리 4.2.11 쌍곡삼각형 $\triangle ABC \subset \mathbb{H}$에 대하여

$$A_h(\triangle ABC) = \delta(\triangle ABC)$$

도움정리 4.2.12 DE를 쌍곡 P-직선의 선분이라 하고 l과 m을 각각 점 D와 E에서 방사되는 쌍곡 S-직선이라고 하자. 두 직선 l, m과 선분 DE에 의해 만들어지는 띠영역을 R라 하고 점 D와 E에서의 내각을 각각 δ, ϵ이라고 하면

$$A_h(R) = \pi - \delta - \epsilon$$

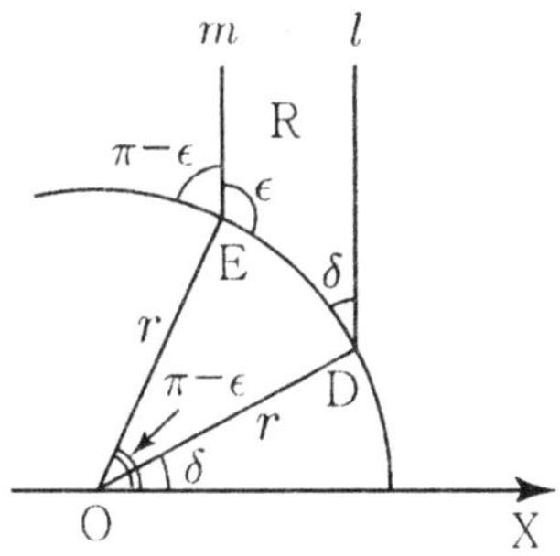

그림 4.26.

증명. 쌍곡등장사상에 의해 쌍곡선분 DE를 포함하는 유클리드 원의 중심을 원점 O, 반지름의 길이를 r라고 가정할 수 있다. 양의 x축을 $\overrightarrow{OX}$라고 하면 정리 4.2.3에 의해

$$\angle XOD = \delta, \quad \angle XOE = \pi - \epsilon$$

호 DE는 유클리드 방정식 $x^2+y^2=r^2$을 만족시키므로

$$\begin{aligned} A_h(R) &= \int_{r\cos(\pi-\epsilon)}^{r\cos\delta}\int_{\sqrt{r^2-x^2}}^{\infty}\frac{dxdy}{y^2} \\ &= \int_{-r\cos\epsilon}^{r\cos\delta}\frac{dx}{\sqrt{r^2-x^2}} = \left[\sin^{-1}\frac{x}{r}\right]_{-r\cos\epsilon}^{r\cos\delta} \\ &= \sin^{-1}(\cos\delta)-\sin^{-1}(-\cos\epsilon) \\ &= \frac{\pi}{2}-\delta+\frac{\pi}{2}-\epsilon \\ &= \pi-(\delta+\epsilon) \end{aligned}$$

네 번째 등식에서 다음 항등식

$$\sin^{-1}\theta+\cos^{-1}\theta=\frac{\pi}{2}$$

를 이용하였다. ∎

정리 4.2.11의 증명. △ABC가 표준위치에 있는 쌍곡삼각형이라고 가정해도 된다. 점 B에서 방사되는 쌍곡 S-직선을 l이라고 하고 l과 y축 및 변 BC에 의

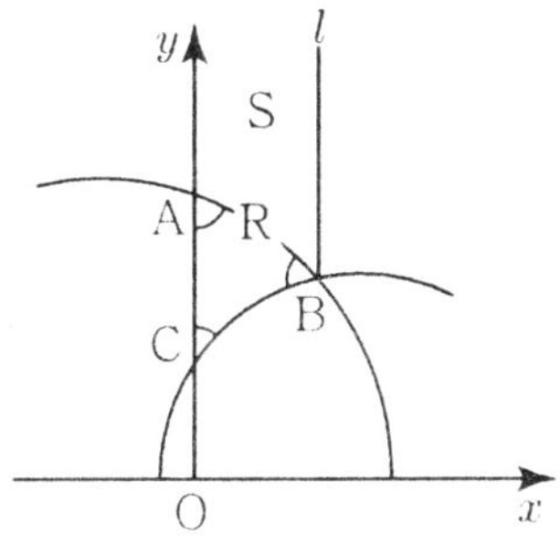

그림 4.27.

해 둘러싸인 영역을 R라고 하자. 또 l과 y축 및 변 AB에 의해 둘러싸인 영역을

S라고 하자. 그러면 도움정리 4.2.12에 의해

$$\begin{aligned} A_h(\triangle \mathrm{ABC}) &= A_h(R) - A_h(S) \\ &= (\pi - \angle \mathrm{C}) - \angle(l, \mathrm{BC}) - [\pi - (\pi - \angle \mathrm{A}) - \angle(l, \mathrm{AB})] \\ &= \pi - \angle \mathrm{C} - \angle \mathrm{A} - [\angle(l, \mathrm{BC}) - \angle(l, \mathrm{AB})] \\ &= \pi - \angle \mathrm{A} - \angle \mathrm{C} - \angle \mathrm{B} \\ &= \delta(\triangle \mathrm{ABC}) \end{aligned}$$

∎

따름정리 4.2.13 쌍곡반평면에서 합동인 삼각형의 쌍곡넓이는 같다.

4.3 쌍곡 삼각함수

쌍곡반평면 $\mathbb{H}^2$에서 쌍곡삼각형에 대한 삼각함수의 법칙이 증명되기 전까지는 쌍곡기하학이 단순히 유클리드 기하학의 공리를 부정한 논리적이고 이론적인 기하학체계라고 생각하였다. 그러나 유클리드 기하학에서 삼각형에 대한 삼각함수의 공식이 쌍곡기하학에서도 비슷하게 성립한다는 사실을 보임으로써 쌍곡기하학도 유클리드 기하학과 마찬가지로 매우 구체적인 기하학체계라는 것이 밝혀졌다.

정리 4.3.1 AB가 쌍곡 P-직선의 호이고 $\overrightarrow{\mathrm{AE}}$와 $\overrightarrow{\mathrm{BD}}$는 각각 점 A와 B에서 방사되는 쌍곡 S-반직선이라고 하자. $\alpha = \angle \mathrm{EAB}, \beta = \angle \mathrm{ABD}$이고 $d(\mathrm{A}, \mathrm{B}) = c$이면

(1) $\sinh c = \dfrac{\cos\alpha + \cos\beta}{\sin\alpha \sin\beta}$

(2) $\cosh c = \dfrac{1 + \cos\alpha\cos\beta}{\sin\alpha \sin\beta}$

(3) $\tanh c = \dfrac{\cos\alpha + \cos\beta}{1 + \cos\alpha\cos\beta}$

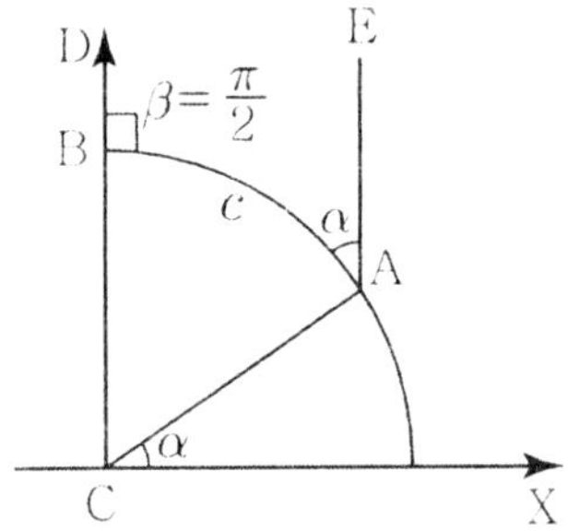

그림 4.28.

증명. 다음과 같이 두 가지 경우로 나누어서 생각하자.

(경우 1) $\beta = \frac{\pi}{2}$

이 경우

$$\sinh c = \cot\alpha, \quad \cosh c = \csc\alpha, \quad \tanh c = \cos\alpha$$

임을 보이면 된다.

반직선 $\overrightarrow{\mathrm{BD}}$의 밑점을 C라 하고 양의 x축을 나타내는 점을 X라고 하면 정리 4.2.3에 의해 $\angle\mathrm{XCA} = \alpha$이므로 정리 4.1.7로부터

$$c = d(\mathrm{A}, \mathrm{B}) = \log\frac{\csc\beta - \cot\beta}{\csc\alpha - \cot\alpha} = \log\frac{\sin\alpha}{1-\cos\alpha}$$

이다. 따라서

$$\begin{aligned} 2\sinh c &= e^c - e^{-c} = \frac{\sin\alpha}{1-\cos\alpha} - \frac{1-\cos\alpha}{\sin\alpha} \\ &= \frac{\sin^2\alpha - 1 + 2\cos\alpha - \cos^2\alpha}{\sin\alpha(1-\cos\alpha)} \\ &= \frac{2\cos\alpha(1-\cos\alpha)}{\sin\alpha(1-\cos\alpha)} = 2\cot\alpha \end{aligned}$$

그러므로 $\beta = \frac{\pi}{2}$이면 $\sinh c = \cot\alpha$가 성립한다.

한편 $\cosh^2 c - \sinh^2 c = 1$이고 $\csc^2\alpha - \cot^2\alpha = 1$이므로

$$\begin{aligned} \cosh c &= \sqrt{1+\sinh^2 c} = \sqrt{1+\cot^2\alpha} = \csc\alpha \\ \tanh c &= \frac{\sinh c}{\cosh c} = \frac{\cot\alpha}{\csc\alpha} = \cos\alpha \end{aligned}$$

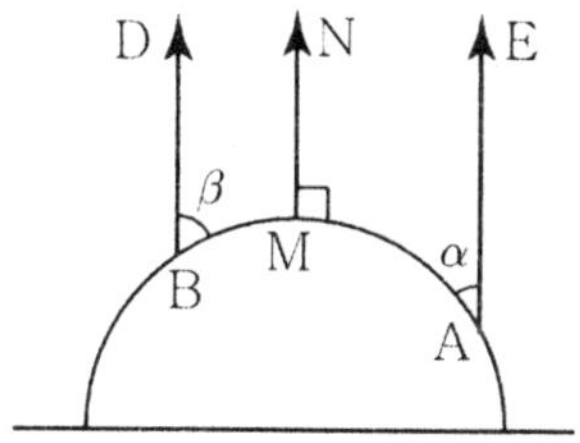

그림 4.29.

(경우 2) 일반적인 경우

쌍곡 P-직선 AB와 그 직선 위의 점에서 방사되는 쌍곡 S-직선이 이루는 각의 크기가 최대인 쌍곡 P-직선 AB 위의 점을 M이라고 하자.

$A * M * B$일 때 MN이 점 M에서 방사되는 쌍곡 S-반직선이라고 하면

$$\angle \mathrm{AMN} = \angle \mathrm{NMB} = \frac{\pi}{2}$$

이다.

$$d(\mathrm{A},\mathrm{M}) = c_1, \quad d(\mathrm{B},\mathrm{M}) = c_2$$

로 놓으면 (**경우 1**)에 의해

$$\begin{aligned}
\sinh c &= \sinh(c_1 + c_2) = \sinh c_1 \cosh c_2 + \cosh c_1 \sinh c_2 \\
&= \cot\alpha \csc\beta + \csc\alpha \cot\beta \\
&= \frac{\cos\alpha + \cos\beta}{\sin\alpha \sin\beta}
\end{aligned}$$

(2), (3)도 비슷한 방법으로 보일 수 있으므로 연습문제로 남기기로 한다.

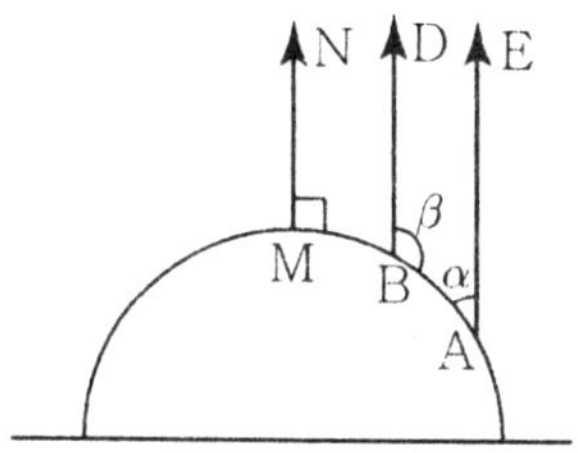

그림 4.30.

$A * B * M$이면 $\angle DBM = \pi - \beta$이므로

$$\begin{aligned} \sinh c &= \sinh(c_1 - c_2) = \sinh c_1 \cosh c_2 - \cosh c_1 \sinh c_2 \\ &= \cot\alpha\csc(\pi-\beta) - \csc\alpha\cot(\pi-\beta) \\ &= \cot\alpha\csc\beta + \csc\alpha\cot\beta \\ &= \frac{\cos\alpha + \cos\beta}{\sin\alpha\sin\beta} \end{aligned}$$

$M * A * B$일 때 (2), (3)도 비슷한 방법으로 보일 수 있으므로 연습문제로 남기기로 한다.

∎

정리 4.3.1의 증명에서 다음이 성립함을 알 수 있다.

따름정리 4.3.2 정리 *4.3.1*에서 $\beta = \dfrac{\pi}{2}$이면

$$\sinh c = \cot\alpha, \quad \cosh c = \csc\alpha, \quad \tanh c = \cos\alpha$$

정리 4.3.3 $\triangle ABC$가 $\angle C = \dfrac{\pi}{2}$인 쌍곡직각삼각형이고

$$d(A, B) = c, \quad d(A, C) = b, \quad d(B, C) = a$$

이면

$$\cosh c = \cosh a \cosh b$$

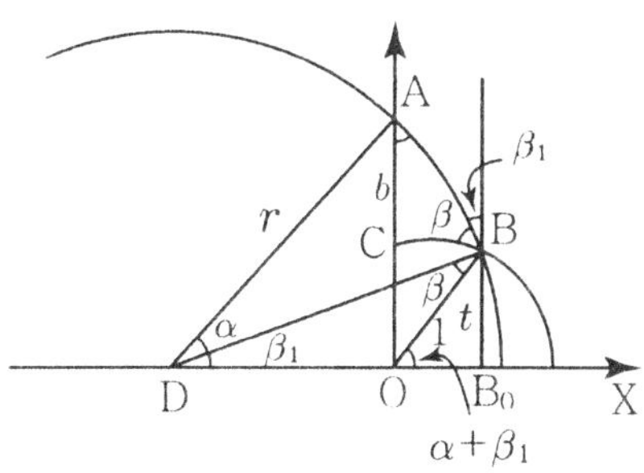

그림 4.31.

증명. $\triangle$ABC가 $\mathrm{A}(0,k), \mathrm{B}(s,t), \mathrm{C}(0,1)$ (단, $k > 1, s > 0$)인 표준위치에 있다고 가정해도 된다. 두 점 A, B를 지나고 x축에 수직인 유클리드 원의 중심을 $\mathrm{D}(-d,0)$, 반지름의 길이를 r라고 하자. 또 $\angle\mathrm{A} = \alpha, \angle\mathrm{B} = \beta$라 하고 점 B에서 방사되는 쌍곡 S-반직선과 호 AB가 이루는 각의 크기를 β_1이라고 하자. 양의 x축을 나타내는 점을 X라고 하면 정리 4.2.3에 의해

$$\angle\mathrm{XDA} = \alpha, \quad \angle\mathrm{XDB} = \beta_1, \quad \angle\mathrm{XOB} = \beta + \beta_1, \quad \angle\mathrm{DBO} = \beta$$

점 B를 지나는 쌍곡 S-직선의 밑점을 B_0이라고 하면 $\overline{\mathrm{OB}} = 1, \overline{\mathrm{BB}_0} = t$이므로 따름정리 4.3.2에 의해

$$\cosh a = \csc(\beta + \beta_1) = \frac{1}{t} \tag{4.14}$$

또 정리 4.1.3에 의해 $b = \ln k$이고

$$\cosh b = \frac{e^b + e^{-b}}{2} = \frac{k + \frac{1}{k}}{2} = \frac{k^2+1}{2k} \tag{4.15}$$

정리 4.3.1에 의해

$$\begin{aligned}\cosh c = \frac{1 + \cos\beta_1 \cos(\pi - \alpha)}{\sin\beta_1 \sin(\pi - \alpha)} &= \frac{1 - \dfrac{d+s}{r} \cdot \dfrac{d}{r}}{\dfrac{t}{r} \cdot \dfrac{k}{r}} = \frac{r^2 - d^2 - ds}{kt} \\ &= \frac{k^2 - ds}{kt} \qquad (4.16)\end{aligned}$$

한편, 피타고라스의 정리에 의해

$$s^2 + t^2 = 1, \quad (s+d)^2 + t^2 = r^2 = d^2 + k^2$$

이므로 $2sd + d^2 = r^2 - 1$, 즉

$$sd = \frac{r^2 - d^2 - 1}{2} = \frac{k^2 - 1}{2} \tag{4.17}$$

식 (4.17)를 식 (4.16)에 대입하면 식 (4.14)과 (4.15)에 의해

$$\begin{aligned}\cosh c &= \frac{k^2 - \dfrac{k^2-1}{2}}{kt} = \frac{k^2+1}{2kt} \\ &= \cosh a \cosh b\end{aligned}$$

■

유클리드 평면에서 가로와 세로의 길이가 모두 1인 직각삼각형의 빗변의 길이는 피타고라스의 정리로부터 $\sqrt{2} = 1.414\cdots$이다. $a = b = 1$인 쌍곡직각삼각형의 경우에 정리 4.3.3을 적용하면

$$\cosh c = (\cosh 1)^2 = \cosh^2 1$$

이다. 따라서

$$\begin{aligned} c &= \cosh^{-1}(\cosh^2 1) \\ &= \log\left\{\cosh^2 1 + \sqrt{\cosh^4 1 - 1}\right\} = 1.51\cdots \end{aligned}$$

$c > \sqrt{2}$이므로 쌍곡반평면에서 직각삼각형의 빗변의 쌍곡길이가 길다. 그러나 그 차이는 크지 않다.
정리 4.3.3과 비슷한 방법을 적용하면 쌍곡직각삼각형에 대하여 다음의 정리도 증명할 수 있다.

정리 4.3.4 $\triangle\mathrm{ABC}$가 $\angle\mathrm{C} = \dfrac{\pi}{2}$인 **쌍곡직각삼각형이고**

$$d(\mathrm{A}, \mathrm{B}) = c, \quad d(\mathrm{A}, \mathrm{C}) = b, \quad d(\mathrm{B}, \mathrm{C}) = a$$

이면

(1) $\tanh a = \sinh b \tan A, \qquad \tanh b = \sinh a \tan B$

(2) $\sinh a = \sinh c \sin A, \qquad \sinh b = \sinh c \sin B$

(3) $\tanh b = \tanh c \cos A, \qquad \tanh a = \tanh c \cos B$

(4) $\cosh b \sin \alpha = \cos B, \qquad \cosh a \sin B = \cos A$

(5) $\cosh c = \cot A \cot B$

유클리드 평면에서 직각삼각형이 아닌 삼각형에 대해서도 삼각함수에 대한 항등식인 사인법칙과 코사인법칙이 성립한다. 즉 유클리드 평면의 삼각형 $\triangle\mathrm{ABC}$에 대하여

사인법칙: $$\frac{\sin A}{a} = \frac{\sin B}{b} = \frac{\sin C}{c}$$

코사인법칙: $$\cos A = \frac{b^2 + c^2 - a^2}{2bc}$$

쌍곡반평면에서도 직각삼각형이 아닌 삼각형에 대하여 다음의 정리가 성립한다.

정리 4.3.5 쌍곡삼각형 $\triangle\mathrm{ABC}$에서 $a = d(\mathrm{B}, \mathrm{C}),\ b = d(\mathrm{A}, \mathrm{C}),\ c = d(\mathrm{A}, \mathrm{B})$이면

(1) $\cos A = \dfrac{\cosh b \cosh c - \cosh a}{\sinh b \sinh c}$

(2) $\cosh a = \dfrac{\cos B \cos C + \cos A}{\sin B \sin C}$

(3) $\dfrac{\sin A}{\sinh a} = \dfrac{\sin B}{\sinh b} = \dfrac{\sin C}{\sinh c}$

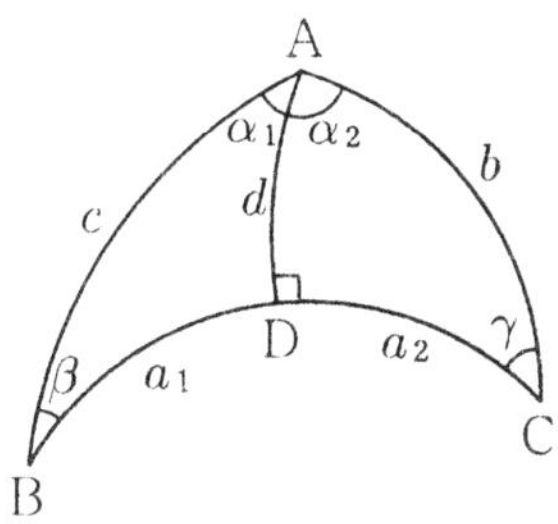

그림 4.32.

증명. 꼭짓점 A에서 변 BC에 내린 수선의 발을 D라 할 때 다음의 두 가지 경우로 나누어서 생각하자.

(경우 1) $\mathrm{B} * \mathrm{D} * \mathrm{C}$일 때

이 경우 선분 AD는 각 $\angle\mathrm{A}$를 두 개의 각 α_1, α_2로 나눈다. 이때 $d(\mathrm{B}, \mathrm{D}) = a_1,\ d(\mathrm{C}, \mathrm{D}) = a_2, d(\mathrm{A}, \mathrm{D}) = d$라고 하자.

(1) 정리 4.3.4의 (2), (3)에 의해

$$\begin{aligned}
\cos A &= \cos(\alpha_1+\alpha_2) = \cos\alpha_1\cos\alpha_2 - \sin\alpha_1\sin\alpha_2 \\
&= \frac{\tanh d}{\tanh c}\cdot\frac{\tanh d}{\tanh b} - \frac{\sinh a_1}{\sinh c}\cdot\frac{\sinh a_2}{\sinh b} \\
&= \frac{\cosh b\cosh c\tanh^2 d - \sinh a_1\sinh a_2}{\sinh b\sinh c} \\
&= \frac{\cosh b\cosh c(1-\operatorname{sech}^2 d) - \sinh a_1\sinh a_2}{\sinh b\sinh c} \\
&= \frac{\cosh b\cosh c - \frac{\cosh b}{\cosh d}\cdot\frac{\cosh c}{\cosh d} - \sinh a_1\sinh a_2}{\sinh b\sinh c} \\
&= \frac{\cosh b\cosh c - (\cosh a_1\cosh a_2 + \sinh a_1\sinh a_2)}{\sinh b\sinh c} \\
&= \frac{\cosh b\cosh c - \cosh(a_1+a_2)}{\sinh b\sinh c} \\
&= \frac{\cosh b\cosh c - \cosh a}{\sinh b\sinh c}
\end{aligned}$$

여섯 번째 등식에서 정리 4.3.3를 사용하였다.

(2) 정리 4.3.4의 (1), (4)에 의해

$$\begin{aligned}
\cosh a &= \cosh(a_1+a_2) = \cosh a_1\cosh a_2 + \sinh a_1\sinh a_2 \\
&= \frac{\cos\alpha_1}{\sin B}\cdot\frac{\cos\alpha_2}{\sin C} + \frac{\tanh d}{\tan B}\cdot\frac{\tanh d}{\tan C} \\
&= \frac{\cos\alpha_1\cos\alpha_2 + (1-\operatorname{sech}^2 d)\cos B\cos C}{\sin B\sin C} \\
&= \frac{\cos B\cos C + \cos\alpha_1\cos\alpha_2 - \dfrac{\cos B}{\cosh d}\cdot\dfrac{\cos C}{\cosh d}}{\sin B\sin C} \\
&= \frac{\cos B\cos C + \cos\alpha_1\cos\alpha_2 - \sin\alpha_1\sin\alpha_2}{\sin B\sin C} \\
&= \frac{\cos B\cos C + \cos(\alpha_1+\alpha_2)}{\sin B\sin C} \\
&= \frac{\cos B\cos C + \cos A}{\sin B\sin C}
\end{aligned}$$

(3) $\cosh^2 b - \sinh^2 b = 1$이므로 위의 (1)에 의해

$$\begin{aligned}
\frac{\sin^2 A}{\sinh^2 a} &= \frac{1-\cos^2 A}{\sinh^2 a} \\
&= \frac{\sinh^2 b \sinh^2 c - (\cosh b \cosh c - \cosh a)^2}{\sinh^2 a \sinh^2 b \sinh^2 c} \\
&= \frac{(\cosh^2 b - 1)(\cosh^2 c - 1) - (\cosh b \cosh c - \cosh a)^2}{\sinh^2 a \sinh^2 b \sinh^2 c} \\
&= \frac{1 - \cosh^2 a - \cosh^2 b - \cosh^2 c + 2\cosh a \cosh b \cosh c}{\sinh^2 a \sinh^2 b \sinh^2 c} \qquad (4.18)
\end{aligned}$$

식 (4.18)은 a, b, c에 대하여 대칭이므로

$$\frac{\sin^2 A}{\sinh^2 a} = \frac{\sin^2 B}{\sinh^2 b} = \frac{\sin^2 C}{\sinh^2 c}$$

가 성립한다. $\angle\mathrm{A} + \angle\mathrm{B} + \angle\mathrm{C} < \pi$이므로 각 A, B, C는 모두 예각이다. 따라서 $\sin A > 0$, $\sin B > 0$, $\sin C > 0$이므로

$$\frac{\sin A}{\sinh a} = \frac{\sin B}{\sinh b} = \frac{\sin C}{\sinh c}$$

이다.

(경우 2) $\mathrm{B} * \mathrm{C} * \mathrm{D}$ 또는 $\mathrm{D} * \mathrm{B} * \mathrm{C}$일 때
이 경우는 연습문제로 남기기로 한다. ∎

4.4 복소수와 쌍곡강체운동

도형의 방정식을 나타내거나 어떤 수학적 성질을 설명할 때 복소수를 사용하면 간단하고 쉽게 해결할 수 있는 경우가 있다. 유클리드 평면의 경우에도 복소평면으로 간주하여 유클리드 기하학을 복소수를 이용하여 설명할 수 있다. 또한, 복소수를 이용하여 유클리드 등장사상과 쌍곡등장사상을 나타낼 수도 있다. 이를 위하여 우선 복소수의 정의와 기본 연산 및 성질에 대하여 알아보기로 한다. 실수의 제곱은 0보다 크거나 같기 때문에 x에 대한 이차방정식 $x^2 + 1 = 0$은 실근을 갖지 않는다. 따라서 이 방정식의 근을 인위적으로 만들어 $i = \sqrt{-1}$이라 하고 이를 **허수단위**(imaginary unit)라고 한다.

정의 4.4.1 두 실수 x, y에 대하여 $x + iy$를 **복소수**라고 하고 복소수 전체의 집합을 $\mathbb{C}$로 나타낸다. 즉

$$\mathbb{C} = \{\, z = x + iy \mid x, y \in \mathbb{R} \}$$

두 복소수 $z = a + ib$, $w = c + id$에 대하여

$$z = w \quad \Leftrightarrow \quad a = c, \;\; b = d$$

로 정의한다. 또 두 복소수의 덧셈과 실수와 복소수의 곱은 각각 다음과 같이 정의한다:

$$(a + ib) + (c + id) = (a + c) + i(b + d) \tag{4.19}$$

$$a(x + iy) = ax + i(ay), \quad a \in \mathbb{R} \tag{4.20}$$

그리고 두 복소수의 곱과 나눗셈은 각각 다음과 같이 정의한다:

$$(a + ib)(c + id) = (ac - bd) + i(ad + bc)$$

$$\frac{a + ib}{c + id} = \frac{ac + bd}{c^2 + d^2} + \frac{ad - bc}{c^2 + d^2} i \quad (\text{단}, \; c + id \neq 0)$$

복소수 $z = x + iy$에서 x를 **실수부분**(real part)이라 하고 기호 $\mathrm{Re}(z)$로 나타내고, y를 **허수부분**(imaginary part)이라 하고 기호 $\mathrm{Im}(z)$로 나타낸다. 복소수의 집합 $\mathbb{C}$는 덧셈 (4.19)과 곱셈 (4.20)에 대하여 2차원 실벡터공간을 이룬다. 더욱이 복소수 $x + iy$를 좌표평면 $\mathbb{R}^2$의 점 (x, y)와 대응시키면 벡터공간으로써 동형이다.

정리 4.4.2 벡터공간으로써 복소평면 $\mathbb{C}$는 $\mathbb{R}^2$과 동형이다.

증명. 사상 $\Phi : \mathbb{C} \to \mathbb{R}^2$를 $\Phi(x + iy) = (x, y)$로 정의하면 Φ는 선형동형사상(linear isomorphism)이다. ∎

복소수는 실수와 같이 덧셈과 곱셈에 대하여 다음 성질을 만족시킨다:

정리 4.4.3 $z, w \in \mathbb{C}$일 때

(1) 덧셈

(i) $z + w = w + z$

(ii) $z + (w + s) = (z + w) + s$

(iii) $z + 0 = 0 + z = z$

(iv) $z + (-z) = 0 = (-z) + z$

(2) 곱셈

(v) $zw = wz$

(vi) $(zw)s = z(ws)$

(vii) $1z = z1 = z$

(viii) $z(z^{-1}) = 1 = z^{-1}z \qquad (z \neq 0)$

(3) 분배법칙

$z(w + s) = zw + zs, \quad (z + w)s = zs + ws$

정의 4.4.4 복소수 $z = x + iy$에 대하여

(1) $|z| = \sqrt{x^2 + y^2}$를 z의 **절대값**(absolute value)이라고 한다.

(2) $x - iy$를 복소수 z의 **켤레복소수**(complex conjugate)라고 하고 기호 $\bar{z}$로 나타낸다. 즉, $\bar{z} = x - iy$.

복소수의 절대값과 켤레복소수에 대하여 다음이 성립한다.

정리 4.4.5 (1) $\overline{z + w} = \bar{z} + \bar{w}$

(2) $\overline{zw} = \bar{z}\bar{w}$

(3) $z \neq 0$에 대하여 $\overline{\left(\dfrac{z}{w}\right)} = \dfrac{\bar{z}}{\bar{w}}$

(4) $z\bar{z} = |z|^2$이고 따라서 $z \neq 0$이면 $z^{-1} = \dfrac{\bar{z}}{|z|^2}$이다.

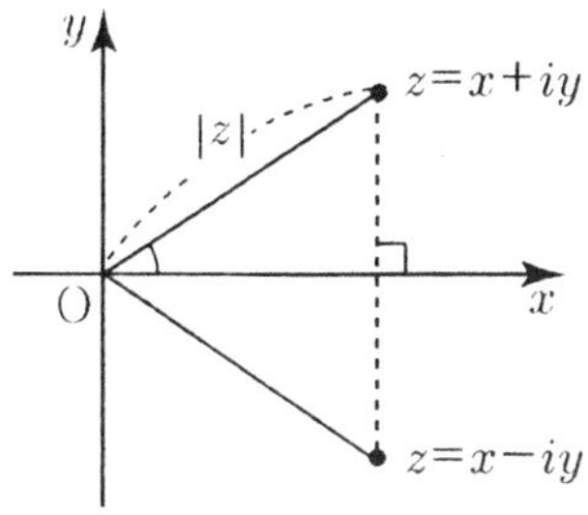

그림 4.33.

(5) $z = \bar{z}$**일 필요충분조건은** z**가 실수이다.**

(6) $\mathrm{Re}(z) = \dfrac{z+\bar{z}}{2}$이고 $\mathrm{Im}(z) = \dfrac{z-\bar{z}}{2}$

(7) $\bar{\bar{z}} = z$

증명. 연습문제로 남기기로 한다. ∎

정리 4.4.6 (1) $|zw| = |z||w|$

(2) $w \neq 0$이면 $\left|\dfrac{z}{w}\right| = \dfrac{|z|}{|w|}$이다.

(3) $-|z| \leq \mathrm{Re}(z) \leq |z|$이고 $-|z| \leq \mathrm{Im}(z) \leq |z|$이다. 또, $|\mathrm{Re}(z)| \leq |z|$이고 $|\mathrm{Im}(z)| \leq |z|$이다.

(4) $|\bar{z}| = |z|$

(5) $|z+w| \leq |z| + |w|$ (삼각부등식)

(6) $|z-w| \geq \big||z| - |w|\big|$

증명. (1), (2)와 (4)에 대한 증명은 연습문제로 남기로 (3), (5), (6)만 증명하기로 한다.

(3) 실수 x, y에 대하여

$$(4.21) \qquad -\sqrt{x^2+y^2} \le x \le \sqrt{x^2+y^2}, \qquad |x| \le \sqrt{x^2+y^2}$$

$$(4.22) \qquad -\sqrt{x^2+y^2} \le y \le \sqrt{x^2+y^2}, \qquad |y| \le \sqrt{x^2+y^2}$$

이 성립한다. $z = x + iy$로 놓으면 $|z| = \sqrt{x^2+y^2}$이고 또 $\mathrm{Re}(z) = x$, $\mathrm{Im}(z) = y$이다. 따라서 부등식 (3)은 식(4.21)와 (4.22)에 의해 성립한다.

(5) 정리 4.4.5 (6)과 정리 4.4.6 (1), (3), (4)에 의해

$$\begin{aligned}
|z+w|^2 &= (z+w)(\overline{z+w}) = (z+w)(\bar{z}+\bar{w}) \\
&= z\bar{z} + z\bar{w} + \bar{z}w + w\bar{w} \\
&= |z|^2 + (z\bar{w} + \overline{z\bar{w}}) + |w|^2 \\
&= |z|^2 + 2\mathrm{Re}(z\bar{w}) + |w|^2 \\
&\le |z|^2 + 2|z\bar{w}| + |w|^2 \\
&= |z|^2 + 2|z||w| + |w|^2 = (|z|+|w|)^2
\end{aligned}$$

(6) $z = z - w + w$이므로 위의 (5)에 의해

$$|z| = |z - w + w| \le |z - w| + |w|$$

이므로

$$(4.23) \qquad |z| - |w| \le |z - w|$$

z와 w의 역할을 바꾸면

$$(4.24) \qquad |w| - |z| \le |w - z| = |z - w|$$

따라서 식 (4.23)과 (4.24)에 의해

$$\big||z| - |w|\big| \le |z - w|$$

이 성립한다.

∎

극좌표

복소수 z가 x축의 양의 방향과 이루는 각의 크기를 z의 **편각**(argument)이라 하고 $\arg(z)$로 나타낸다. 이때 복소수 z의 편각을 $\arg(z) = \theta$라 하고, $r = |z| = \sqrt{x^2+y^2}$로 놓으면 복소수 $z = x + iy$를

$$z = r\cos\theta + ir\sin\theta = r(\cos\theta + i\sin\theta)$$

의 형태로 나타낼 수 있다. 이를 복소수의 **극좌표 표현**(polar coordinate representation)이라고 한다. 더욱이 다음 식

$$\tan\theta = \frac{y}{x}$$

이 성립한다.

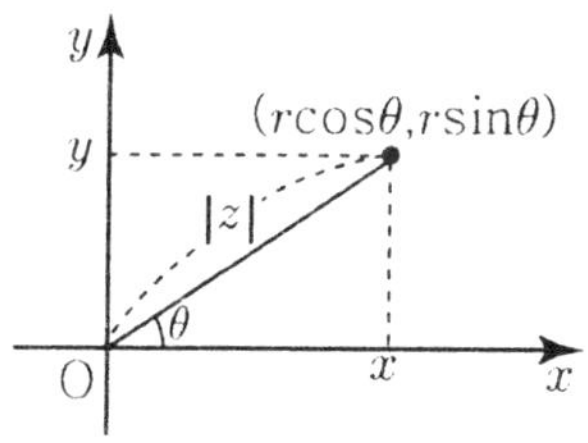

그림 4.34.

정리 4.4.7 두 복소수 z_1와 z_2에 대하여

$$|z_1 z_2| = |z_1| \cdot |z_2| \tag{4.25}$$

이고

$$\arg(z_1 z_2) = \arg(z_1) + \arg(z_2) \pmod{2\pi}. \tag{4.26}$$

이다.

증명. 식 (4.25)는 정리 4.4.6의 (1)과 같다. 식 (4.26)을 증명하기 위하여 $z_1 = r_1(\cos\theta_1 + i\sin\theta_1), z_1 = r_2(\cos\theta_2 + i\sin\theta_2)$로 놓으면 삼각함수의 덧셈정리에 의해

$$z_1 z_2 = r_1 r_2(\cos(\theta_1 + \theta_2) + i\sin(\theta_1 + \theta_2))$$

이므로

$$\arg(z_1 z_2) = \arg(z_1) + \arg(z_2) \qquad (\text{mod} \quad 2\pi)$$

이 성립한다. ∎

정리 4.4.8 (드므와브르의 공식) [6] **복소수 $z = r(\cos\theta + i\sin\theta)$에 대하여 n이 양의 정수이면**

$$z^n = r^n(\cos n\theta + i\sin n\theta)$$

증명. 수학적 귀납법과 정리 4.4.7을 이용하면 증명할 수 있다. ∎

실수 θ에 대하여 $e^{i\theta} = \cos\theta + i\sin\theta$로 정의한다. 그러면 정리 4.4.8에 의해 양의 정수 n에 대하여

$$(e^{i\theta})^n = \cos n\theta + i\sin n\theta = e^{in\theta}$$

가 성립한다. 또 $e^{i\theta_1}e^{i\theta_2} = e^{i(\theta_1+\theta_2)}$이고

$$\arg(e^{i\theta}) = \theta, \quad |e^{i\theta}| = 1$$

이다.

복소수를 이용하여 등장사상을 나타내보자. $z_0 = a + bi$가 고정된 복소수일 때 임의의 복소수 $z = x + iy$에 대하여 합은 $z + z_0 = (x + a) + (b + y)i$이므로 두 점 $z, z + z_0$을 잇는 선분과 원점 O와 z_0을 잇는 선분은 평행하고 길이가 같다. 따라서 다음 도움정리가 성립한다.

---

[6] A. De Moivre (1667-1754); 프랑스 태생의 영국의 수학자

도움정리 4.4.9 고정된 복소수 $z_0 \in \mathbb{C}$에 대하여

$$f(z) = z + z_0 \tag{4.27}$$

은 유클리드 평면에서 평행이동을 나타낸다. 역으로 임의의 유클리드 평행이동은 적당한 복소수 z_0에 대하여 함수식 (4.27)로 나타낼 수 있다.

도움정리 4.4.10 실수 θ와 복소수 z_0에 대하여

$$f(z) = e^{i\theta}(z - z_0) + z_0 \tag{4.28}$$

는 회전이동 $R_{z_0,\theta}$를 나타낸다.

증명. $|e^{i\theta}| = 1$이므로 정리 4.4.7에 의해 함수 $z \mapsto e^{i\theta}z$는 원점을 중심으로 각 θ만큼의 회전이동 $R_{\mathrm{O},\theta} = R_\theta$를 나타낸다. 따라서 $f(z) = e^{i\theta}(z-z_0)+z_0$은 평행이동 $z \mapsto z-z_0$과 회전이동 $z \mapsto e^{i\theta}z$ 그리고 평행이동 $z \mapsto z+z_0$의 합성사상이므로 각 θ만큼의 회전이동을 나타낸다. 더욱이 $f(z_0) = e^{i\theta}(z_0-z_0)+z_0 = z_0$이므로 $f = R_{z_0,\theta}$이다. ∎

복소수 z에 켤레복소수 $\bar{z}$를 대응시키는 함수 $f(z) = \bar{z}$는 x축에 대한 반사사상 ρ_x를 나타낸다. 또 l이 원점을 지나고 기울기가 $\tan\theta$인 직선이면

$$R_{\mathrm{O},\theta} \circ \rho_x \circ R_{\mathrm{O},-\theta} = \rho_l$$

이다.
이를 복소수로 나타내면 $R_{\mathrm{O},\theta}(z) = e^{i\theta}z$이고 $R_{\mathrm{O},-\theta}(z) = e^{-i\theta}z$이므로

$$\begin{aligned} R_{\mathrm{O},\theta} \circ \rho_x \circ R_{\mathrm{O},-\theta}(z) &= R_{\mathrm{O},\theta}\left(\overline{e^{-i\theta}z}\right) \\ &= e^{i\theta}\overline{e^{-i\theta}z} = e^{2i\theta}\bar{z} \end{aligned} \tag{4.29}$$

일반적으로 다음 도움정리가 성립한다.

도움정리 4.4.11 직선 l의 기울기가 $\tan\theta$이고 $z_0 \in l$이면

$$f(z) = e^{2i\theta}\overline{(z - z_0)} + z_0 \tag{4.30}$$

는 직선 l에 대한 반사사상이다. 즉 $f = \rho_l$이다.

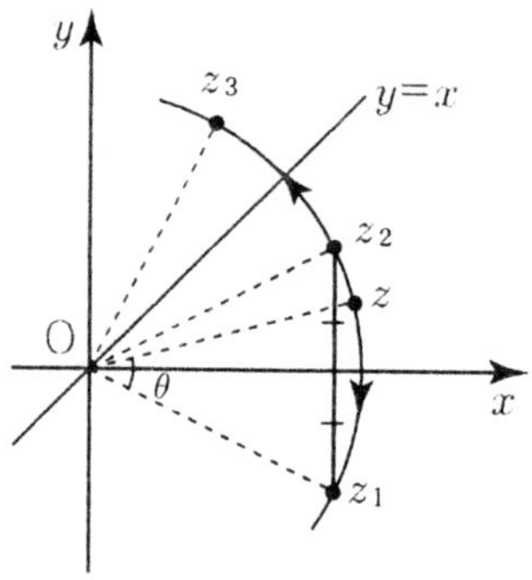

그림 4.35.

증명. 원점을 지나고 직선 l과 평행한 직선을 m이라 하고 τ를 $\tau(z) = z + z_0$이라고 하자. 정리 3.2.17에 의해 $\tau \circ \rho_m \circ \tau^{-1}$은 이동반사사상(glide reflection)이다. 더욱이 임의의 $z \in l$에 대하여 $\tau \circ \rho_m \circ \tau^{-1}(z) = z$이므로

$$\tau \circ \rho_m \circ \tau^{-1} = \rho_l$$

이다. 식 (4.29)로부터

$$\begin{aligned} \tau \circ \rho_m \circ \tau^{-1}(z) &= \tau \circ \rho_m(z - z_0) = \tau\left(e^{2i\theta}\overline{(z - z_0)}\right) \\ &= e^{2i\theta}\overline{(z - z_0)} + z_0 \end{aligned}$$

그러므로

$$f = \tau \circ \rho_m \circ \tau^{-1} = \rho_l$$

∎

정리 3.2.20과 도움정리 4.4.9, 도움정리 4.4.10, 도움정리 4.4.11에 의해 다음 정리가 성립한다.

정리 4.4.12 유클리드 등장사상은

(4.31) $$f(z) = e^{i\theta} z + z_0 \quad \text{또는} \quad f(z) = e^{i\theta}\overline{z} + z_0$$

의 형태로 나타낼 수 있다. 역으로 (4.31) 형태의 함수는 모두 유클리드 등장사상이다.

다음에는 쌍곡반평면에서 정의된 쌍곡등장사상에 대한 복소수표현에 대하여 알아보자.

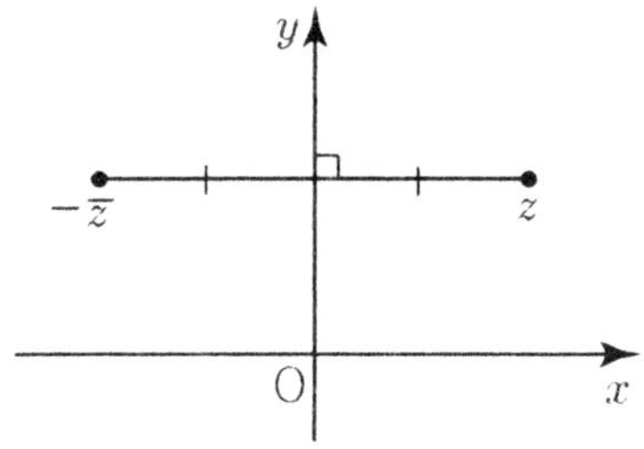

그림 4.36.

정리 4.1.13과 정리 4.1.14에 의해 쌍곡반평면에서 수평평행이동(horizontal translation)과 쌍곡 S-직선에 대한 반사사상은 쌍곡등장사상이다. 이 쌍곡등장사상을 복소수로 나타내면 실수 c에 대하여

$$f(z) = z + c \quad \text{또는} \quad f(z) = -\bar{z} + c$$

이다.

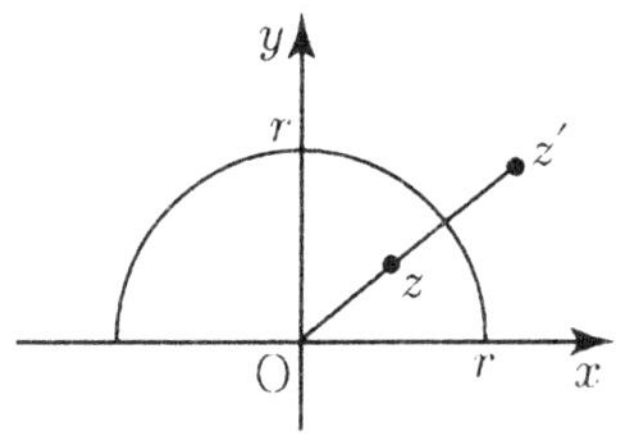

그림 4.37.

한편, 중심이 원점 O이고 반지름의 길이가 r인 원에 대한 반전사상 $I_{O,r}$를 복소수로 나타내보자.

$I_{O,r}(z) = z'$이라고 하면

$$\arg(z') = \arg(z), \quad |z||z'| = r^2 \tag{4.32}$$

이고 또 복소수 $\dfrac{r^2}{\bar{z}}$이 조건 (4.32)를 만족시키므로

$$z' = I_{O,r}(z) = \frac{r^2}{\bar{z}}$$

임을 알 수 있다. 또, A$(a,0)$이 x축 위의 임의의 점이면 연습문제 10에 의해

$$I_{\mathrm{A},r} = \tau_{\mathrm{OA}} \circ I_{\mathrm{O},r} \circ \tau_{\mathrm{AO}}$$

이므로

$$\begin{aligned} I_{\mathrm{A},r}(z) &= \tau_{\mathrm{OA}} \circ I_{\mathrm{O},r} \circ \tau_{\mathrm{AO}}(z) \\ &= \tau_{\mathrm{OA}} \circ I_{\mathrm{O},r}(z-a) \\ &= \tau_{\mathrm{OA}}\left(\frac{r^2}{\overline{z-a}}\right) \\ &= \frac{r^2}{\overline{z}-a} + a \end{aligned}$$

이다.

정리 4.4.13 쌍곡등장사상을 복소함수로 나타내면

(4.33) $$f(z) = \frac{ax+b}{cz+d} \quad \text{또는} \quad f(z) = \frac{a(-\overline{z})+b}{c(-\overline{z})+d}$$

이다. 여기서 a,b,c,d는 실수이고 $ad-bc>0$이다.

증명. 수평평행이동은 $z \mapsto z+c$ (단, c는 실수)이므로

$$z+c = f(z) = \frac{1\cdot z+c}{0\cdot z+1}$$

로 나타낼 수 있다. 또 쌍곡 S-직선에 대한 반사사상은 $z \mapsto -\overline{z}+c$ (단, c는 실수)이므로

$$-\overline{z}+c = f(z) = \frac{1\cdot(-\overline{z})+c}{0\cdot -\overline{z}+1}$$

로 나타낼 수 있다.

중심이 A$(a,0)$이고 반지름의 길이가 r인 유클리드 원에 대한 반전사상은

$$I_{\mathrm{A},r}(z) = \frac{r^2}{\overline{z}-a} + a$$

이므로

$$\frac{r^2}{\overline{z}-a} + a = \frac{a\overline{z}+r^2-a^2}{\overline{z}-a} = \frac{-a(-\overline{z})+(r^2-a^2)}{-(-\overline{z})-a}$$

로 나타낼 수 있다. 특히 $(-a)(-a)+(r^2-a^2)=r^2>0$이다.

한편, f와 g가 식 (4.33) 형태의 쌍곡등장사상이면 그 합성 $f\circ g$와 $g\circ f$도 (4.33)의 형태를 갖는다. 이를테면

$$f(z)=\frac{az+b}{cz+d},\quad g(z)=\frac{a'(-\overline{z}+b'}{c'(-\overline{z})+d'}$$

이면

$$\begin{aligned} f\circ g(z) &= \frac{a\left(\dfrac{a'(-\overline{z})+b'}{c'(-\overline{z})+d'}\right)+b}{c\left(\dfrac{a'(-\overline{z})+b'}{c'(-\overline{z})+d'}\right)+d} \\ &= \frac{(aa'+bc')(-\overline{z})+(ab'+bd')}{(ca'+dc')(-\overline{z})+(cb'+dd')} \end{aligned}$$

이고 계수에 대하여

$$\begin{aligned} &(aa'+bc')(cb'+dd')-(ab'+bd')(ca'+dc') \\ &= aa'dd'+bc'b'c-ab'dc'-bd'ca' \\ &= (ad-bc)(a'd'-b'c')>0 \end{aligned}$$

이 성립한다. 나머지 경우에도 비슷한 방법으로 보일 수 있다.

역으로, 함수 $f(z)$가 $f(z)=\dfrac{az+b}{cz+d}$라고 하자. $c=0$이면 $f(z)$는 수평평행이동을 나타내므로 쌍곡등장사상이다. $c\neq 0$일 때 $c>0$이라고 가정하고 식을 변형시키면

$$f(z)=-\overline{\left\{\frac{\dfrac{(ad-bc)}{c^2}}{\overline{z}-\left(-\dfrac{d}{c}\right)}+\left(-\frac{d}{c}\right)\right\}}+\frac{a-d}{c}$$

로 나타낼 수 있으므로 $f(z)$는 반전사상 $I_{(-\frac{d}{c},0),\frac{\sqrt{ad-bc}}{c}}$와 밑점이 $\left(\dfrac{a-d}{c},0\right)$인 쌍곡 S-직선에 대한 반사사상 ρ를 합성한 함수이다. 따라서 $c\neq 0$일 때도 $f(z)=\dfrac{az+b}{cz+d}$는 쌍곡등장사상이다.

만일 함수 $f(z)$가 $f(z) = \dfrac{a(-\overline{z})+b}{c(-\overline{z})+d}$이고 $c>0$이면

$$f(z) = \frac{\frac{ad-bc}{c^2}}{\overline{z}-\frac{d}{c}} + \frac{d}{c} + \frac{a-d}{c}$$

로 변형시킬 수 있다. $ad-bc>0$이므로 $f(z)$는 반전사상과 수평평행이동의 합성사상이다. 따라서 $f(z)$는 쌍곡등장사상이다. ∎

복소평면에서

$$f(z) = \frac{az+b}{cz+d} \quad (\text{단, } a,b,c,d\text{는 실수이고 } ad-bc>0)$$

과 같은 형태의 변환을 **뫼비우스 변환**(Möbius transformation)이라고 한다. 유클리드 등장사상이나 쌍곡등장사상을 뫼비우스 변환으로 나타낼 수 있기 때문에 기하학에서 뫼비우수 변환은 매우 중요하다.

뫼비우수 변환에 대하여 다음 성질이 성립한다.

$$\frac{az+b}{cz+d} \circ \frac{a'z+b'}{c'z+d'} = \frac{(aa'+bc')z+(ab'+bd')}{(ca'+dc')z+(cb'+dd')}$$

따라서

$$\begin{aligned}\frac{az+b}{cz+d} \circ \frac{dz-b}{-cz+a} &= \frac{dz-b}{-cz+a} \circ \frac{az+b}{cz+d} \\ &= \frac{(ad-bc)z+0}{0\cdot z+(ad-bc)} = z\end{aligned}$$

이므로 $f(z) = \dfrac{az+b}{cz+d}$일 때 f에 대한 역사상 f^{-1}이 존재하고

$$f^{-1}(z) = \frac{dz-b}{-cz+a}$$

이다.

연습문제

1. $\mathrm{P}(x_1, y_1), \mathrm{Q}(x_2, y_2)$ (단, $x_1 \neq x_2, 0 < y_1 < y_2$)일 때, 두 점 P, Q를 지나고 x축과 수직인 원의 중심의 좌표와 반지름의 길이를 구하여라.

(**도움말:** 중심의 좌표를 $(c, 0)$으로 놓으면 $(x_1 - c)^2 + y_1^2 = (x_2 - c)^2 + y_2^2$이다.)

2. 쌍곡반평면 $\mathbb{H}^2$에서 두 점 $\mathrm{P}(0,1)$, $\mathrm{Q}\left(0, \frac{1}{n}\right)$ (단, n은 자연수) 사이의 쌍곡거리 $d(\mathrm{P}, \mathrm{Q})$를 구하여라.

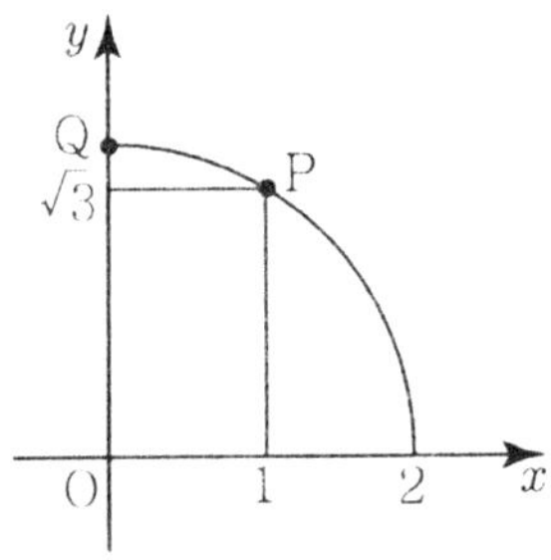

그림 4.38.

3. 쌍곡반평면 $\mathbb{H}^2$에서 두 점 $\mathrm{P}(1, \sqrt{3})$, $\mathrm{Q}\,(0,2)$ 사이의 쌍곡거리 $d(\mathrm{P}, \mathrm{Q})$를 구하여라.

(**도움말:** 그림 4.38에서 두 점 P, Q를 지나고 x축과 직교하는 원의 방정식은 $x^2 + y^2 = 4$이고 선분 OP, OQ가 x축의 양의 방향과 이루는 각의 크기는 각각 $\frac{\pi}{3}, \frac{\pi}{2}$이다.)

4. 쌍곡반평면 $\mathbb{H}^2$에서 두 점 $\mathrm{A}(0,1)$, $\mathrm{B}\,(1,2)$를 잇는 유클리드 선분의 쌍곡길이를 구하여라.

(**도움말:** 두 점 A, B를 잇는 유클리드 선분은 곡선 $\alpha(t) = (t, t+1),\ 0 \leq t \leq 1$으로 나타낼 수 있으므로 $L(\alpha) = \int_0^1 \frac{\sqrt{2}}{(t+1)^2}\, dt$이다.)

5. 중심이 C$(c, 0)$이고 반지름의 길이가 r인 원에 대한 반전사상 $I_{C,r}$는

$$I_{C,r}(x,y) = \left(\frac{r^2(x-c)}{(x-c)^2+y^2} + c, \frac{r^2 y}{(x-c)^2+y^2}\right)$$

임을 증명하여라.

(**도움말:** $I_{C,r}(x,y) = (\tilde{x}, \tilde{y})$로 놓으면 $\tilde{x} - c = k(x-c)$, $\tilde{y} = ky$인 실수 k가 존재한다.
$\overline{CP} \cdot \overline{CP'} = r^2$이므로 $k\left[(x-c)^2+y^2\right] = r^2$에서 $k = \dfrac{r^2}{(x-c)^2+y^2}$이다.)

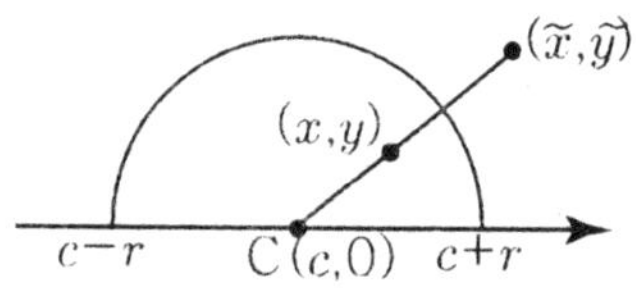

그림 4.39.

6. 곡선 $\alpha(t) = (a + s\cos t, s\sin t)$와 반전사상 $I_{O,r}$에 대하여
$\beta(t) = I_{O,r} \circ \alpha(t) = (\tilde{x}(t), \tilde{y}(t))$일 때,

$$\sqrt{\tilde{x}'(t)^2 + \tilde{y}'(t)^2} = \frac{r^2 s}{a^2+s^2+2as\cos t}$$

임을 증명하여라.

(**도움말:** 항등식 $(a^2+s^2)^2 + 4as(a^2+s^2)\cos t + 4a^2s^2\cos^2 t = (a^2 + s^2 + 2as\cos t)^2$을 이용하여라.)

7. (극좌표) 점 C$(c, 0)$을 중심으로 하는 극좌표 (r, θ)를 도입하면 임의의 점 $(x, y) \in \mathbb{H}^2$는

$$\begin{aligned} x &= c + r\cos\theta \\ y &= r\sin\theta \end{aligned}$$

로 나타낼 수 있다. 다음 물음에 답하여라.

(1) 각 θ에 대한 도함수는

$$\begin{aligned}\frac{dx}{d\theta} &= \frac{dr}{d\theta}\cos\theta - r\sin\theta = r'\cos\theta - r\sin\theta \\ \frac{dy}{d\theta} &= \frac{dr}{d\theta}\sin\theta + r\cos\theta = r'\sin\theta + r\cos\theta\end{aligned}$$

임을 증명하여라.

(2) 극좌표를 이용하면 곡선 α를

$$r = f(\theta),\ \ \theta_1 \le \theta \le \theta_2$$

로 나타낼 수 있다. 이때

$$L(\alpha) = \int_{\theta_1}^{\theta_2} \frac{\sqrt{f'(\theta)^2 + f(\theta)^2}}{r\sin\theta\, d\theta}$$

임을 보여라.

(**도움말:** (1)에 의해 $x'(\theta)^2 + y'(\theta)^2 = r'^2 + r^2 = f'(\theta)^2 + f(\theta)^2$이다.)

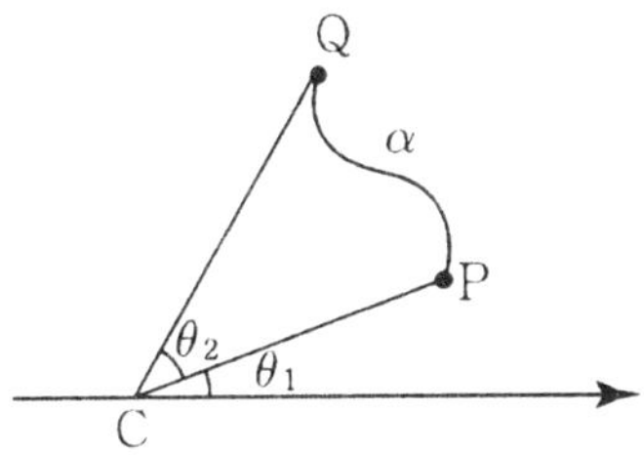

그림 4.40.

(3) 중심이 $\mathrm{C}(c, 0)$이고 반지름의 길이가 s인 원에 대한 반전사상을 $I_{\mathrm{C},s}$라 하고 곡선 α를 극좌표 $r = f(\theta)$, $\theta_1 \le \theta \le \theta_2$로 나타내자. 이때 곡선 $\beta := I_{\mathrm{C},s} \circ \alpha$를 극좌표로 나타내면

$$r = \frac{s^2}{f(\theta)},\ \ \theta_1 \le \theta \le \theta_2$$

임을 증명하여라.

(**도움말:** 점 P의 극좌표를 (r, θ), $I_{\mathrm{C},s}(P) = \widetilde{\mathrm{P}}$의 극좌표를 $(\tilde{r}, \tilde{\theta})$라고 하면 $\tilde{\theta} = \theta$이고 $r \cdot \tilde{r} = s^2$이므로 $\tilde{r} = \dfrac{s^2}{r} = \dfrac{s^2}{f(\theta)}$이다.)

(4) 곡선 $\beta := I_{\mathrm{C},s} \circ \alpha$에 대하여 $L(\alpha) = L(\beta)$임을 보이고 이는 정리 4.1.12의 일반적인 경우에 대한 증명임을 확인하여라.

(**도움말:** (3)에 의해 $\beta : \tilde{r} = \dfrac{s^2}{f(\theta)}$이므로

$$\begin{aligned} L(\beta) &= \int_{\theta_1}^{\theta_2} \frac{\sqrt{\tilde{r}'^2 + \tilde{r}^2}}{\tilde{r}\sin\theta}\, d\theta = \int_{\theta_1}^{\theta_2} \frac{\sqrt{\left(-\frac{s^2 f'}{f^2}\right)^2 + \left(\frac{s^2}{f}\right)^2}}{\frac{s^2 \sin\theta}{f^2}}\, d\theta \\ &= \int_{\theta_1}^{\theta_2} \frac{\sqrt{r'^2 + r^2}}{r\sin\theta}\, d\theta = L(\alpha) \end{aligned}$$

이다.)

8. 두 점 $\mathrm{A}, \mathrm{B} \in \mathbb{H}^2$에 대하여 직선 $\overleftrightarrow{\mathrm{AB}}$가 x축과 수직이라고 하자. 이때 선분 AB만큼의 평행이동 τ_{AB}는 쌍곡등장사상이 아님을 보여라.

(**도움말:** $\mathrm{A}(x_1, y_1)$, $\mathrm{B}(x_2, y_2)$ (단, $0 < y_1 < y_2$)일 때, 두 점 $\mathrm{P}(0, y_2 - y_1)$, $\mathrm{Q}(0, 2(y_2 - y_1))$을 생각하여라.)

9. 직선 l의 방정식이 $y = a$ (단, $a > 0$)일 때, 직선 l에 대한 반사사상 ρ_l은 쌍곡등장사상이 아님을 보여라.

(**도움말:** 두 점 $\mathrm{P}\left(0, \dfrac{a}{4}\right)$, $\mathrm{Q}\left(0, \dfrac{a}{2}\right)$를 생각하여라.)

10. 중심이 $\mathrm{C}(c, 0)$이고 반지름의 길이가 r인 원에 대한 반전사상 $I_{\mathrm{C},r}$에 대하여

$$I_{\mathrm{C},r} = \tau_{\mathrm{OC}} \circ I_{\mathrm{O},r} \circ \tau_{\mathrm{CO}}$$

임을 증명하여라. 여기서 O는 원점을 나타낸다.

(**도움말:** 연습문제 5를 이용하여라.)

11. 유클리드 중심이 $(2, 5)$이고 유클리드 반지름의 길이가 3인 원을 쌍곡원으로 생각할 때 쌍곡원의 중심과 쌍곡반지름의 길이를 각각 구하여라.

(**도움말:** 정리 4.1.18를 이용하여라.)

12. 쌍곡반평면 $\mathbb{H}^2$의 세 점 A, B, C가

$$A(0, 2\sqrt{3}),\quad B(1, \sqrt{7}),\quad C(0, 2\sqrt{2})$$

일 때 ∠BAC를 구하여라.

(**도움말:** 두 점 A, B를 지나고 x축과 직교하는 원의 중심은 $(-2, 0)$임을 보이고 정리 4.2.3을 이용하여라.)

13. 양의 y축과 쌍곡 S-직선 $x = 1$ 및 두 직선 $y = 1$, $y = k$에 의해 둘러싸인 부분의 쌍곡넓이가 S일 때, k의 값을 구하여라. (단, $0 < k < 1$)

14. 쌍곡삼각형 △ABC에서

$$\angle A = 45^\circ,\quad \angle B = 75^\circ,\quad \angle C = 30^\circ$$

일 때, △ABC의 쌍곡넓이를 구하여라.

15. A, B가 x축 위의 두 점이고 C가 $\mathbb{H}^2$의 점일 때, 삼각형 △ABC를 이중 점근삼각형(doubly asymptotic triangle)이라고 한다. 또한 세 점 A, B, C가 모두 x축 위의 점일 때 삼각형 $\triangle ABC \subset \mathbb{H}^2$를 삼중 점근삼각형(triply asymptotic triangle)이라고 한다([1] 참고).

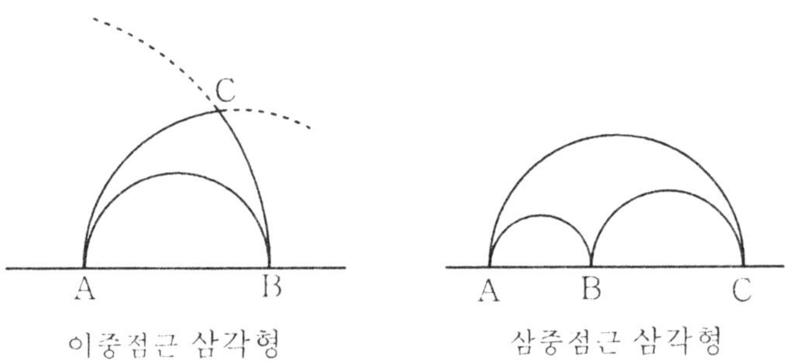

그림 4.41.

이때 다음 물음에 답하여라.

(1) 원 $x^2 + y^2 = r^2$ 위의 점 C와 D$(r, 0)$에서 방사되는 쌍곡 S-직선과 쌍곡 선분(유클리드 호) CD에 의해 만들어지는 띠영역을 R라고 하자. 선분

OC와 양의 x축이 이루는 각이 θ일 때

$$A_h(R) = area(R) = \pi - \theta$$

임을 증명하여라. (**도움말:** 도움정리 4.2.12에서 $\delta = 0$인 경우이다.)

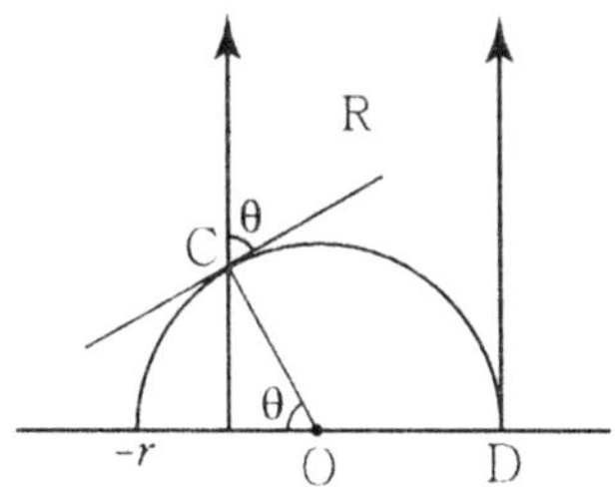

그림 4.42.

(2) 두 점 A, B가 x축 위의 점인 이중 점근삼각형 $\triangle ABC$에서 $\angle ACB = \theta$일 때,

$$A_h(ABC) = area(\triangle ABC) = \pi - \theta$$

임을 증명하여라. (**도움말:** 점 C를 지나고 x축과 직교하는 원에 대한 반전사상을 이용하면 정리 2.3.9에 의해 삼각형 $\triangle ABC$를 위의 (1)과 같은 형태의 띠영역 R로 사상시킬 수 있다. 또한 정리 4.1.12로부터 삼각형 $\triangle ABC$와 띠영역 R의 넓이는 같다.)

(3) 세 점 A, B, C가 x축 위의 점인 삼중 점근삼각형일 때,

$$A_h(ABC) = area(\triangle ABC) = \pi$$

임을 증명하여라.

16. 정리 4.3.1의 나머지 증명을 완성하여라.

17. 정리 4.3.4를 증명하여라.

18. 정리 4.3.5의 나머지 부분을 증명하여라.

19. $\triangle$ABC가 쌍곡 정삼각형이고 $d(\mathrm{B},\mathrm{C}) = a$, $\angle \mathrm{A} = \alpha$일 때,

$$2\cosh\frac{a}{2}\sin\frac{\alpha}{2} = 1$$

임을 증명하여라.

(**도움말:** 항등식 $2\cosh^2\frac{a}{2} = \cosh a + 1$과 정리 4.3.5, (2)를 이용하여라.)

20. 정리 4.4.5를 증명하여라.

21. 정리 4.4.6의 (1), (2), (4)를 증명하여라.

22. 좌표평면에서 점 $(0,1)$을 중심으로 $\theta = \frac{\pi}{2}$만큼의 회전이동을 복소수를 이용하여 나타내어라.

(**도움말:** 도움정리 4.4.10을 이용하여라.)

23. 직선 $y = x - 2$에 대한 반사사상을 ρ라 하고, 직선 $x = 5$에 대한 반사사상을 σ라고 할 때 합성사상 $\rho \circ \sigma$를 복소수를 이용하여 나타내어라.

(**도움말:** 도움정리 4.4.11을 이용하여라.)

24. $\mathrm{B}(-1,0), \mathrm{O}(0,0)$일 때 복소수를 이용하여 쌍곡등장사상 $f = I_{\mathrm{B},4} \circ I_{\mathrm{O},2}$를 구하여라.

(**도움말:** $I_{\mathrm{O},2}(z) = \frac{4}{\bar{z}}$이고 $I_{\mathrm{B},4} = \tau_{\mathrm{BO}} \circ I_{\mathrm{O},4} \circ \tau_{\mathrm{BO}}$이다.)

25. 뫼비우스 변환 $f(z) = \dfrac{2z+3}{z+4}$를 반전사상과 반사사상의 합성사상으로 나타내어라.

(**도움말:** 정리 4.4.13의 증명으로부터

$$f(z) = -\overline{\left\{\frac{5}{\bar{z} - (-4)} - 4\right\}} - 2 = \rho \circ I_{(-4,0),\sqrt{5}}$$

여기서 $\rho(z) = -\bar{z} - 2$이다.)

제 5 장

타원기하학

유클리드의 평행공리를 부정하여 얻은 쌍곡공리를 새로운 공리로 받아들여 이로부터 쌍곡기하학을 얻은 것과 마찬가지로 평행공리의 불능을 생각할 수 있다. 즉, 임의의 직선 l과 l 위에 있지 않은 점 P에 대하여 점 P를 지나는 임의의 직선은 직선 l과 항상 만난다는 사실을 공리로 택한 기하학을 구면기하학(spherical geometry) 또는 타원기하학(elliptic geometry)이라고 한다. 타원기하학의 모형으로는 좌표공간의 한 정점으로부터 같은 거리에 있는 점의 집합인 구(sphere)를 생각할 수 있다. 이때 정점을 구의 중심, 같은 거리를 구의 반지름의 길이라고 한다. 구에서 중심을 지나는 평면과 구의 교선을 직선으로 정의하면 평행공리의 불능이 성립함을 알 수 있다.

5.1 측지선

세 실수의 순서쌍으로 이루어진 집합을 좌표공간이라 하고 기호 $\mathbb{R}^3$로 나타낸다. 즉

$$\mathbb{R}^3 = \{(x,y,z) \mid x,\ y,\ z \in \mathbb{R}\}$$

좌표공간 $\mathbb{R}^3$의 점 P는 원점 O(0,0,0)에서 점 P까지의 위치벡터 $\overrightarrow{\mathrm{OP}}$로 간주할 수 있다. 즉, 점 P의 좌표가 (a,b,c)일 때 벡터 $\overrightarrow{\mathrm{OP}}$는 $\overrightarrow{\mathrm{OP}} = (a,b,c)$이다. 경우에 따라 좌표공간 $\mathbb{R}^3$의 벡터를 $\mathbf{v}$, $\mathbf{w}, \cdots$와 같이 굵은 소문자로 나타내기도 한다. 즉 $\mathbf{v} = (v_1, v_2, v_3)$가 좌표공간 $\mathbb{R}^3$의 벡터이면 점 $\mathrm{P} \in \mathbb{R}^3$의 좌표가

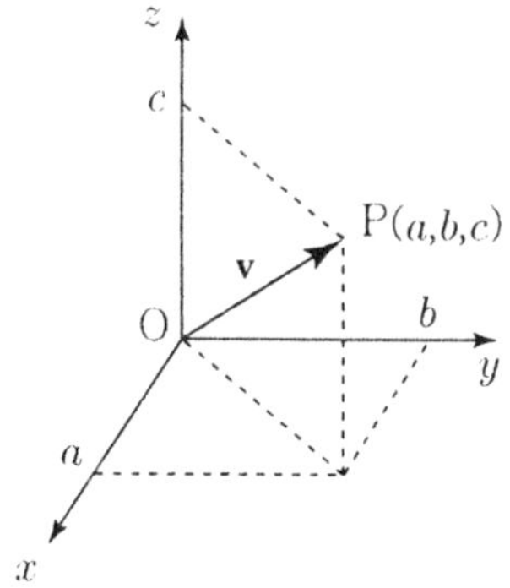

그림 5.1.

(v_1, v_2, v_3)일 때 $\mathbf{v} = \overrightarrow{\mathrm{OP}}$라고 할 수 있다.

정의 5.1.1 좌표공간 $\mathbb{R}^3$에서 원점 O(0,0,0)로부터 거리가 ρ인 점의 집합을 중심이 O(0,0,0)이고 반지름의 길이가 ρ인 **구** 또는 **구면**(sphere of radius ρ and centered at O)라고 하고, 기호 $S^2(\rho)$로 나타낸다. 즉,

$$S^2(\rho) = \{(x, y, z) \in \mathbb{R}^3 \mid x^2 + y^2 + z^2 = \rho^2\}$$

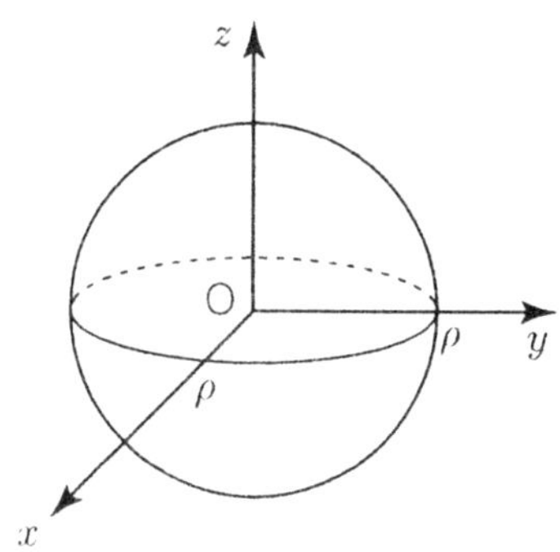

그림 5.2.

좌표공간 $\mathbb{R}^3$과 구 $S^2(\rho)$에 속하는 점을 나타내는 방법으로 직교좌표인 (x, y, z)와 구면좌표가 있다. ρ는 구의 반지름의 길이이고 임의의 점 $\mathrm{P}(x, y, z) \in S^2(\rho)$에 대하여 양의 z축과 선분 OP가 이루는 각의 크기를 φ라 하자.

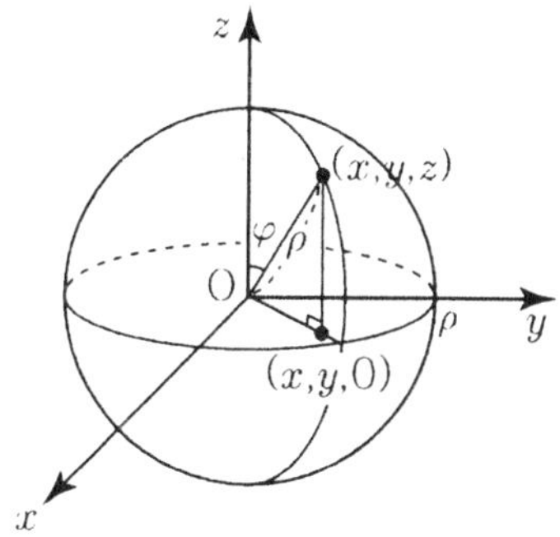

그림 5.3.

또, 점 P를 xy평면에 정사영시킨 점을 P′이라 할 때, 점 P′과 양의 x축이 이루는 각의 크기를 θ라고 하면 구면좌표 (ρ, φ, θ)와 직교좌표 (x, y, z) 사이에는 다음과 같은 관계식이 성립한다:

$$
\begin{aligned}
x &= \rho \sin\varphi \cos\theta \\
y &= \rho \sin\varphi \sin\theta \\
z &= \rho \cos\varphi
\end{aligned}
$$

정의 5.1.2 **좌표공간** $\mathbb{R}^3$**에서 원점** O(0, 0, 0)**을 지나는 평면과 구** $S^2(\rho)$**의 교선을 대원**(*great circle*)**이라고 한다.**

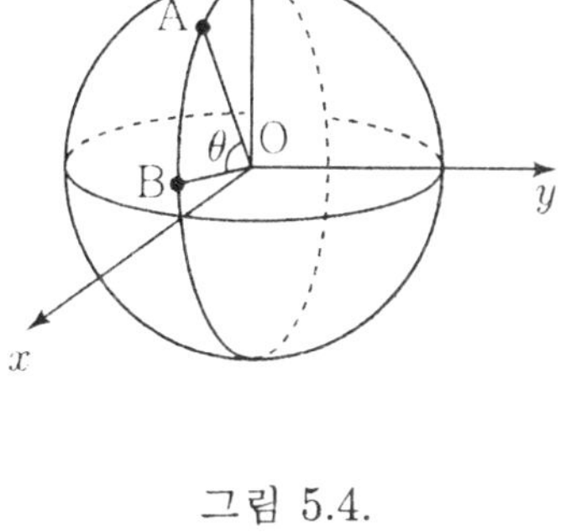

그림 5.4.

구 $S^2(\rho)$ 위의 두 점 A, B에 대하여 각 ∠AOB에 의해 만들어지는 호 AB는 세

점 A, B, O를 지나는 평면과의 교선에 의해 생기는 대원의 선분을 나타낸다. 이때 호 AB의 길이는

$$length(\text{호AB}) = \rho\angle \mathrm{AOB}$$

이다. 보통 호 AB의 길이를 |AB|로 나타낸다.
유클리드 평면에서 두 점 A와 B를 잇는 곡선 중에서 길이가 최소인 것은 선분 AB임을 직관적으로 알 수 있다. 이와 같은 개념을 쌍곡평면이나 다른 기하체계에서도 생각할 수 있고, 따라서 두 점을 잇는 곡선 중에서 길이가 최소가 되는 것을 구하는 것은 매우 중요하다. 두 점을 잇는 곡선 중에서 길이가 최소인 곡선을 보통 측지선(geodesic)이라고 한다. 좌표공간이나 구 $S^2(\rho)$ 위의 곡선의 길이는 속력을 적분한 것으로 정의한다.
$\alpha : [a,b] \to S^2(\rho)$, $\alpha(t) = (x(t), y(t), z(t))$가 구 $S^2(\rho)$의 매개곡선일 때, 곡선 α의 길이 $L(\alpha)$는

$$L(\alpha) = \int_a^b \sqrt{x'(t)^2 + y'(t)^2 + z'(t)^2}\, dt$$

로 정의한다.
다음 정리에 의하면 구에서 임의의 두 점을 잇는 선분 중에서 길이가 최소인 것은 대원에 의해 주어지는 선분이다.

정리 5.1.3 구 $S^2(\rho)$ 위의 두 점을 잇는 선분 중에서 길이가 최소인 것은 대원에 의해 주어지는 호이다.

증명. $\alpha : [a,b] \to S^2(\rho)$, $\alpha(t) = (x(t), y(t), z(t))$를 $\alpha(a) = A, \alpha(b) = B$인 임의의 매개곡선이라고 하면

$$L(\alpha) = \int_a^b \sqrt{x'(t)^2 + y'(t)^2 + z'(t)^2}\, dt \tag{5.1}$$

이다. 구면좌표를 이용하여 식 (5.1)을 나타내보자.

$$\begin{aligned} x(t) &= \rho \sin\varphi(t)\cos\theta(t) \\ y(t) &= \rho \sin\varphi(t)\sin\theta(t) \\ z(t) &= \rho\cos\varphi(t) \end{aligned}$$

로 놓으면

$$\begin{aligned} x'(t) &= \rho\left(\cos\varphi(t)\cos\theta(t)\varphi'(t) - \sin\varphi(t)\sin\theta(t)\theta'(t)\right) \\ y'(t) &= \rho\left(\cos\varphi(t)\sin\theta(t)\varphi'(t) + \sin\varphi(t)\cos\theta(t)\theta'(t)\right) \\ z'(t) &= -\rho\sin\varphi(t)\varphi'(t) \end{aligned}$$

이를 식 (5.1)에 대입하면

$$\begin{aligned} L(\alpha) &= \int_a^b \rho\sqrt{\varphi'(t)^2 + \sin^2\varphi(t)\theta'(t)^2}\,dt \\ &\geq \int_a^b \rho\varphi'(t)\,dt \\ &= \rho(\varphi(b) - \varphi(a)) \\ &= \rho\angle\mathrm{AOB} = length(\text{호}\mathrm{AB}) \end{aligned}$$

여기서 등호가 성립할 필요충분조건은 모든 t에 대하여

$$\theta'(t) = 0 \quad \text{또는} \quad \sin^2\varphi(t) = 0$$

이고 이는 α가 호 AB를 나타내는 곡선임을 나타낸다. ∎

구 $S^2(\rho)$에서 임의의 두 점을 잇는 선분은 대원의 호를 나타내므로 대원은 구

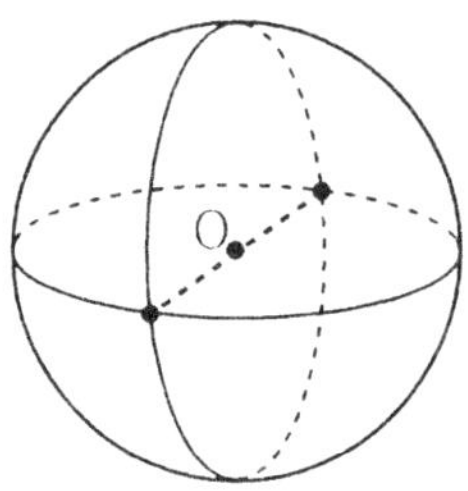

그림 5.5.

$S^2(\rho)$의 직선을 나타낸다. 따라서 구 $S^2(\rho)$에서 임의의 두 대원은 항상 서로 만나므로 직선 l과 직선 l 위에 있지 않은 점 P에 대하여 점 P를 지나는 직선은 항상 직선 l과 만난다. 다시 말해서 구면기하학에서는 유클리드의 평행공리에 대하여 그 불능이 성립한다.

5.2 측지삼각형

구 $S^2(\rho)$에서 세 개의 대원에 의해 주어지는 호로 구성된 삼각형을 **구면삼각형**(spherical triangle) 또는 **측지삼각형**(geodesic triangle)이라고 한다. $\triangle$ABC를 측지삼각형이라 할 때, 대원의 일부인 호 AB, BC, CA를 삼각형 $\triangle$ABC의 변이라고 하고 A, B, C를 각각 삼각형 $\triangle$ABC의 꼭짓점이라고 한다. 또, 꼭짓점 A와 마주보고 있는 변 BC의 길이와 중심각의 크기를 각각 a, $\angle a$, 꼭짓점 B와 마주보고 있는 변 AC의 길이와 중심각의 크기를 각각 b, $\angle b$, 그리고 꼭짓점 C와 마주보고 있는 변 AB의 길이와 중심각의 크기를 c, $\angle c$라고 하면

$$\begin{aligned}\angle a &= \angle(\overrightarrow{\mathrm{OB}},\ \overrightarrow{\mathrm{OC}})\\ \angle b &= \angle(\overrightarrow{\mathrm{OC}},\ \overrightarrow{\mathrm{OA}})\\ \angle c &= \angle(\overrightarrow{\mathrm{OA}},\ \overrightarrow{\mathrm{OB}})\end{aligned}$$

이고 부채꼴의 중심각의 크기와 호의 길이의 관계에 의해

$$\begin{aligned}a &= \rho\angle a = \rho\angle(\overrightarrow{\mathrm{OB}},\ \overrightarrow{\mathrm{OC}})\\ b &= \rho\angle b = \rho\angle(\overrightarrow{\mathrm{OC}},\ \overrightarrow{\mathrm{OA}})\\ c &= \rho\angle c = \rho\angle(\overrightarrow{\mathrm{OA}},\ \overrightarrow{\mathrm{OB}})\end{aligned}$$

이다.

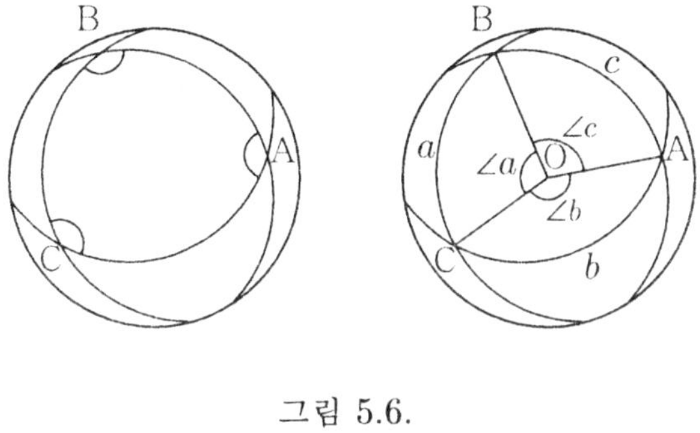

그림 5.6.

따라서 측지삼각형 $\triangle$ABC에는 변에 의해 주어지는 중심각 $\angle a$, $\angle b$, $\angle c$와 꼭짓점의 각 $\angle$A, $\angle$B, $\angle$C 여섯 개의 각이 존재하고 세 변이 존재한다.

꼭짓점의 각 $\angle A$의 크기는 다음과 같이 측정할 수 있다.

(i) 점 A에서 호 AB와 AC 사이의 각의 크기

(ii) 점 A에서 호 AB에 접하는 접벡터를 **v**, 점 A에서 호 AC에 접하는 접벡터를 **w**라고 할 때

$$\angle A = \angle(\mathbf{v},\ \mathbf{w})$$

(iii) 평면 ABO와 평면 ACO 사이의 각의 크기

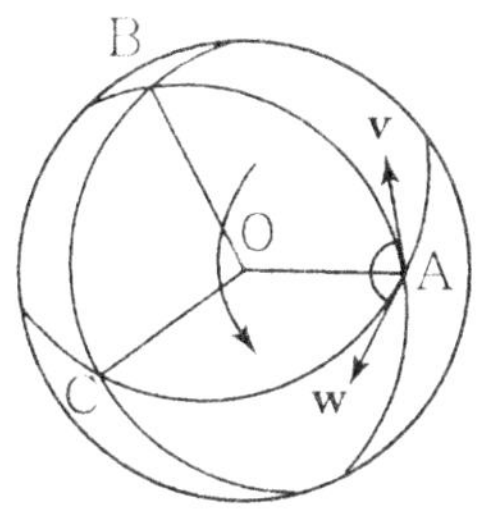

그림 5.7.

실제로 (i)과 (ii)는 정의에 의해 같다. (iii)의 경우에는 벡터 **v**는 평면 ABO에 포함되고 벡터 **w**는 평면 ACO에 포함된다. 또 벡터 **v**와 **w**는 평면 ABO와 평면 ACO의 교선 $\overleftrightarrow{AO}$에 수직인 벡터이므로

$$\angle(\mathbf{v},\ \mathbf{w}) = \angle(\mathrm{ABO}, \mathrm{ACO})$$

이다.

정의 5.2.1 좌표공간 $\mathbb{R}^3$에 속하는 두 벡터 $\overrightarrow{OP} = (a_1, a_2, a_3)$, $\overrightarrow{OQ} = (b_1 b_2, b_3)$에 대하여 $\overrightarrow{OP} \cdot \overrightarrow{OQ}$를

$$\overrightarrow{OP} \cdot \overrightarrow{OQ} = a_1 b_1 + a_2 b_2 + a_3 b_3$$

으로 정의하고 이를 두 벡터 $\overrightarrow{OP}$와 $\overrightarrow{OQ}$의 **내적**(inner product)이라고 한다. 또, $\overrightarrow{OP} \times \overrightarrow{OQ}$를

$$\overrightarrow{OP} \times \overrightarrow{OQ} = (a_2 b_3 - a_3 b_2, a_3 b_1 - a_1 b_3, a_1 b_2 - a_2 b_1)$$

로 정의하고 이를 벡터 $\overrightarrow{OP}$와 $\overrightarrow{OQ}$의 **외적** 또는 **벡터곱**(cross product)이라고 한다.

두 벡터 $\overrightarrow{OP}$와 $\overrightarrow{OQ}$가 수직일 필요충분조건은

$$\overrightarrow{OP} \cdot \overrightarrow{OQ} = 0$$

이다. 좌표공간 $\mathbb{R}^3$의 벡터에 대한 덧셈, 뺄셈 및 실수곱은 좌표평면 $\mathbb{R}^2$에서와 똑같은 방법으로 정의한다. 또한 일차결합, 일차독립 및 일차종속 등의 개념도 똑같이 정의할 수 있다. 특히 $\mathbf{v} = (v_1, v_2, v_3)$, $\mathbf{w} = (w_1, w_2, w_3)$이고 벡터 $\mathbf{v}$와 $\mathbf{w}$가 이루는 각의 크기를 θ라고 하면

$$\mathbf{v} \cdot \mathbf{w} = \|\mathbf{v}\|\|\mathbf{w}\| \cos\theta$$

이다. 여기서 $\|\mathbf{v}\| = \sqrt{\mathbf{v} \cdot \mathbf{v}}$이다.

벡터곱의 정의로부터 다음 도움정리가 성립한다.

도움정리 5.2.2 (1) $(\overrightarrow{OP} \times \overrightarrow{OQ}) \cdot \overrightarrow{OP} = 0$이고 $(\overrightarrow{OP} \times \overrightarrow{OQ}) \cdot \overrightarrow{OQ} = 0$

(2) $\overrightarrow{OP} \times \overrightarrow{OQ} = 0$일 필요충분조건은 두 벡터 $\overrightarrow{OP}$와 $\overrightarrow{OQ}$가 일차종속이다.

도움정리 5.2.2에 의해 0이 아닌 두 벡터 $\overrightarrow{OP}$와 $\overrightarrow{OQ}$에 대하여 벡터곱 $\overrightarrow{OP} \times \overrightarrow{OQ}$는 벡터 $\overrightarrow{OP}$와 $\overrightarrow{OQ}$에 의해 생성되는 평면 OPQ와 수직이다. 또한, 벡터곱은 오른손 나사법칙을 따른다. 즉 $\overrightarrow{OP} \times \overrightarrow{OQ}$는 벡터 $\overrightarrow{OP}$에서 벡터 $\overrightarrow{OQ}$ 방향으로 오른손 나사를 돌렸을 때 나사가 진행하는 방향으로 향한다. 예를 들어, 두 벡터 $\overrightarrow{OP}$와 $\overrightarrow{OQ}$가 좌표평면의 벡터로 $\overrightarrow{OP}$로부터 $\overrightarrow{OQ}$에 이르는 각이 양의 각일 때 벡터곱 $\overrightarrow{OP} \times \overrightarrow{OQ}$는 양의 z축을 향한다.

도움정리 5.2.3 측지삼각형 $\triangle$ABC에서

(1) 중심각의 크기는

$$\begin{aligned}
\angle a &= \angle(\overrightarrow{OB},\ \overrightarrow{OC}) \\
\angle b &= \angle(\overrightarrow{OC},\ \overrightarrow{OA}) \\
\angle c &= \angle(\overrightarrow{OA},\ \overrightarrow{OB})
\end{aligned}$$

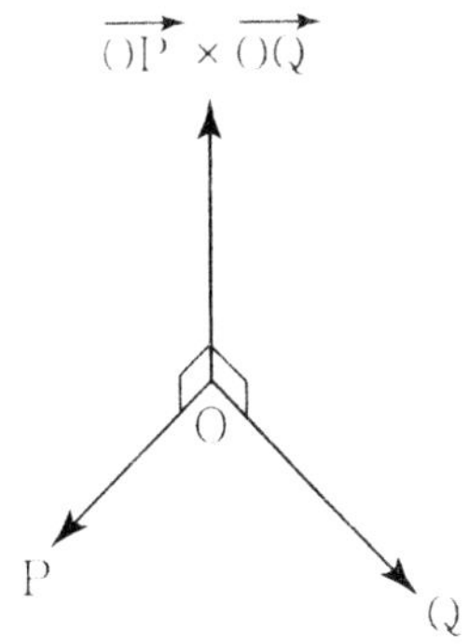

그림 5.8.

(2) 꼭짓점의 각은

$$\begin{aligned}\angle A &= \angle(\overrightarrow{OA} \times \overrightarrow{OB},\ \overrightarrow{OA} \times \overrightarrow{OC})\\ \angle B &= \angle(\overrightarrow{OB} \times \overrightarrow{OC},\ \overrightarrow{OB} \times \overrightarrow{OA})\\ \angle C &= \angle(\overrightarrow{OC} \times \overrightarrow{OA},\ \overrightarrow{OC} \times \overrightarrow{OB})\end{aligned}$$

증명.

(1) 정의에 의해 성립한다.

(2) 벡터곱의 정의에 의해 $\overrightarrow{OA} \times \overrightarrow{OB}$는 평면 ABO와 수직이고 $\overrightarrow{OA} \times \overrightarrow{OC}$는 평면 ACO와 수직이다. 더욱이 벡터곱의 방향은 오른손 나사법칙이 적용되므로

$$\angle(\overrightarrow{OA} \times \overrightarrow{OB},\ \overrightarrow{OA} \times \overrightarrow{OC}) = \angle(\mathrm{ABO}, \mathrm{ACO}) = \angle A$$

이다. 같은 방법으로

$$\begin{aligned}\angle B &= \angle(\overrightarrow{OB} \times \overrightarrow{OC},\ \overrightarrow{OB} \times \overrightarrow{OA})\\ \angle C &= \angle(\overrightarrow{OC} \times \overrightarrow{OA},\ \overrightarrow{OC} \times \overrightarrow{OB})\end{aligned}$$

이 성립함을 보일 수 있다.

∎

구 $S^2(\rho)$ 위의 점 P의 좌표가 (a, b, c)일 때 좌표가 $(-a, -b, -c)$인 점을 $-$P로 나타내고 이를 점 P의 **대칭점**(antipodal point)이라고 한다. 이때 $-\mathrm{P} \in S^2(\rho)$이고 선분 P(-P)는 구 $S^2(\rho)$의 지름을 나타낸다.
두 대원이 점 P에서 만나고 그 각의 크기가 θ이면 두 대원은 꼭짓점 P와 -P를 갖는 두 개의 영역을 만든다. 각의 크기가 θ인 두 대원에 의해 주어지는 합동인 두 영역 중의 하나를 **반달영역**(luna)이라고 한다.

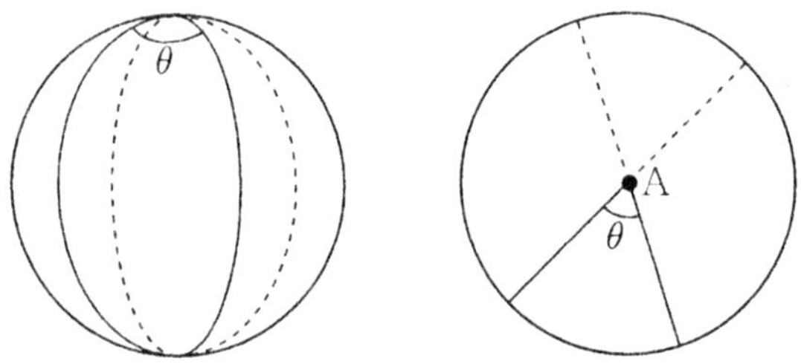

그림 5.9.

반달영역의 넓이는 두 대원이 이루는 각의 크기에 비례하므로

$$\frac{area(\text{반달영역})}{area(\text{구})} = \frac{\theta}{2\pi}$$

가 성립한다. 반지름의 길이가 ρ인 구 $S^2(\rho)$의 넓이는 $4\pi\rho^2$이므로

$$area(\text{반달영역}) = \frac{\theta}{2\pi} \cdot 4\pi\rho^2 = 2\rho^2\theta \tag{5.2}$$

이다.

도움정리 5.2.4 함수 $f : S^2(\rho) \to S^2(\rho)$, $f(\mathrm{P}) = -\mathrm{P}$는 **구면등장사상이다.**

증명. $\mathrm{P}, \mathrm{Q} \in S^2(\rho)$이고 $\alpha : [a, b] \to S^2$, $\alpha(t) = (x(t), y(t), z(t))$가 $\alpha(a) = \mathrm{P}$, $\alpha(b) = \mathrm{Q}$인 구 $S^2(\rho)$ 위의 곡선이라고 하면 $f(\alpha(t)) = (-x(t), -y(t), -z(t))$이므로

$$\int_a^b \sqrt{x'(t)^2 + y'(t)^2 + z'(t)^2}\, dt = \int_a^b \sqrt{(-x'(t))^2 + (-y'(t))^2 + (-z'(t))^2}\, dt$$

이다. 따라서 두 점 P, Q를 잇는 임의의 곡선 α에 대하여 $L(\alpha) = L(f(\alpha))$이므로

$$d(\mathrm{P}, \mathrm{Q}) = d(f(\mathrm{P}), f(\mathrm{Q}))$$

∎

함수 $f : S^2(\rho) \to S^2(\rho),\ \ f(\mathrm{P}) = -\mathrm{P}$를 **원점대칭사상**(antipodal map)이라고 한다.

정리 5.2.5 구 $S^2(\rho)$ 위의 측지삼각형 $\triangle\mathrm{ABC}$에 대하여

$$\angle\mathrm{A} + \angle\mathrm{B} + \angle\mathrm{C} = \pi + \frac{area(\triangle\mathrm{ABC})}{\rho^2}$$

증명. 삼각형 $\triangle\mathrm{ABC}$의 각 꼭짓점과 그 대칭점 및 변에 의해 주어지는 반달영역을 각각 A-영역, B-영역, C-영역이라고 하자. 또, 점 C를 포함하고 변 AB에 의해 나뉘는 반구(hemi-sphere)를 H_{C}로 나타내자. 그러면 H_{C}는 A-영역과 B-영역을 포함하고 C-영역의 일부를 포함한다.

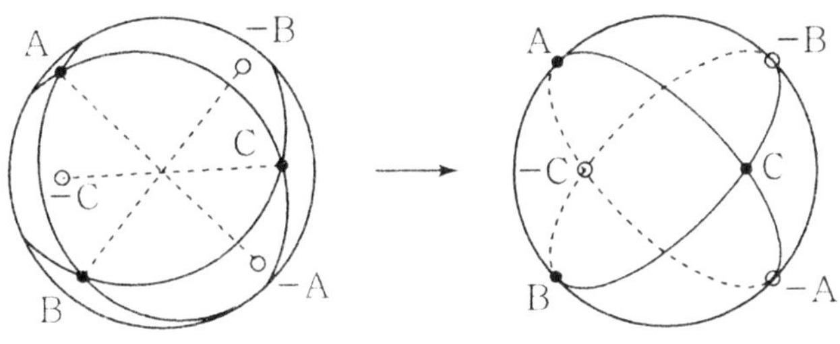

그림 5.10.

따라서

$$(5.3)\quad area(H_{\mathrm{C}}) = area(\triangle\mathrm{ABC}) + area(\triangle(-\mathrm{A})\mathrm{BC}) + area(\triangle\mathrm{A}(-\mathrm{B})\mathrm{C}) + area(\triangle(-\mathrm{A})(-\mathrm{B})\mathrm{C})$$

$$(5.4)\quad area(\text{A-영역}) = area(\triangle\mathrm{ABC}) + area(\triangle(-\mathrm{A})\mathrm{BC})$$

$$(5.5)\quad area(\text{B-영역}) = area(\triangle\mathrm{ABC}) + area(\triangle\mathrm{A}(-\mathrm{B})\mathrm{C})$$

$$(5.6)\qquad area(\text{C-영역}) = area(\triangle \text{ABC}) + area(\triangle \text{AB}(-\text{C}))$$

도움정리 5.2.4에 의해 원점대칭사상 $f(\text{P}) = -\text{P}$는 등장사상이고 $f(\triangle \text{AB}(-\text{C})) = \triangle(-\text{A})(-\text{B})\text{C}$이므로

$$area(\triangle \text{AB}(-\text{C})) = area(\triangle(-\text{A})(-\text{B})\text{C})$$

따라서 식 (5.6)으로부터

$$(5.7)\qquad area(\text{C-영역}) = area(\triangle \text{ABC}) + area(\triangle(-\text{A})(-\text{B})\text{C})$$

이다. 식 (5.4) – (5.6)을 합하고 식 (5.3)과 비교하면 식 (5.7)로부터

$$\begin{aligned} & area(\text{A-영역}) + area(\text{B-영역}) + area(\text{C-영역}) \\ (5.8)\qquad & = area(H_{\text{C}}) + 2area(\triangle \text{ABC}) \end{aligned}$$

식 (5.2)에 의해

$$\begin{aligned} area(\text{A-영역}) &= 2\rho^2\angle \text{A} \\ area(\text{B-영역}) &= 2\rho^2\angle \text{B} \\ area(\text{C-영역}) &= 2\rho^2\angle \text{C} \end{aligned}$$

이고

$$area(H_{\text{C}}) = 2\pi\rho^2 = \frac{1}{2}area(S^2(\rho))$$

이므로

$$2\rho^2\angle \text{A} + 2\rho^2\angle \text{B} + 2\rho^2\angle \text{C} = 2\pi\rho^2 + 2area(\triangle \text{ABC})$$

양변을 $2\rho^2$으로 나누면

$$\angle \text{A} + \angle \text{B} + \angle \text{C} = \pi + \frac{area(\triangle \text{ABC})}{\rho^2}$$

■

반지름의 길이가 1인 구 $S^2(1)$를 단위구(unit sphere)라 하고 간단히 S^2로 나타낸다.

따름정리 5.2.6 측지삼각형 $\triangle$ABC에 대하여

$$\angle A + \angle B + \angle C > \pi$$

따름정리 5.2.7 $\triangle$ABC가 단위구 S^2의 측지삼각형이면

$$area(\triangle ABC) = \angle A + \angle B + \angle C - \pi$$

따름정리 5.2.8 구 $S^2(\rho)$의 영역 R가 측지삼각형을 포함하면 R는 유클리드 평면의 영역과 거리동형(isometric)이 될 수 없다.

두 영역이 거리동형이 아니라는 것은 두 영역 사이에서 정의되는 등장사상이 존재하지 않는다는 것을 의미한다.

따름정리 5.2.8의 증명. 등장사상은 각을 보존하므로 영역 R와 유클리드 평면의 영역 S가 등장사상 f에 의해 거리동형이면 영역 R에 포함된 측지선분은 함수 f에 의해 영역 S에 포함되는 유클리드 선분으로 사상된다. 따라서 영역 R에 포함된 측지삼각형의 f에 의한 상은 영역 S에 포함되는 유클리드 삼각형이고 내각의 합이 π보다 크다. 그러나 유클리드 평면에서 삼각형의 내각의 합은 π이므로 모순이다. ∎

5.3 직각삼각형

유클리드 평면에서 $\triangle$ABC가 $\angle C = 90°$인 직각삼각형일 때,

$$c^2 = a^2 + b^2$$

이 성립하고 이를 피타고라스의 정리라고 한다. 여기서 $\overline{AB} = c$, $\overline{BC} = a$, $\overline{AC} = b$를 나타낸다. 구 $S^2(\rho)$ 위의 직각삼각형에서도 피타고라스의 정리가 성립하지는 않지만 이와 비슷한 성질이 성립한다.

정리 5.3.1 구 $S^2(\rho)$에서 $\triangle$ABC가 $\angle C = \dfrac{\pi}{2} = 90°$인 측지직각삼각형이면

$$\cos\frac{c}{\rho} = \cos\frac{a}{\rho}\cos\frac{b}{\rho}$$

증명. 점 C가 북극점 $(0,0,\rho)$이고 점 A는 xz평면에 놓여 있고 점 B는 yz평면에 놓여 있다고 가정하자.[1] 그러면

$$\angle a = \angle(\overrightarrow{\mathrm{OB}}, \overrightarrow{\mathrm{OC}}) = \frac{a}{\rho}, \quad \angle b = \angle(\overrightarrow{\mathrm{OA}}, \overrightarrow{\mathrm{OC}}) = \frac{b}{\rho}$$

이므로

$$\begin{aligned} \mathrm{A} &= \left(\rho \sin\frac{b}{\rho}, 0, \rho\cos\frac{b}{\rho}\right) \\ \mathrm{B} &= \left(0, \rho\sin\frac{a}{\rho}, \rho\cos\frac{a}{\rho}\right) \end{aligned}$$

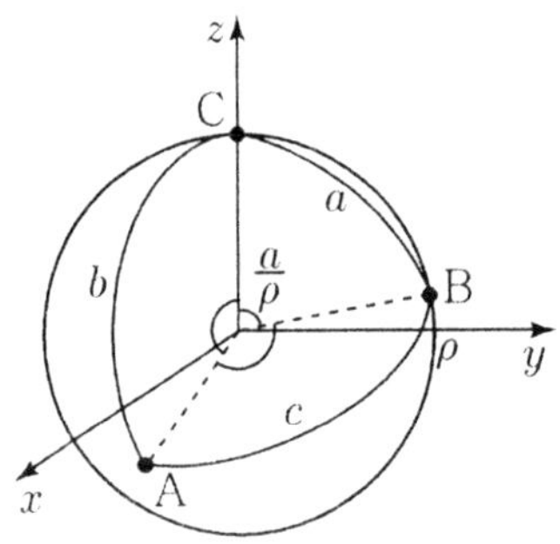

그림 5.11.

따라서

$$\overrightarrow{\mathrm{OA}} \cdot \overrightarrow{\mathrm{OB}} = \rho^2 \cos\frac{b}{\rho}\cos\frac{a}{\rho}$$

한편

$$\overrightarrow{\mathrm{OA}} \cdot \overrightarrow{\mathrm{OB}} = \|\overrightarrow{\mathrm{OA}}\|\|\overrightarrow{\mathrm{OB}}\| \cos\frac{c}{\rho}$$

이므로

$$\cos\frac{c}{\rho} = \cos\frac{a}{\rho}\cos\frac{b}{\rho}$$

■

[1]좌표공간 $\mathbb{R}^3$의 등장사상에 대한 정의와 성질은 좌표평면 $\mathbb{R}^2$의 등장사상과 같다. 다만 회전이동의 경우 좌표공간에는 좌표평면의 회전이동보다 더 다양한 회전이동이 존재한다. 구 $S^2(\rho)$를 고정시키는 좌표공간 $\mathbb{R}^3$의 회전이동을 생각하면 이러한 가정을 할 수 있다.

따름정리 5.3.2 단위구 S^2에서 $\triangle$ABC가 $\angle C = \frac{\pi}{2} = 90°$인 측지직각삼각형이면

$$\cos c = \cos a \cos b$$

정리 5.3.3 단위구 S^2에서 $\triangle$ABC가 $\angle C = 90°$인 측지직각삼각형이면

$$\begin{aligned} \sin A &= \frac{\sin a}{\sin c} \\ \cos A &= \frac{\cos a \sin b}{\sin c} \end{aligned}$$

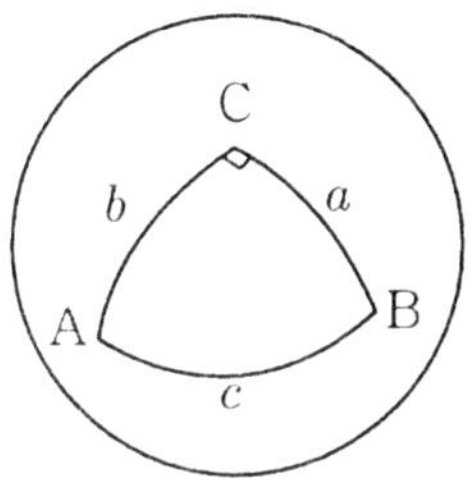

그림 5.12.

증명. 정리 5.3.1에서와 같이 점 C가 북극점 (0,0,1)이고 점 A와 B가 각각 xz평면과 yz평면에 놓여 있다고 가정하면

$$\mathrm{A} = (\sin b, 0, \cos b), \quad \mathrm{B} = (0, \sin a, \cos a)$$

이므로

$$\overrightarrow{\mathrm{OA}} \times \overrightarrow{\mathrm{OB}} = (-\sin a \cos b, -\sin b \cos a, \sin a \sin b)$$

이고 벡터 $\overrightarrow{\mathrm{OA}} \times \overrightarrow{\mathrm{OB}}$는 두 벡터 $\overrightarrow{\mathrm{OA}}$와 $\overrightarrow{\mathrm{OB}}$에 의해 생성되는 평면과 수직이다. 또, $\angle(\overrightarrow{\mathrm{OA}}, \overrightarrow{\mathrm{OB}}) = \angle c = c$이므로 연습문제 4에 의해

$$\|\overrightarrow{\mathrm{OA}} \times \overrightarrow{\mathrm{OB}}\| = \|\overrightarrow{\mathrm{OA}}\|\|\overrightarrow{\mathrm{OB}}\| \sin c = \sin c$$

한편 도움정리 5.2.3에 의해 $\angle A = \angle(\overrightarrow{\mathrm{OA}} \times \overrightarrow{\mathrm{OB}},\ \overrightarrow{\mathrm{OA}} \times \overrightarrow{\mathrm{OC}})$이고 $\overrightarrow{\mathrm{OA}} \times \overrightarrow{\mathrm{OC}} = (0, -\sin b, 0)$이므로

$$(0, -\sin b, 0) \cdot (\overrightarrow{\mathrm{OA}} \times \overrightarrow{\mathrm{OB}}) = \|\overrightarrow{\mathrm{OA}} \times \overrightarrow{\mathrm{OB}}\| \sin b \cos A$$

양변을 계산하면

$$\sin^2 b \cos a = \sin b \sin c \cos A$$

그러므로

$$\cos A = \frac{\sin b \cos a}{\sin c}$$

$\sin A$에 대한 공식을 얻기 위해서는 두 벡터 $\overrightarrow{\mathrm{OA}} \times \overrightarrow{\mathrm{OB}}$와 $(0, -\sin b, 0)$의 벡터곱을 택하면 된다. 즉

$$\begin{aligned} \|(0, -\sin b, 0) \times (\overrightarrow{\mathrm{OA}} \times \overrightarrow{\mathrm{OB}})\| &= \|\overrightarrow{\mathrm{OA}} \times \overrightarrow{\mathrm{OB}}\| \sin b \sin A \\ \|(\sin a \sin^2 b, 0, \sin a \sin b \cos b)\| &= \sin b \sin c \sin A \\ \sin A &= \frac{\sin a}{\sin c} \end{aligned}$$

∎

5.4 사인법칙과 코사인법칙

유클리드 평면의 삼각형 △ABC에 대하여

$$\frac{a}{\sin A} = \frac{b}{\sin b} = \frac{c}{\sin C}$$

가 성립한다. 실제로 이 값은 삼각형 ABC의 외접원의 지름과 같고 이를 사인법칙이라고 한다.

타원기하학(구면기하학)에서도 사인법칙과 유사한 정리가 성립하고 증명도 비슷하다.

정리 5.4.1 (사인법칙) 단위구 S^2의 측지삼각형 △ABC에 대하여

$$\frac{\sin a}{\sin A} = \frac{\sin b}{\sin B} = \frac{\sin c}{\sin C}$$

증명. 점 C에서 변 AB 또는 그 연장선에 내린 수선의 발을 D라고 하고 변 CD의 (타원)길이를 h라고 하면 정리 5.3.3에 의해

$$\sin A = \frac{\sin h}{\sin b}, \quad \sin B = \frac{\sin h}{\sin a}$$

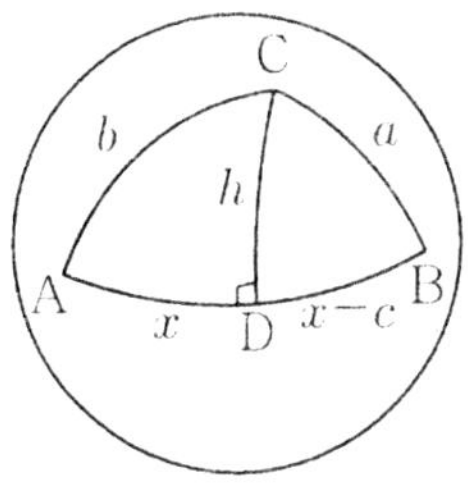

그림 5.13.

따라서

$$\sin A \sin b = \sin B \sin a$$

점 B에서 변 AC에 수선을 내리면 같은 이유에 의해

$$\frac{\sin a}{\sin A} = \frac{\sin c}{\sin C}$$

성립함을 보일 수 있다. ∎

정리 5.4.2 (코사인법칙) 단위구 S^2의 측지삼각형 △ABC에 대하여

$$\cos c = \cos a \cos b + \sin a \sin b \cos C$$

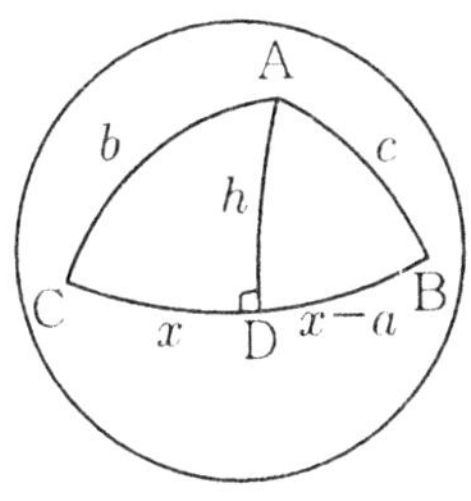

그림 5.14.

증명. 점 A에서 변 BC 또는 그 연장선에 내린 수선의 발을 D라고 하고 변 AD의 (타원)길이를 h라고 하자. 또, 변 CD의 길이를 x라고 하면 변 DB의 길이는 $a-x$이다. 삼각형 △ADB가 직각삼각형이므로 정리 5.3.2에 의해

$$\cos c = \cos h \cos(a-x) = \cos h \cos a \cos x + \cos c \sin a \sin x \tag{5.9}$$

또 삼각형 △ACD에 정리 5.3.2와 정리 5.3.3를 적용하면

$$\cos b = \cos x \cos h$$

이고

$$\cos C = \frac{\cos h \sin x}{\sin b}$$

이다. 이 식을 식 (5.9)에 대입하면

$$\cos c = \cos a \cos b + \sin a \sin b \cos C$$

∎

정리 5.4.3 (각의 코사인법칙) 단위구 S^2의 측지삼각형 △ABC에 대하여

$$\cos C = -\cos A \cos B + \sin A \sin B \cos c$$

증명. 점 C에서 변 AB 또는 그 연장선에 내린 수선의 발을 D라고 하고 변 CD의 (타원)길이를 h라고 하자. 또, $\angle \mathrm{C}_1 = \angle \mathrm{ACD}$, $\angle \mathrm{C}_2 = \angle \mathrm{DCB}$, $|\mathrm{AD}| = x$, $|\mathrm{DB}| = c - x$라고 하면

$$\begin{aligned} \cos C &= \cos(C_1 + C_2) = \cos C_1 \cos C_2 - \sin C_1 \sin C_2 \\ &= \frac{\cos x \sin h}{\sin b} \cdot \frac{\cos(c-x) \sin h}{\sin a} - \frac{\sin x}{\sin b} \cdot \frac{\sin(c-x)}{\sin a} \\ &= \frac{(\cos c + \sin x \sin(c-x)) \sin^2 h - \sin x \sin(c-x)}{\sin a \sin b} \\ &= \frac{\cos c \sin^2 h + \sin x \sin(c-x)(\sin^2 h - 1)}{\sin a \sin b} \\ &= \frac{\cos c \sin^2 h - \sin x \sin(c-x) \cos^2 h}{\sin a \sin b} \end{aligned}$$

한편

$$\begin{aligned} &-\cos A \cos B + \sin A \sin B \cos c \\ &\quad = -\frac{\cos h \sin x}{\sin b} \cdot \frac{\cos h \sin(c-x)}{\sin a} + \frac{\sin h}{\sin b} \cdot \frac{\sin h}{\sin a} \cdot \cos c \end{aligned}$$

따라서 좌변과 우변이 일치하므로 정리가 성립한다. ∎

정리 5.4.4 $\triangle$ABC가 단위구 S^2의 측지삼각형이고 그 외접원의 반지름의 길이를 R라 하면

$$\tan R = \frac{\tan\left(\frac{a}{2}\right)}{\cos\left(\frac{B+C-A}{2}\right)} = \frac{\tan\left(\frac{b}{2}\right)}{\cos\left(\frac{A+C-B}{2}\right)} = \frac{\tan\left(\frac{c}{2}\right)}{\cos\left(\frac{A+B-C}{2}\right)}$$

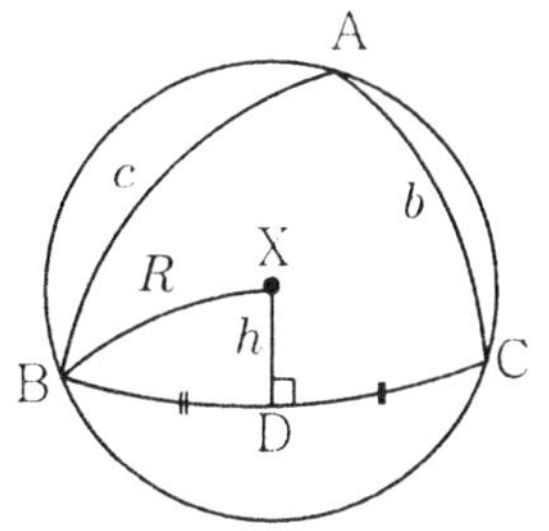

그림 5.15.

증명. 외접원의 중심을 X라 하고 점 X에서 변 BC에 내린 수선의 발을 D라고 하면

$$|\mathrm{BD}| = \frac{1}{2}|\mathrm{BC}| = \frac{a}{2}$$

이다.[2] 또 $|\mathrm{XD}| = h$라고 하면 따름정리 5.3.2에 의해

$$\cos R = \cos\frac{a}{2}\cos h \tag{5.10}$$

이고 정리 5.3.3로부터

$$\cos\angle\mathrm{XBD} = \frac{\cos h \sin\frac{a}{2}}{\sin R}$$

즉

$$\cos h = \frac{\sin R}{\sin\frac{a}{2}}\ \cos\angle\mathrm{XBD} \tag{5.11}$$

[2] 선분 AB에 대하여 |AB|는 선분 AB의 타원길이를 나타낸다.

이 성립한다. 식 (5.11)를 식 (5.10)에 대입하여 정리하면

$$\tan R = \frac{\tan \dfrac{a}{2}}{\cos \angle \mathrm{XBD}} \tag{5.12}$$

△ABX, △BCX, △ACX는 모두 이등변삼각형이므로

$$\begin{aligned} A + B + C &= 2(\angle \mathrm{XBD} + \angle \mathrm{XAB} + \angle \mathrm{XAC}) \\ &= 2(\angle \mathrm{XBD} + A) \end{aligned}$$

따라서

$$\angle \mathrm{XBD} = \frac{B + C - A}{2}$$

이므로 식 (5.12)에서

$$\tan R = \frac{\tan\left(\dfrac{a}{2}\right)}{\cos\left(\dfrac{B+C-A}{2}\right)}$$

외접원의 중심 X에서 변 AB 또는 AC에 수선을 내리면 두 번째 식과 세 번째 식이 성립함을 보일 수 있다. ∎

정리 5.4.5 (헤론의 공식) 단위구 S^2에서 측지삼각형 △ABC의 넓이가 Δ이고 $s = \dfrac{a+b+c}{2}$일 때,

$$1 - \cos\Delta = \frac{4\sin s \sin(s-a)\sin(s-b)\sin(s-c)}{(1+\cos a)(1+\cos b)(1+\cos c)}$$

정리 5.4.5를 증명하기 위해 우선 다음의 도움정리를 증명하자.

도움정리 5.4.6 단위구 S^2에서 △ABC가 ∠C = 90°인 측지직각삼각형이고 그 넓이가 Δ이면

(1) $\sin\Delta = \dfrac{\sin a \sin b}{1 + \cos c}$

(2) $\cos\Delta = \dfrac{\cos a + \cos b}{1 + \cos c}$

증명.

(1) 정리 5.2.7에 의해

$$\Delta = \angle A + \angle B + \angle C - \pi$$

이므로 삼각함수의 덧셈정리를 적용하면

$$\begin{aligned}\sin\Delta &= -\sin(\pi - (A+B+C)) = -\sin(A+B+C)\\ &= -[\sin(A+B)\cos C + \cos(A+B)\sin C]\\ &= -\cos(A+B) \qquad (\because \cos C = 0,\ \sin C = 1)\\ &= \sin A\sin B - \cos A\cos B\end{aligned}$$

정리 5.3.3에 의해

$$\begin{aligned}\sin A &= \frac{\sin a}{\sin c}, \quad \sin B = \frac{\sin b}{\sin c}\\ \cos A &= \frac{\cos a\sin b}{\sin c}, \quad \cos B = \frac{\cos b\sin a}{\sin c}\end{aligned}$$

이므로

$$\begin{aligned}\sin\Delta &= \frac{\sin a}{\sin c}\cdot\frac{\sin b}{\sin c} - \frac{\cos a\sin b}{\sin c}\cdot\frac{\cos b\sin a}{\sin c}\\ &= \frac{\sin a\sin b}{\sin^2 c}[1-\cos a\cos b]\\ &= \sin a\sin b\cdot\frac{1-\cos a\cos b}{1-\cos^2 c}\\ &= \sin a\sin b\cdot\frac{1-\cos c}{1-\cos^2 c} \qquad (\because \text{따름정리 5.3.2})\\ &= \frac{\sin a\sin b}{1+\cos c}\end{aligned}$$

(2) 정리 5.3.3와 따름정리 5.3.2에 의해

$$\begin{aligned}\cos\Delta &= -\cos(A+B+C) = -[\cos(A+B)\cos C - \sin(A+B)\sin C]\\ &= \sin A\cos B + \cos A\sin B \quad (\because \angle C = 90^\circ)\\ &= \frac{\sin a}{\sin c}\cdot\frac{\cos b\sin a}{\sin c} + \frac{\cos a\sin b}{\sin c}\cdot\frac{\sin b}{\sin c}\\ &= \frac{\sin^2 a\cos b + \cos a\sin^2 b}{1-\cos^2 c}\\ &= \frac{(\cos a+\cos b)(1-\cos c)}{1-\cos^2 c} = \frac{\cos a+\cos b}{1+\cos c}\end{aligned}$$

■

도움정리 5.4.7 단위구 S^2에서 측지삼각형 $\triangle$ABC의 넓이가 Δ라고 하자. 점 A에서 변 BC에 내린 수선의 발을 D라 하고 $|\mathrm{AD}| = h$이면[3]

$$1 - \cos\Delta = \frac{\sin^2 h(1 - \cos a)}{(1 + \cos b)(1 + \cos c)}$$

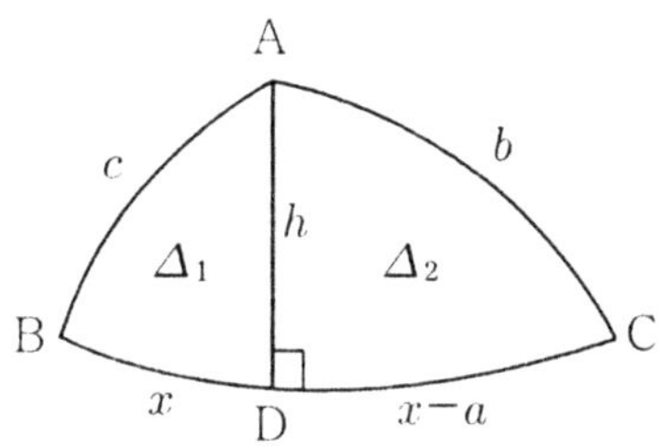

그림 5.16.

증명. B $*$ D $*$ C인 경우

$$\begin{aligned} \Delta &= area(\triangle\mathrm{ABC}) = area(\triangle\mathrm{ABD}) + area(\triangle\mathrm{ADC}) \\ &:= \Delta_1 + \Delta_2 \end{aligned}$$

선분 BD의 (타원)길이를 x라 하면 선분 CD의 (타원)길이는 $a - x$이므로 도움정리 5.4.6에 의해

$$\begin{aligned} \cos\Delta_1 &= \frac{\cos x + \cos h}{1 + \cos c}, \quad \cos\Delta_2 = \frac{\cos(a - x) + \cos h}{1 + \cos b} \\ \sin\Delta_1 &= \frac{\sin x \sin h}{1 + \cos c}, \quad \sin\Delta_2 = \frac{\sin(a - x)\sin h}{1 + \cos b} \end{aligned}$$

[3] $|\mathrm{AD}|$는 선분 AD의 타원길이를 나타낸다.

따라서

$$\begin{aligned}\cos\Delta &= \cos(\Delta_1+\Delta_2) = \cos\Delta_1\cos\Delta_2 - \sin\Delta_1\sin\Delta_2\\ &= \frac{1}{(1+\cos b)(1+\cos c)}\{(\cos x+\cos h)(\cos(a-x)+\cos h)\\ &\qquad -\sin x\sin(a-x)\sin^2 h\}\\ &= \frac{1}{(1+\cos b)(1+\cos c)}\{(\cos x\cos(a-x)+\cos x\cos h\\ &\qquad +\cos(a-x)\cos h+\cos^2 h\}\\ &\qquad -\frac{1}{(1+\cos b)(1+\cos c)}\left\{\sin x\sin(a-x)\sin^2 h\right\}\end{aligned} \tag{5.13}$$

따름정리 5.3.2에 의해

$$\cos x\cos h = \cos c,\quad \cos(a-x)\cos h = \cos b$$

이므로

$$\begin{aligned}\cos a &= \cos(x+a-x) = \cos x\cos(a-x) - \sin x\sin(a-x)\\ &= \frac{\cos c}{\cos h}\cdot\frac{\cos b}{\cos h} - \sin x\sin(a-x)\end{aligned}$$

따라서

$$\sin x\sin(a-x) = \frac{\cos b\cos c}{\cos^2 h} - \cos a \tag{5.14}$$

식 (5.14)를 식 (5.13)에 대입하면

$$\begin{aligned}\cos\Delta &= \frac{1}{(1+\cos b)(1+\cos c)}\left\{\frac{\cos b\cos c}{\cos^2 h}+\cos b+\cos c+\cos^2 h\right.\\ &\qquad \left.-\frac{\cos b\cos c}{\cos^2 h}\sin^2 h+\cos a\cos^2 h\right\}\end{aligned}$$

$\cos^2 h = 1-\sin^2 h$이므로

$$\begin{aligned}1-\cos\Delta &= \frac{1}{(1+\cos b)(1+\cos c)}\left\{\sin^2 h(1-\cos a)\right.\\ &\qquad \left.+\cos b\cos c\left(1-\frac{1}{\cos^2 h}\right)+\frac{\cos b\cos c}{\cos^2 h}\sin^2 h\right\}\\ &= \frac{\sin^2 h(1-\cos a)}{(1+\cos b)(1+\cos c)}\end{aligned}$$

D * B * C이거나 B * C * D인 경우에도 비슷한 방법으로 보일 수 있다 (연습문제). ∎

정리 5.4.5의 증명. 점 A에서 변 BC에 내린 수선의 발을 D라 하고 선분 AD의 (타원)길이를 h라고 하자(그림 5.16 참고). $\angle\mathrm{ADB} = 90°$이므로 사인법칙(정리 5.4.1)에 의해

$$\frac{\sin h}{\sin B} = \frac{\sin c}{\sin \angle\mathrm{ADB}} = \sin c$$

따라서

$$\sin^2 h = \sin^2 c(1 - \cos^2 B)$$

한편 코사인법칙(정리 5.4.2)에 의해

$$\cos B = \frac{\cos b - \cos a \cos c}{\sin a \sin c}$$

이므로

$$\begin{aligned}\sin^2 h &= \sin^2 c(1 - \cos^2 B)\\ &= \frac{\sin^2 a \sin^2 c - (\cos b - \cos a \cos c)^2}{(1 - \cos a)(1 + \cos a)}\end{aligned}$$

따라서 도움정리 5.4.7에 의해

$$1 - \cos\Delta = \frac{\sin^2 a \sin^2 c - (\cos b - \cos a \cos c)^2}{(1 + \cos a)(1 + \cos b)(1 + \cos c)} \tag{5.15}$$

삼각함수의 덧셈을 곱셈으로 변환하는 공식

$$\cos\alpha - \cos\beta = -2\sin\left(\frac{\alpha + \beta}{2}\right)\sin\left(\frac{\alpha - \beta}{2}\right)$$

을 이용하면

$$\begin{aligned}&\sin^2 a \sin^2 c - (\cos b - \cos a \cos c)^2\\ =\ &(\sin a \sin c + \cos b - \cos a \cos c)(\sin a \sin c - \cos b + \cos a \cos c)\\ =\ &(\cos b - \cos(a + c))(\cos(a - c) - \cos b)\\ =\ &\left\{(-2)\sin\frac{b - (a + c)}{2} \cdot \sin\frac{b + (a + c)}{2}\right\}\left\{(-2)\sin\frac{a - c + b}{2} \cdot \sin\frac{a - c - b}{2}\right\}\\ =\ &4\sin\frac{a + c - b}{2}\sin\frac{a + b + c}{2}\sin\frac{a + b - c}{2}\sin\frac{b + c - a}{2}\\ =\ &4\sin s\sin(s - a)\sin(s - b)\sin(s - c)\end{aligned}$$

그러므로 식 (5.15)에 의해

$$1 - \cos\Delta = \frac{4\sin s\sin(s-a)\sin(s-b)\sin(s-c)}{(1+\cos a)(1+\cos b)(1+\cos c)}$$

∎

연습문제

1. 구 $S^2(\rho)$ 위의 점 $\mathrm{N}(0,0,\rho)$에서 거리가 r인 한 점을 P라 할 때, 벡터 $\overrightarrow{\mathrm{ON}}$과 벡터 $\overrightarrow{\mathrm{OP}}$가 이루는 각의 크기를 구하여라.

(**도움말:** 부채꼴에서 호의 길이 및 반지름의 길이와 각의 관계를 이용하여라.)

2. 구 $S^2(\rho)$에서 점 $\mathrm{P}\left(\frac{\sqrt{2}}{4}\rho, \frac{\sqrt{2}}{4}\rho, \frac{\sqrt{3}}{2}\rho\right)$와 점 $\mathrm{Q}\left(\frac{\sqrt{2}}{2}\rho, \frac{\sqrt{2}}{2}\rho, 0\right)$을 잇는 측지선의 방정식을 구하고 그 (타원)길이를 구하여라.

(**도움말:** 선분 OP와 x축의 양의 방향이 이루는 각의 크기가 $\frac{\pi}{4}$이므로 구하는 측지선 위의 점은

$$\left(\rho\sin\varphi\cos\frac{\pi}{4}, \rho\sin\varphi\sin\frac{\pi}{4}, \rho\cos\varphi\right) \quad \left(\frac{\pi}{6} \le \varphi \le \frac{\pi}{2}\right)$$

로 나타낼 수 있다.)

3. 좌표공간 $\mathbb{R}^3$의 두 점 $\mathrm{P}(2,1,-3)$, $\mathrm{Q}(-1,2,2)$에 대하여 $\overrightarrow{\mathrm{OP}} \times \overrightarrow{\mathrm{OQ}}$를 구하여라.

4. 좌표공간 $\mathbb{R}^3$의 두 점 P, Q에 대하여

(1) $\|\overrightarrow{\mathrm{OP}} \times \overrightarrow{\mathrm{OQ}}\|^2 = \|\overrightarrow{\mathrm{OP}}\|^2\,\|\overrightarrow{\mathrm{OQ}}\|^2 - \left(\overrightarrow{\mathrm{OP}} \cdot \overrightarrow{\mathrm{OQ}}\right)^2$임을 증명하여라.

(**도움말:** $\overrightarrow{\mathrm{OP}} = (a_1, a_2, a_3)$, $\overrightarrow{\mathrm{OQ}} = (b_1, b_2, b_3)$로 놓고 양변이 같음을 보여라.)

(2) 벡터 $\overrightarrow{\mathrm{OP}}$와 벡터 $\overrightarrow{\mathrm{OQ}}$가 이루는 각의 크기가 θ일 때,

$$\|\overrightarrow{\mathrm{OP}} \times \|\overrightarrow{\mathrm{OQ}}\| = \|\overrightarrow{\mathrm{OP}}\|\,\|\overrightarrow{\mathrm{OQ}}\|\,\sin\theta$$

임을 증명하여라.

5. 구 $S^2(\rho)$ 위의 세 꼭짓점의 좌표가 $\mathrm{A}(0,0,\rho)$, $\mathrm{B}(0,-\rho,0)$, $\mathrm{C}\left(\frac{\rho}{2}, \frac{\sqrt{3}}{2}\rho, 0\right)$인 측지삼각형 $\triangle\mathrm{ABC}$에서 $\angle\mathrm{A}$를 구하여라.

(**도움말:** $\angle \mathrm{A} = \angle\left(\overrightarrow{\mathrm{OA}} \times \overrightarrow{\mathrm{OB}},\ \overrightarrow{\mathrm{OA}} \times \overrightarrow{\mathrm{OC}}\right)$임을 이용하여라.)

6. 구 $S^2(\rho)$ 위의 사각형 ABCD의 넓이를 구하여라.

(**도움말:** 대각선 AC를 생각하고 $\triangle$ABC, $\triangle$ACD에 정리 5.2.5를 이용하여라.)

7. 구 $S^2(\rho)$ 위의 n각형의 넓이를 구하여라.

(**도움말:** n각형의 내각의 합을 α라 하면 연습문제6과 정리 5.2.5에 의해 넓이 S는 $S = \rho^2(\alpha - (n-2)\pi)$이다.)

8. 반지름의 길이가 ρ인 구 $S^2(\rho)$ 위에 놓여 있는 반지름의 길이가 r인 원의 넓이 S는

$$S = 4\pi\rho^2 \sin^2\left(\frac{r}{2\rho}\right)$$

임을 증명하여라.

9. 구 $S^2(\rho)$에서 $\triangle$ABC가 $\angle \mathrm{C} = 90°$인 측지직각삼각형일 때 정리 5.3.3의 증명을 이용하여 다음이 성립함을 보여라.

$$\begin{aligned} \sin A &= \frac{\sin \frac{a}{\rho}}{\sin \frac{c}{\rho}} \\ \cos A &= \frac{\cos \frac{a}{\rho} \sin \frac{b}{\rho}}{\sin \frac{c}{\rho}} \end{aligned}$$

10. 삼각형 $\triangle$ABC가 $\angle \mathrm{C} = 90°$인 단위구 S^2의 측지삼각형일 때,

$$\cos A = \cos a \sin B$$

임을 증명하여라.

(**도움말:** $\angle \mathrm{B} = \angle\left(\overrightarrow{\mathrm{OB}} \times \overrightarrow{\mathrm{OA}},\ \overrightarrow{\mathrm{OB}} \times \overrightarrow{\mathrm{OC}}\right)$이므로 정리 5.3.3과 벡터곱을 이용하여 $\sin B = \dfrac{\sin b}{\sin c}$임을 보여라.)

11. 삼각형 $\triangle\mathrm{ABC}$가 $\angle\mathrm{C} = 90°$인 단위구 S^2의 측지삼각형일 때,

$$\cot A \cot B = \cos c$$

임을 증명하여라.

(**도움말:** 정리 5.3.3과 연습문제 10을 이용하여 $\cot A \cot B = \cos a \cos b$임을 보이고 정리 5.3.1을 이용하여라.)

12. 구 $S^2(\rho)$의 측지삼각형 $\triangle\mathrm{ABC}$에 대하여

$$\frac{\sin\frac{a}{\rho}}{\sin A} = \frac{\sin\frac{b}{\rho}}{\sin B} = \frac{\sin\frac{c}{\rho}}{\sin C}$$

임을 증명하여라.

(**도움말:** 사인법칙(정리 5.4.1)과 연습문제 9를 이용하여라.)

13. 구 $S^2(\rho)$의 측지삼각형 $\triangle\mathrm{ABC}$에 대하여

$$\cos\frac{c}{\rho} = \cos\frac{a}{\rho}\cos\frac{b}{\rho} + \sin\frac{a}{\rho}\sin\frac{b}{\rho}\cos C$$

임을 증명하여라.

(**도움말:** 코사인법칙(정리 5.4.2)과 연습문제 9를 이용하여라.)

14. 도움정리 5.4.7에서 $\mathrm{D} * \mathrm{B} * \mathrm{C}$ 또는 $\mathrm{B} * \mathrm{C} * \mathrm{D}$인 경우를 증명하여라.

제 6 장

사영기하학

가로수가 양쪽으로 늘어서 있는 곧은 길을 보면 멀리 있는 가로수는 가까이에 있는 가로수에 비해 작게 보인다. 사영기하학은 이러한 경험을 바탕으로 한 원근법(perspective)에 기초하고 있다. 다시 말해서, 사영기하학은 기하학적 대상인 도형을 어떤 관점에서 보거나 아니면 어떤 직선이나 평면에 정사영시킨 도형에 대하여 고찰하는 것으로 생각할 수 있다.

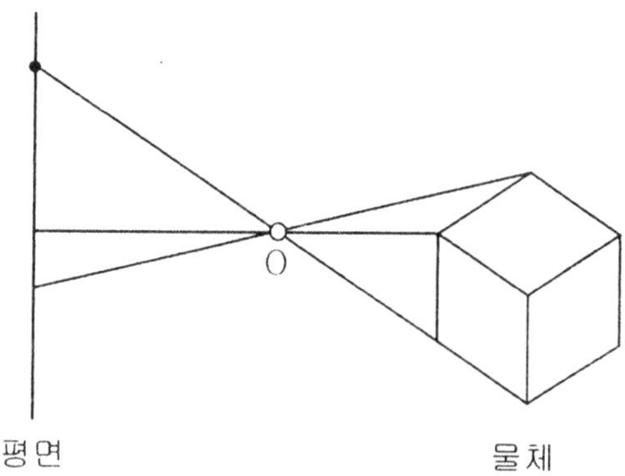

그림 6.1.

6.1 사영정리

이 절에서는 유클리드 평면에서 성립하는 유클리드 기하학 중에서 사영기하학과 관련된 중요한 몇 가지 정리에 대하여 살펴보기로 한다. 사영성질을 갖고 있는 대표적인 정리로 데자르그(Desargue)의 정리와 파푸스(Pappus)의 정리가 있다. 이 정리를 증명하기 위해서는 유클리드 기하학의 기본정리 중의 하나인 메넬라우스(Menelaus)의 정리가 필요하다. 여기에서는 메넬라우스의 정리에 대하여 알아보고 이의 응용으로 체바(Ceva)의 정리에 대하여 살펴보기로 한다. 자세한 사영성질에 대해서는 참고문헌 [3]과 [4]에서 찾아볼 수 있다.

정리 6.1.1 (메넬라우스의 정리) [1] 한 직선이 삼각형 $\triangle ABC$의 변 BC, CA, AB 또는 그 연장선과 만나는 점을 각각 X, Y, Z라고 하면

$$\frac{\overline{BX}}{\overline{CX}} \cdot \frac{\overline{CY}}{\overline{AY}} \cdot \frac{\overline{AZ}}{\overline{BZ}} = 1 \tag{6.1}$$

역으로 삼각형의 세 변 또는 그 연장선 위의 세 점 X, Y, Z가 식 (6.1)을 만족시키면 X, Y, Z는 한 직선 위에 있다.

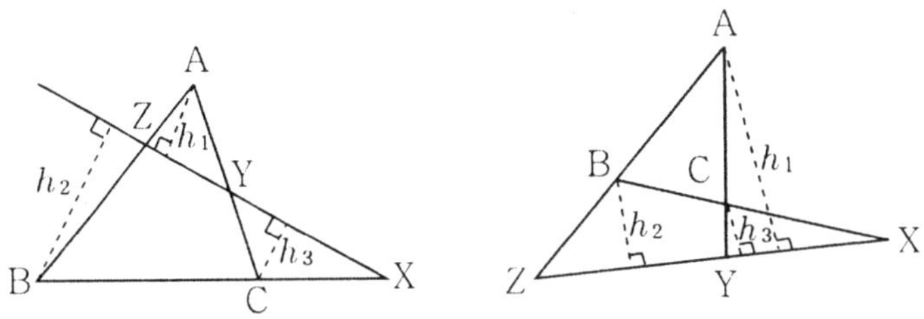

그림 6.2.

증명. 꼭짓점 A, B, C에서 직선 XYZ에 내린 수선의 길이를 각각 h_1, h_2, h_3이라고 하면 닮음삼각형의 비례식으로부터

$$\frac{\overline{BX}}{\overline{CX}} = \frac{h_2}{h_3}, \quad \frac{\overline{CY}}{\overline{AY}} = \frac{h_3}{h_1}, \quad \frac{\overline{AZ}}{\overline{BZ}} = \frac{h_1}{h_2}$$

[1]Menelaus (100 AD 즈음); 고대 그리스(알렉산드리아)의 수학자

가 성립한다. 따라서

$$\frac{\overline{BX}}{\overline{CX}} \cdot \frac{\overline{CY}}{\overline{AY}} \cdot \frac{\overline{AZ}}{\overline{BZ}} = \frac{h_2}{h_3} \cdot \frac{h_3}{h_1} \cdot \frac{h_1}{h_2} = 1$$

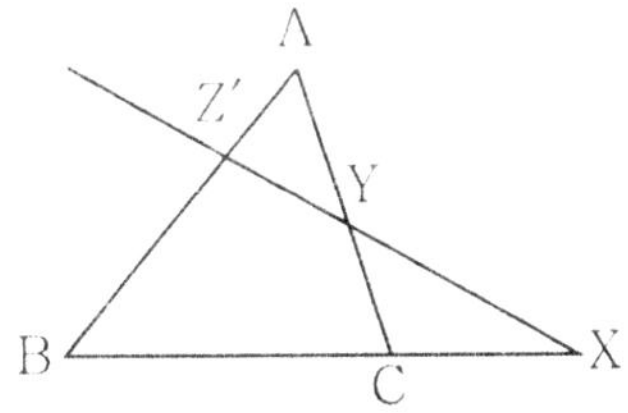

그림 6.3.

역으로, 직선 XY와 직선 AB의 교점을 Z′이라 하고, 즉 $AB \cap XY = \{Z'\}$이라 하고 $Z = Z'$임을 보이면 된다. 식 (6.1)에 의해

$$\frac{\overline{BX}}{\overline{CX}} \cdot \frac{\overline{CY}}{\overline{AY}} \cdot \frac{\overline{AZ}}{\overline{BZ}} = 1 \tag{6.2}$$

또한, 가정 (6.1)을 세 점 X, Y, Z'에 적용하면

$$\frac{\overline{BX}}{\overline{CX}} \cdot \frac{\overline{CY}}{\overline{AY}} \cdot \frac{\overline{AZ'}}{\overline{BZ'}} = 1 \tag{6.3}$$

식 (6.2)와 식 (6.3)에 의해

$$\frac{\overline{AZ'}}{\overline{BZ'}} = \frac{\overline{AZ}}{\overline{BZ}}$$

두 점 Z, Z'이 모두 직선 AB 위에 놓여 있으므로 $Z = Z'$이다. ∎

정리 6.1.2 (체바의 정리) [2] 삼각형 △ABC의 꼭지점과 그 대변 *(또는 연장선)* 위의 한 점을 연결하여 얻은 직선 AX, BY, CZ가 한 점 S에서 만나면

$$\frac{\overline{BX}}{\overline{CX}} \cdot \frac{\overline{CY}}{\overline{AY}} \cdot \frac{\overline{AZ}}{\overline{BZ}} = 1 \tag{6.4}$$

---

[2] Ceva (1647 – 1736); 이탈리아의 수학자

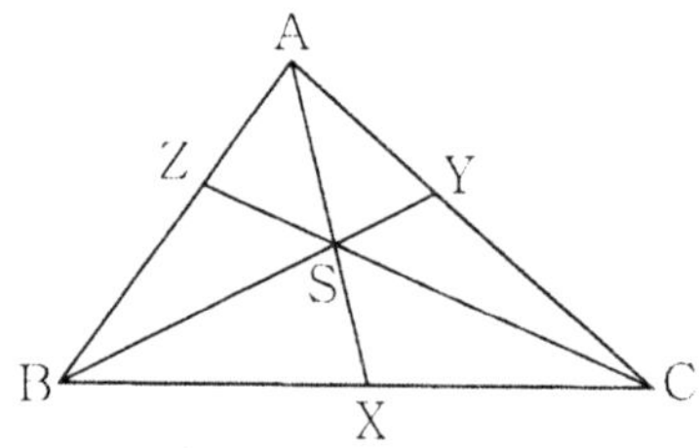

그림 6.4.

증명. 삼각형 ABX와 직선 CS = CZ에 메넬라우스의 정리(정리 6.1.1)를 적용하면

$$\frac{\overline{\mathrm{BC}}}{\overline{\mathrm{CX}}} \cdot \frac{\overline{\mathrm{XS}}}{\overline{\mathrm{AS}}} \cdot \frac{\overline{\mathrm{AZ}}}{\overline{\mathrm{BZ}}} = 1 \tag{6.5}$$

삼각형 AXC와 직선 BS = BY에 메넬라우스의 정리를 적용하면

$$\frac{\overline{\mathrm{BC}}}{\overline{\mathrm{BX}}} \cdot \frac{\overline{\mathrm{XS}}}{\overline{\mathrm{AS}}} \cdot \frac{\overline{\mathrm{AY}}}{\overline{\mathrm{CY}}} = 1 \tag{6.6}$$

식 (6.6)의 역을 식 (6.5)에 곱하면

$$\begin{aligned} 1 &= \left(\frac{\overline{\mathrm{BC}}}{\overline{\mathrm{CX}}} \cdot \frac{\overline{\mathrm{XS}}}{\overline{\mathrm{AS}}} \cdot \frac{\overline{\mathrm{AZ}}}{\overline{\mathrm{BZ}}}\right)\left(\frac{\overline{\mathrm{BC}}}{\overline{\mathrm{BX}}} \cdot \frac{\overline{\mathrm{XS}}}{\overline{\mathrm{AS}}} \cdot \frac{\overline{\mathrm{AY}}}{\overline{\mathrm{CY}}}\right) \\ &= \frac{\overline{\mathrm{BX}}}{\overline{\mathrm{CX}}} \cdot \frac{\overline{\mathrm{CY}}}{\overline{\mathrm{AY}}} \cdot \frac{\overline{\mathrm{AZ}}}{\overline{\mathrm{BZ}}} \end{aligned}$$

∎

정리 6.1.3 (파푸스의 정리) [3] 한 직선 위의 세 점 A, C, E와 다른 한 직선 위의 세 점 B, D, F에 대하여 세 개의 직선 AB, CD, EF가 각각 세 개의 직선 DE, FA, BC와 세 점 L, M, N에서 만나면 L, M, N은 한 직선 위에 있다.

증명. 꼭짓점의 문자 A, B, C, D, E, F와 교점 L, M, N을 다시 정렬하여 직선 FE와 직선 DC가 직선 FD에 대하여 점 E, C와 같은 쪽에 있는 점 U에서 만난

[3] Pappus 또는 Papos (290-350); 고대 그리스의 기하학자

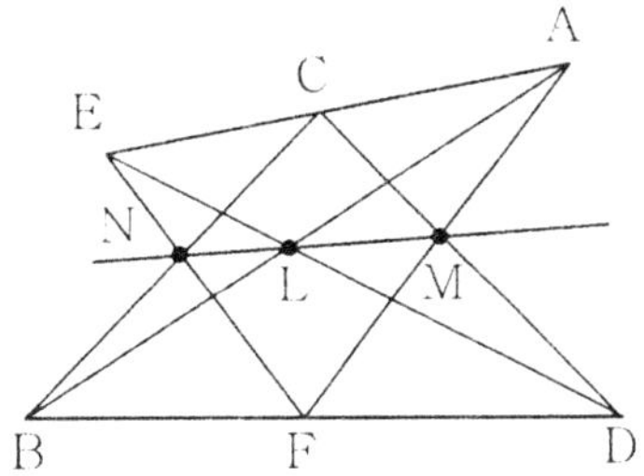

그림 6.5.

다고 하자. 그리고

$$AB \cap EF = \{V\}, \quad AB \cap CD = \{W\}$$

라 하자.

주장: 삼각형 $\triangle UVW$와 세 점 L, M, N에 대하여

$$\frac{\overline{UM}}{\overline{WM}} \cdot \frac{\overline{WL}}{\overline{VL}} \cdot \frac{\overline{VN}}{\overline{UN}} = 1$$

이 성립함을 보이면 메넬라우스의 정리에 의해 세 점 L, M, N은 한 직선 위에 놓여 있다.

(i) 삼각형 $\triangle UVW$와 세 점 A, C, E에 메넬라우스의 정리를 적용하면

$$\frac{\overline{VA}}{\overline{WA}} \cdot \frac{\overline{WC}}{\overline{UC}} \cdot \frac{\overline{UE}}{\overline{VE}} = 1 \tag{6.7}$$

(ii) 삼각형 $\triangle UVW$와 와 세 점 D, L, E에 메넬라우스의 정리를 적용하면

$$\frac{\overline{UD}}{\overline{WD}} \cdot \frac{\overline{WL}}{\overline{VL}} \cdot \frac{\overline{VE}}{\overline{UE}} = 1 \tag{6.8}$$

(iii) 삼각형 $\triangle UVW$와 세 점 B, N, C에 메넬라우스의 정리를 적용하면

$$\frac{\overline{WB}}{\overline{VB}} \cdot \frac{\overline{VN}}{\overline{UN}} \cdot \frac{\overline{UC}}{\overline{WC}} = 1 \tag{6.9}$$

(iv) 삼각형 $\triangle$UVW와 세 점 B, F, D에 메넬라우스의 정리를 적용하면

$$\frac{\overline{\mathrm{WB}}}{\overline{\mathrm{VB}}}\cdot\frac{\overline{\mathrm{VF}}}{\overline{\mathrm{UF}}}\cdot\frac{\overline{\mathrm{UD}}}{\overline{\mathrm{WD}}}=1 \tag{6.10}$$

(v) 삼각형 $\triangle$UVW와 세 점 A, M, F에 메넬라우스의 정리를 적용하면

$$\frac{\overline{\mathrm{VA}}}{\overline{\mathrm{WA}}}\cdot\frac{\overline{\mathrm{WM}}}{\overline{\mathrm{UM}}}\cdot\frac{\overline{\mathrm{UF}}}{\overline{\mathrm{VF}}}=1 \tag{6.11}$$

$(6.8)\times(6.10)\times(6.11)\times\frac{1}{(6.7)}\times\frac{1}{(6.9)}$하면

$$\frac{\overline{\mathrm{UM}}}{\overline{\mathrm{WM}}}\cdot\frac{\overline{\mathrm{WL}}}{\overline{\mathrm{VL}}}\cdot\frac{\overline{\mathrm{VN}}}{\overline{\mathrm{UN}}}=1$$

따라서 메넬라우스의 정리에 의해 세 점 L, M, N은 한 직선 위에 놓여 있다. ■

정의 6.1.4 두 삼각형 $\triangle$ABC와 $\triangle$A′B′C′에서 세 직선 $\overleftrightarrow{\mathrm{AA'}}$, $\overleftrightarrow{\mathrm{BB'}}$, $\overleftrightarrow{\mathrm{CC'}}$이 한 점에서 만날 때, $\triangle$ABC와 $\triangle$A′B′C′가 **사영위치에 있다** 또는 **배경위치에 있다**(in perspective)고 한다.

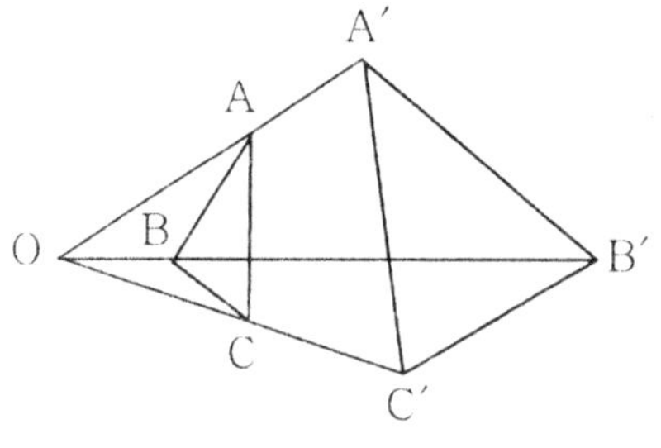

그림 6.6.

정리 6.1.5 (데자르그의 정리) [4] 두 삼각형 $\triangle$ABC와 $\triangle$A′B′C′이 사영위치에 있고, 대응하는 변 또는 그의 연장선이 만나면 이들 세 교점은 한 직선 위에 있다.

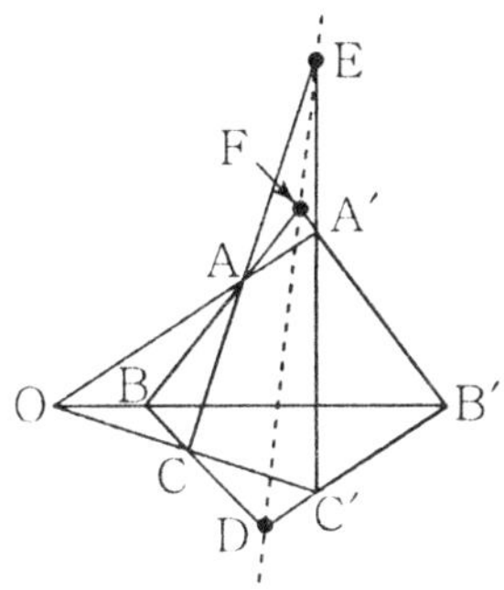

그림 6.7.

증명. 세 직선 $\overleftrightarrow{AA'}$, $\overleftrightarrow{BB'}$, $\overleftrightarrow{CC'}$이 점 O에서 만나고 대응하는 변 또는 그의 연장선이 만나는 세 교점을 각각 D, E, F라고 하자. 삼각형 $\triangle OBC$와 세 점 D, C', B'에 메넬라우스의 정리를 적용하면

$$\frac{\overline{BD}}{\overline{CD}} \cdot \frac{\overline{CC'}}{\overline{OC'}} \cdot \frac{\overline{OB'}}{\overline{BB'}} = 1 \tag{6.12}$$

삼각형 $\triangle OCA$와 세 점 E, A', C'에 메넬라우스의 정리를 적용하면

$$\frac{\overline{CE}}{\overline{AE}} \cdot \frac{\overline{AA'}}{\overline{OA'}} \cdot \frac{\overline{OC'}}{\overline{CC'}} = 1 \tag{6.13}$$

삼각형 $\triangle OAB$와 세 점 F, A', B'에 메넬라우스의 정리를 적용하면

$$\frac{\overline{BF}}{\overline{AF}} \cdot \frac{\overline{AA'}}{\overline{OA'}} \cdot \frac{\overline{OB'}}{\overline{BB'}} = 1 \tag{6.14}$$

$(6.12) \times (6.13) \times \frac{1}{(6.14)}$하면

$$\frac{\overline{BD}}{\overline{CD}} \cdot \frac{\overline{CE}}{\overline{AE}} \cdot \frac{\overline{AF}}{\overline{BF}} = 1$$

이므로 메넬라우스의 정리에 의해 세 점 D, E, F는 한 직선 위에 있다. ∎

육각형 ABCDEF에서 마주보고 있는 세 쌍의 변을 각각 **대변**이라고 한다. 즉, 변 AB와 DE, 변 BC와 EF, 변 AF와 CD는 서로 대변의 위치에 있다고 한다.

[4]G. Desargues (1591-1661); 프랑스의 수학자

볼록육각형은 대변이 서로 만나지 않지만 다음에 증명할 파스칼(Pascal)의 정리는 볼록육각형 뿐만 아니라 오목육각형에서도 성립한다.

정리 6.1.6 (파스칼의 정리) 원에 내접하는 육각형에서 세 쌍의 대변 *(또는 그 연장)*이 만나면 이들 세 교점은 한 직선 위에 있다.

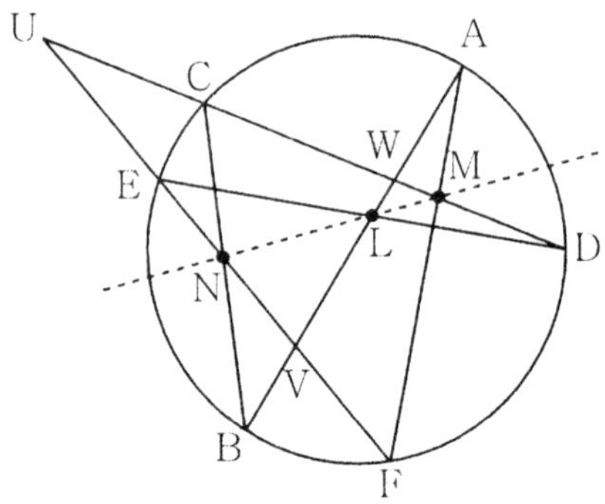

그림 6.8.

증명. 육각형 ABCDEF에서

$$\mathrm{AB} \cap \mathrm{DE} = \{\mathrm{L}\}, \quad \mathrm{CD} \cap \mathrm{FA} = \{\mathrm{M}\}, \quad \mathrm{BC} \cap \mathrm{EF} = \{\mathrm{N}\}$$
$$\mathrm{AB} \cap \mathrm{CD} = \{\mathrm{W}\}, \quad \mathrm{AB} \cap \mathrm{EF} = \{\mathrm{V}\}, \quad \mathrm{CD} \cap \mathrm{EF} = \{\mathrm{U}\}$$

로 놓자.

주장: 삼각형 UVW와 세 점 M, L, N에 대하여

$$\frac{\overline{\mathrm{UM}}}{\overline{\mathrm{WM}}} \cdot \frac{\overline{\mathrm{WL}}}{\overline{\mathrm{VL}}} \cdot \frac{\overline{\mathrm{VN}}}{\overline{\mathrm{UN}}} = 1$$

임을 보이면 메넬라우스의 정리에 의해 세 점 L, M, N은 한 직선 위에 있다.

삼각형 $\triangle$UVW와 세 점 D, L, E에 메넬라우스의 정리를 적용하면

$$\frac{\overline{\mathrm{UD}}}{\overline{\mathrm{WD}}} \cdot \frac{\overline{\mathrm{WL}}}{\overline{\mathrm{VL}}} \cdot \frac{\overline{\mathrm{VE}}}{\overline{\mathrm{UE}}} = 1 \tag{6.15}$$

삼각형 $\triangle$UVW와 세 점 A, M, F에 메넬라우스의 정리를 적용하면

$$\frac{\overline{VA}}{\overline{WA}} \cdot \frac{\overline{WM}}{\overline{UM}} \cdot \frac{\overline{UF}}{\overline{VF}} = 1 \tag{6.16}$$

또, 삼각형 $\triangle$UVW와 세 점 B, N, C에 메넬라우스의 정리를 적용하면

$$\frac{\overline{BW}}{\overline{BV}} \cdot \frac{\overline{VN}}{\overline{UN}} \cdot \frac{\overline{UC}}{\overline{WC}} = 1 \tag{6.17}$$

$(6.15) \times (6.17) \times \frac{1}{(6.16)}$ 하면

$$\begin{aligned} 1 &= \left(\frac{\overline{UD}}{\overline{WD}} \cdot \frac{\overline{WL}}{\overline{VL}} \cdot \frac{\overline{VE}}{\overline{UE}}\right)\left(\frac{\overline{BW}}{\overline{BV}} \cdot \frac{\overline{VN}}{\overline{UN}} \cdot \frac{\overline{UC}}{\overline{WC}}\right)\left(\frac{\overline{WA}}{\overline{VA}} \cdot \frac{\overline{UM}}{\overline{WM}} \cdot \frac{\overline{VF}}{\overline{UF}}\right) \\ &= \left(\frac{\overline{UM}}{\overline{WM}} \cdot \frac{\overline{WL}}{\overline{VL}} \cdot \frac{\overline{VN}}{\overline{UN}}\right)\left(\frac{\overline{UC}\cdot\overline{UD}}{\overline{UE}\cdot\overline{UF}}\right)\left(\frac{\overline{VE}\cdot\overline{VF}}{\overline{VA}\cdot\overline{VB}}\right)\left(\frac{\overline{WA}\cdot\overline{WB}}{\overline{WC}\cdot\overline{WD}}\right) \end{aligned}$$

도움정리 2.3.6에 의해

$$\left(\frac{\overline{UC}\cdot\overline{UD}}{\overline{UE}\cdot\overline{UF}}\right)\left(\frac{\overline{VE}\cdot\overline{VF}}{\overline{VA}\cdot\overline{VB}}\right)\left(\frac{\overline{WA}\cdot\overline{WB}}{\overline{WC}\cdot\overline{WD}}\right) = 1$$

이므로

$$\frac{\overline{UM}}{\overline{WM}} \cdot \frac{\overline{WL}}{\overline{VL}} \cdot \frac{\overline{VN}}{\overline{UN}} = 1$$

■

정의 6.1.7 두 원에 대하여 방멱이 같은 점들의 집합을 두 원의 **근축**(radical axis)이라고 한다.

정리 6.1.8 두 원 O_1, O_2의 근축은 직선 O_1O_2에 수직이다.

증명. 연습문제 ■

정리 6.1.9 (브리앙숑의 정리) [5] 원에 외접하는 육각형의 세 개의 대각선은 한 점에서 만난다.

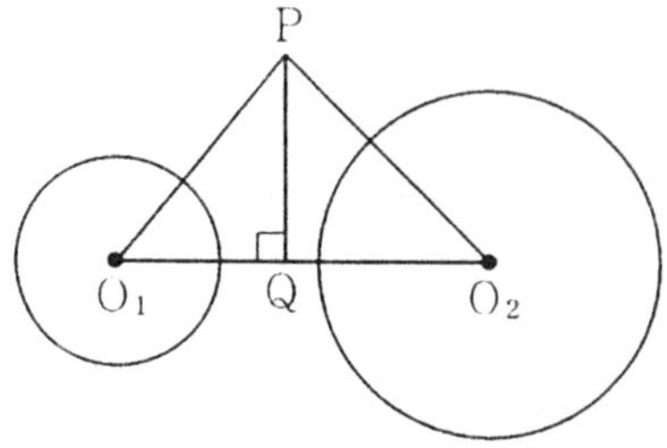

그림 6.9.

증명. 그림 6.10에서와 같이 변 AB, BC, CD, DE, EF, FA가 육각형의 내접원과 접하는 점을 각각 R, Q, T, S, P, U라고 하자. 선분 EF, CB, AB, ED, CD, AF의 연장선 위에

$$\overline{PP'} = \overline{QQ'} = \overline{RR'} = \overline{TT'} = \overline{UU'} \tag{6.18}$$

이 되도록 점 P′, Q′, R′, S′, T′, U′을 택하자. 그러면

점 P′, Q′에서 직선 PP′, QQ′에 접하는 원 α

점 R′, S′에서 직선 RR′, SS′에 접하는 원 β

점 T′, U′에서 직선 TT′, UU′에 접하는 원 γ

가 존재한다. 접선의 성질과 식 (6.18)에 의해

$$\overline{AR} = \overline{AU}, \quad \overline{RR'} = \overline{UU'}$$

이므로

$$\overline{AR'} = \overline{AU'}$$

또한

$$\overline{DS} = \overline{DT}, \quad \overline{SS'} = \overline{TT'}$$

이므로

$$\overline{DS'} = \overline{DT'}$$

[5]C. J. Brianchon (1785-1864); 프랑스의 수학자

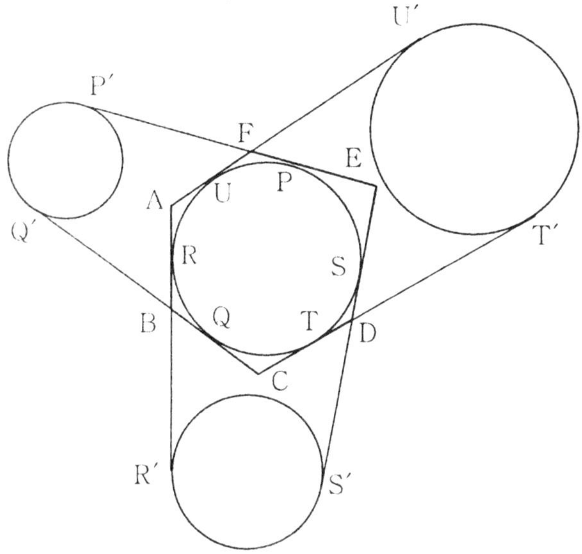

그림 6.10.

그러므로 두 점 A와 D는 두 원 β, γ에 관한 방멱이 같은 점이므로 직선 AD는 두 원 β, γ의 근축이다. 같은 방법으로, 직선 BE는 두 원 α, β의 근축이고 직선 CF는 두 원 α, γ의 근축이다. 직선 AD, BE, CF는 서로 다르므로 공통근축이 아니고, 따라서 세 개의 근축은 한 점에서 만난다. 즉, 세 대각선은 한 점에서 만난다. ∎

6.2 사영공간

유클리드 기하학이 성립하는 기하체계를 유클리드 평면이라고 한다. 또 쌍곡기하학이 성립하는 모형으로는 클라인 모형과 푸앵카레 모형이 있고 5장에서는 타원기하학의 모형으로 구에 대하여 살펴보았다. 이 절에서는 사영기하학의 모형인 사영공간에 대하여 알아보자.

좌표공간이나 좌표평면의 물체나 도형을 어떤 평면에 사영(project)시키는 방법에는 크게 두 가지가 있다. 즉 한 점으로부터 평면에 사영시키는 **중심사영**(central projection)과 고정된 방향을 따라서 평행하게 사영시키는 **정사영**(parallel projection)이 있다.

(1) **중심사영**

P를 고정된 점이라 하고 α를 $\mathrm{P} \notin \alpha$인 평면이라고 하자. 직선 $\overleftrightarrow{\mathrm{PQ}}$가 평면 α와 평행하지 않은 임의의 점 Q에 대하여 사영사상 f를

$$f(\mathrm{Q}) = \overleftrightarrow{\mathrm{PQ}} \cap \alpha$$

로 정의하고 이때 f를 점 P로부터 평면 α로의 중심사영이라고 한다.

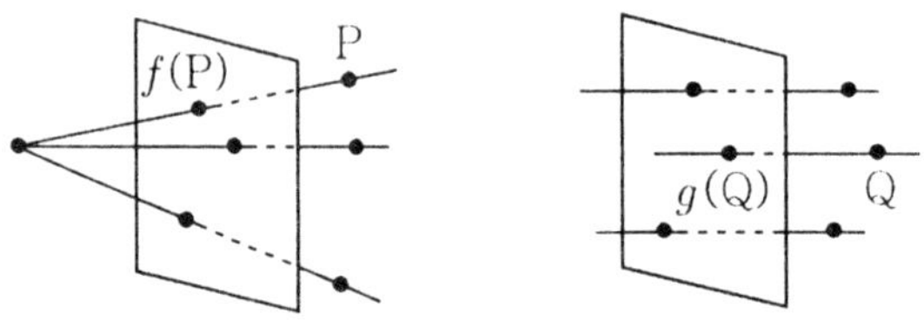

그림 6.11.

(2) **정사영**

$\mathbf{v}$를 고정된 벡터라 하고 α는 벡터 $\mathbf{v}$와 평행하지 않은 평면이라고 하자. 임의의 점 Q에 대하여, 점 Q를 지나고 벡터 $\mathbf{v}$와 평행한 직선을 L_{Q}라 할 때 사영사상 g를

$$g(\mathrm{Q}) = L_{\mathrm{Q}} \cap \alpha$$

로 정의하고 이때 g를 방향 $\mathbf{v}$를 따라 평면 α로의 정사영이라고 한다.

정의 6.2.1 (1) 좌표공간 $\mathbb{R}^3$에서 원점을 지나는 직선을 **사영점**(projective point)이라 하고, 원점을 지나는 한 평면 위에 놓여 있는 사영점 전체의 집합을 **사영직선**(projective line)이라고 한다(그림 6.12).

(2) 좌표공간 $\mathbb{R}^3$에서 사영점 전체의 집합을 **사영평면**(projective plane)이라 하고, 기호 $\mathbb{P}^2$로 나타낸다. 또 사영평면 $\mathbb{P}^2$의 직선은 사영직선으로 정의한다.

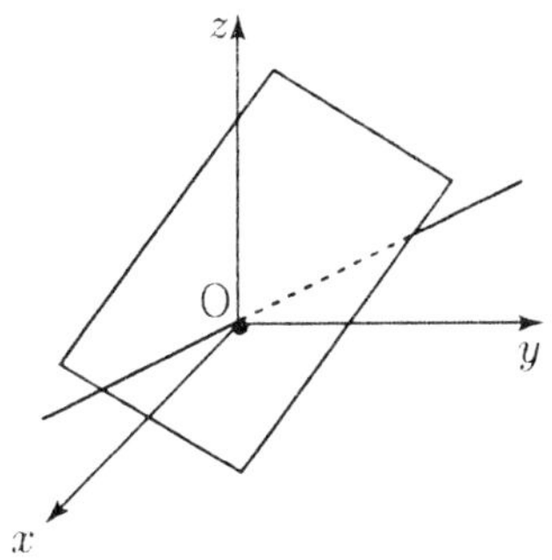

그림 6.12.

정의에 의해 사영평면 $\mathbb{P}^2$의 점은 좌표공간 $\mathbb{R}^3$에서 원점을 지나는 직선을 나타내고 사영직선은 $\mathbb{R}^3$에서 원점을 지나는 평면을 나타낸다. 특히 xy 평면에 놓여 있지 않은 사영점을 구의 북반구의 한 점에 대응시킬 수 있으므로 $z > 0$인 $\mathbb{R}^3$의 도형은 사영평면의 북반구의 도형으로 사영시켜 생각할 수 있다(그림 6.13).

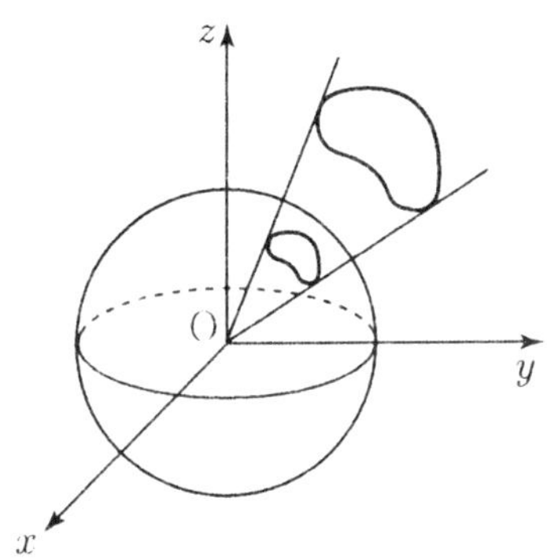

그림 6.13.

정리 6.2.2 단위구 $S^2 = \{(x, y, z) \in \mathbb{R}^3 \mid x^2 + y^2 + z^2 = 1\}$에서 임의의 두 점 $\mathrm{P}, \mathrm{Q} \in S^2$에 대하여 관계 $\mathrm{P} \sim \mathrm{Q}$를

$$\mathrm{P} \sim \mathrm{Q} \quad \Leftrightarrow \quad \mathrm{Q} = -\mathrm{P}$$

로 정의하자. 그러면 동치관계 $\sim$에 의한 S^2의 상공간(quotient space) $S^2/\sim$는 사영평면 $\mathbb{P}^2$와 같다.

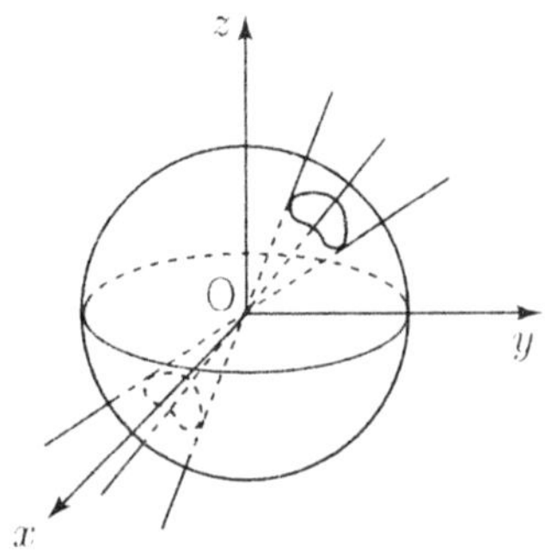

그림 6.14.

증명. 점 $\mathrm{P} \in S^2$의 좌표가 (x, y, z)일 때 집합 $l_{(x,y,z)} = \{(tx, ty, tz) \mid t \in \mathbb{R}\}$는 좌표공간 $\mathbb{R}^3$에서 원점을 지나는 직선이므로 사영평면 $\mathbb{P}^2$의 사영점을 결정한다. 역으로 l이 $\mathbb{P}^2$의 사영점이면 l은 좌표공간 $\mathbb{R}^3$에서 원점을 지나는 직선이므로 $(a, b, c) \in \mathbb{R}^3, (a, b, c) \neq (0, 0, 0)$에 대하여 $l = \{(ta, tb, tc) \mid t \in \mathbb{R}\}$로 나타낼 수 있다. 특히 $(a, b, c) \neq (0, 0, 0)$이므로 $(a, b, c) \in S^2$라고 가정할 수 있고 $l = \{(-ta, -tb, -tc) \mid t \in \mathbb{R}\}$이므로 사영점 L은 상공간 $S^2/\sim$의 한 점에 대응시킬 수 있다. ∎

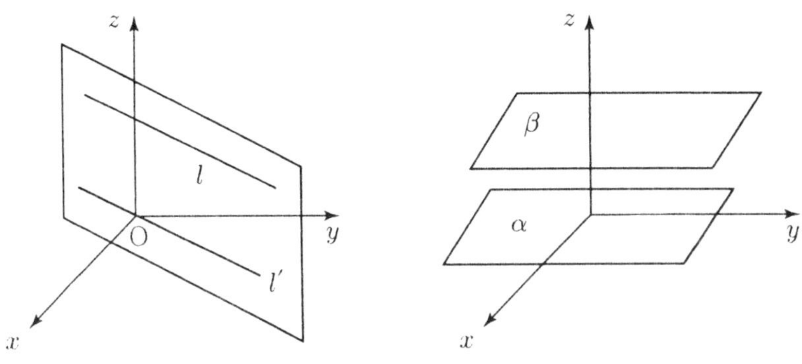

그림 6.15.

좌표공간 $\mathbb{R}^3$에서 원점을 지나지 않는 직선 l에 대하여 직선 l과 원점 O에 의해 주어지는 평면을 α라고 하면, 원점을 지나고 평면 α 위에 놓여 있는 직선은 오직 하나의 직선만 제외하고 항상 직선 l과 만난다. 즉 평면 α의 직선 중에서 원점을 지나고 직선 l과 평행한 직선 하나만이 직선 l과 만나지 않는다. 이 직선을 사영평면에서 직선 l 위의 **무한점**(point at infinity)이라고 한다(그림 6.15).

또 좌표공간 $\mathbb{R}^3$에서 원점을 지나지 않는 평면 β에 대하여 원점을 지나고 평면 β에 평행한 평면 α가 단 하나 존재한다. 이 평면을 사영평면에서 평면 β의 **무한직선**(line at infinity)이라고 한다.

좌표공간 $\mathbb{R}^3$에서 $z = 1$인 평면을 $\mathbb{R}^2_1$으로 나타내자.[6] 즉

$$\mathbb{R}^2_1 = \{(x, y, 1) \mid x, y \in \mathbb{R}\}$$

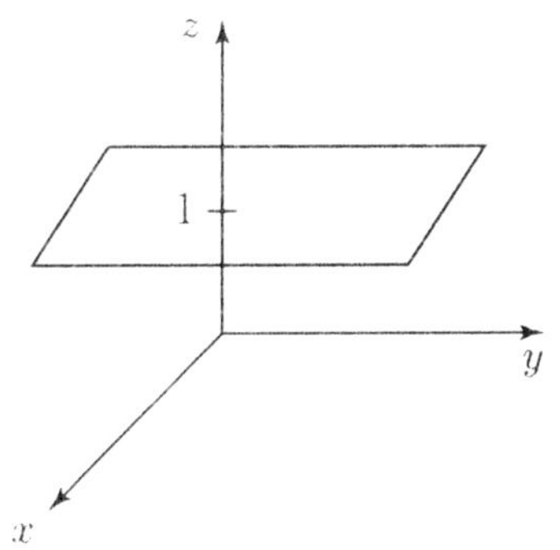

그림 6.16.

$\mathbb{R}^2_1$의 임의의 점 $(x, y, 1)$은 좌표공간 $\mathbb{R}^3$에서 원점을 지나는 단 하나의 직선

$$l_{(x,y,1)} = \{(tx, ty, t) \mid t \in \mathbb{R}\}$$

위에 놓여 있다. 그리고 좌표공간 $\mathbb{R}^3$에서 원점을 지나는 직선

$$l_{(x,y,0)} = \{(tx, ty, 0) \mid t \in \mathbb{R}\} \tag{6.19}$$

은 평면 $\mathbb{R}^2_1$과 평행하자. 식 (6.19) 형태의 직선을 '무한점' 이라고 한다. 따라서 좌표공간 $\mathbb{R}^3$에서 원점을 지나는 직선은 평면 $\mathbb{R}^2_1$의 점 $(x, y, 1)$에 대응되거

[6] $\mathbb{R}^2_1$은 원점을 지나지 않으므로 사영평면의 사영직선은 아니다.

나 또는 $\mathbb{R}_1^2$의 무한점에 대응되므로 사영평면 $\mathbb{P}^2$은 집합 $\mathbb{R}_1^2 \cup \{\mathbb{R}_1^2$의 무한점$\}$과 일대일대응이다. 즉

$$\mathbb{P}^2 = \mathbb{R}_1^2 \cup \{\mathbb{R}_1^2\text{의 무한점}\}$$

으로 생각할 수 있다.

점과 직선에 관한 유클리드 공리가 사영평면에서도 성립한다.

정리 6.2.3 (1) **사영평면 $\mathbb{P}^2$에서 서로 다른 두 점은 오직 한 직선을 결정한다.**

(2) **사영평면 $\mathbb{P}^2$에서 서로 다른 두 직선은 오직 한 점에서 만난다.**

증명.

(1) 좌표공간 $\mathbb{R}^3$에서 원점을 지나는 서로 다른 두 직선은 원점을 지나는 평면을 결정한다. 원점을 지나는 직선은 사영공간 $\mathbb{P}^2$의 사영점이고 원점을 지나는 평면은 사영공간 $\mathbb{P}^2$의 사영직선이므로 사영평면 $\mathbb{P}^2$에서 서로 다른 두 점은 오직 한 직선을 결정한다.

(2) 좌표공간 $\mathbb{R}^3$에서 원점을 지나는 서로 다른 두 평면의 교선은 원점을 지나는 직선이므로 이를 사영평면에서 해석하면 사영평면 $\mathbb{P}^2$의 서로 다른 두 직선은 오직 한 점에서 만난다.

∎

정리 6.2.4 (데자르그) 두 삼각형 $\triangle ABC$와 $\triangle A'B'C'$이 사영위치에 놓여 있으면

$$P = \overleftrightarrow{AB} \cap \overleftrightarrow{A'B'}, \quad Q = \overleftrightarrow{AC} \cap \overleftrightarrow{A'C'}, \quad R = \overleftrightarrow{BC} \cap \overleftrightarrow{B'C'}$$

은 한 직선 위에 놓여 있다.

증명. 세 직선 $\overleftrightarrow{AA'}$, $\overleftrightarrow{BB'}$, $\overleftrightarrow{CC'}$의 교점을 X라고 하자.

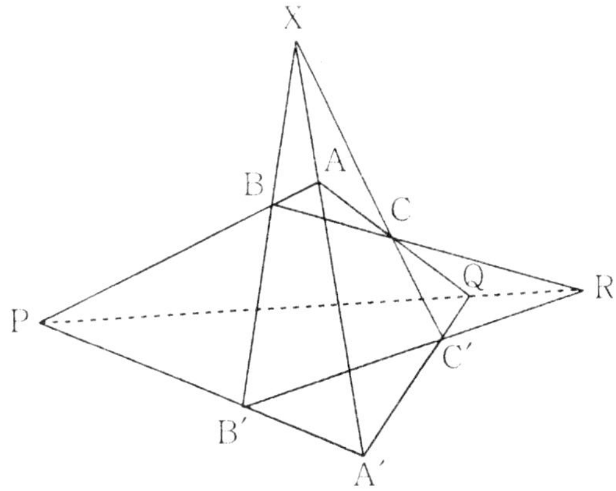

그림 6.17.

(1) $\triangle$ABC와 $\triangle$A′B′C′이 같은 평면에 놓여 있지 않은 경우

두 삼각형 $\triangle$ABC와 $\triangle$A′B′C′이 사영위치에 놓여 있으므로

$$\overleftrightarrow{AB},\quad \overleftrightarrow{A'B'} \subset \overline{ABX}$$
$$\overleftrightarrow{AC},\quad \overleftrightarrow{A'C'} \subset \overline{ACX}$$
$$\overleftrightarrow{BC},\quad \overleftrightarrow{B'C'} \subset \overline{BCX}$$

따라서 직선의 쌍 $\overleftrightarrow{AB}$, $\overleftrightarrow{A'B'}$, $\overleftrightarrow{AC}$, $\overleftrightarrow{A'C'}$, $\overleftrightarrow{BC}$, $\overleftrightarrow{B'C'}$은 서로 만난다. 이들 교점을 각각 P, Q, R라고 하자. 그러면

$$\overleftrightarrow{AB},\quad \overleftrightarrow{AC},\quad \overleftrightarrow{BC} \subset \overline{ABC}$$
$$\overleftrightarrow{A'B'},\quad \overleftrightarrow{A'C'},\quad \overleftrightarrow{B'C'} \subset \overline{A'B'C'}$$

이므로

$$P, Q, R \in \overline{ABC} \cap \overline{A'B'C'}$$

따라서, 세 교점 P, Q, R는 한 직선 위에 놓여 있다.

(2) 두 삼각형 $\triangle$ABC와 $\triangle$A′B′C′이 같은 평면에 놓여 있는 경우

$A = A', B = B', C = C'$이면 자명하게 성립하므로 세 변 중에 하나는 다르다고 가정해도 된다. $\overleftrightarrow{BC} \neq \overleftrightarrow{B'C'}$이라고 가정하자. 점 A, B, C, A′, B′, C′을

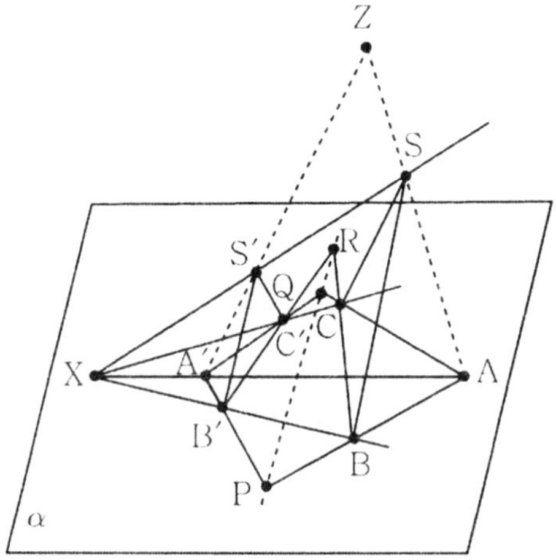

그림 6.18.

포함하는 평면을 α라 하고 Z는 $Z \notin \alpha$인 점이라고 하자. 또 $S \in \overleftrightarrow{AZ}$라 하고 세 점 A, S, Z는 모두 다르다고 하자. $\overleftrightarrow{ZA'}$과 $\overleftrightarrow{XS}$는 평면 $\overline{ZAX}$에 놓여 있으므로 두 직선 $\overleftrightarrow{ZA'}$과 $\overleftrightarrow{XS}$은 서로 만난다.

$$S' = \overleftrightarrow{ZA'} \cap \overleftrightarrow{XS}$$

라 하자. $X \in \overleftrightarrow{SS'} \cap \overleftrightarrow{BB'} \cap \overleftrightarrow{CC'}$이므로 두 삼각형 $\triangle SBC$와 $\triangle S'B'C'$은 사영위치에 놓여 있다. 더욱이 α는 두 직선 $\overleftrightarrow{BC}$와 $\overleftrightarrow{B'C'}$에 의해 결정되는 평면으로 점 S 또는 S′을 포함하지 않으므로 $\triangle SBC$와 $\triangle S'B'C'$은 같은 평면에 놓여 있지 않다. 따라서 위의 (1)에 의해 세 점

$$T = \overleftrightarrow{SB} \cap \overleftrightarrow{S'B'}, \quad U = \overleftrightarrow{SC} \cap \overleftrightarrow{S'C'}, \quad R$$

는 한 직선 위에 놓여 있다.

정사영사상은 직선을 직선으로 사상시키므로 점 Z를 평면 α에 정사영시키는 사상은 점 S를 A로, 점 S′을 A′으로 정사영시키고 평면 α 위의 점은 고정시킨다. 따라서 $T = \overleftrightarrow{SB} \cap \overleftrightarrow{S'B'}$는 점 $P = \overleftrightarrow{AB} \cap \overleftrightarrow{A'B'}$으로 점 $U = \overleftrightarrow{SC} \cap \overleftrightarrow{S'C'}$은 점 $Q = \overleftrightarrow{AC} \cap \overleftrightarrow{A'C'}$으로 사상되고 R는 고정된다. 따라서 T, U, R는 한 직선 위에 놓여 있으므로 그 상 P, Q, R도 한 직선 위에 놓여 있다.

■

6.3 복비

한 직선 위에 놓여 있는 네 점에 대한 복비(cross ratio)에 대하여 2장과 4장에서 다루었다. 복비는 사영기하학에서도 매우 중요한 개념이다.

정의 6.3.1 $\mathrm{A, B, C, D}$가 한 유클리드 직선 위에 놓여 있는 서로 다른 네 점일 때, $[\mathrm{A, B, C, D}]$를

$$[\mathrm{A, B, C, D}] = \frac{\overline{\mathrm{AC}} \cdot \overline{\mathrm{BD}}}{\overline{\mathrm{AD}} \cdot \overline{\mathrm{BC}}}$$

로 정의하고 이를 **복비**(cross ratio)라고 한다.

예를 들어, a, b, c, d가 수직선 위의 서로 다른 네 점이면 복비는

$$[a, b, c, d] = \frac{(c-a)(d-b)}{(d-a)(c-b)}$$

으로 주어진다. 또한, 정의로부터 다음이 성립한다.

$$[\mathrm{B, A, C, D}] = \frac{1}{[\mathrm{A, B, C, D}]}$$

정리 6.3.2 $\mathrm{A, B, C, D}$가 한 유클리드 직선 위에 놓여 있는 서로 다른 네 점이고 P는 그 직선 위에 놓여 있지 않은 점일 때,

(1) $[\mathrm{A, B, C, D}] = \dfrac{\sin\angle\mathrm{APC} \cdot \sin\angle\mathrm{BPD}}{\sin\angle\mathrm{APD} \cdot \sin\angle\mathrm{BPC}}$

(2) 네 점 $\mathrm{A, B, C, D}$의 점 P에 대한 다른 직선으로의 사영점을 각각 $\mathrm{A', B', C', D'}$로 놓으면

$$[\mathrm{A, B, C, D}] = [\mathrm{A', B', C', D'}]$$

증명.

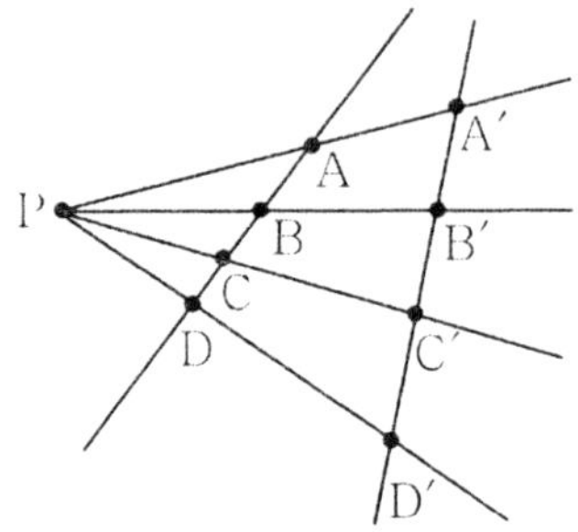

그림 6.19.

(1) 복비의 정의로부터

$$\begin{aligned}[\mathrm{A},\mathrm{B},\mathrm{C},\mathrm{D}] &= \frac{\overline{\mathrm{AC}}\cdot\overline{\mathrm{BD}}}{\overline{\mathrm{AD}}\cdot\overline{\mathrm{BC}}} = \frac{\overline{\mathrm{AC}}}{\overline{\mathrm{AD}}}\cdot\frac{\overline{\mathrm{BD}}}{\overline{\mathrm{BC}}}\\ &= \frac{area(\triangle\mathrm{APC})}{area(\triangle\mathrm{APD})}\cdot\frac{area(\triangle\mathrm{BPD})}{area(\triangle\mathrm{BPC})}\\ &= \frac{\overline{\mathrm{AP}}\cdot\overline{\mathrm{CP}}\sin\angle\mathrm{APC}}{\overline{\mathrm{AP}}\cdot\overline{\mathrm{DP}}\sin\angle\mathrm{APD}}\cdot\frac{\overline{\mathrm{BP}}\cdot\overline{\mathrm{DP}}\sin\angle\mathrm{BPD}}{\overline{\mathrm{BP}}\cdot\overline{\mathrm{CP}}\sin\angle\mathrm{BPC}}\\ &= \frac{\sin\angle\mathrm{APC}}{\sin\angle\mathrm{APD}}\cdot\frac{\sin\angle\mathrm{BPD}}{\sin\angle\mathrm{BPC}}\end{aligned}$$

(2) 사영(projection)의 정의로부터

$$\angle\mathrm{APC} = \angle\mathrm{A'PC'}, \quad \angle\mathrm{BPD} = \angle\mathrm{B'PD'}$$

이고

$$\angle\mathrm{APD} = \angle\mathrm{A'PD'}, \quad \angle\mathrm{BPC} = \angle\mathrm{B'PC'}$$

이므로 위의 (1)에 의해 성립한다.

■

극한을 이용하면 한 직선 위에 놓여 있는 세 점과 무한점 ∞에 대한 복비를 정의할 수 있다. 즉, $\mathrm{B},\mathrm{C},\mathrm{D}$가 한 직선 위에 놓여 있는 서로 다른 세 점이면

$$[\infty,\mathrm{B},\mathrm{C},\mathrm{D}] = \lim_{\mathrm{P}\to\infty}[\mathrm{P},\mathrm{B},\mathrm{C},\mathrm{D}]$$

로 주어진다. 이때 $\frac{\infty}{\infty} = 1$, $-\frac{\infty}{\infty} = -1$로 정의한다. 따라서 b, c, d가 수직선 위의 서로 다른 세 점이면

$$[\infty, b, c, d] = \lim_{p\to\infty} \frac{(c-p)(d-b)}{(d-p)(c-b)} = \frac{d-b}{c-b}$$

정의 6.3.3 $\mathrm{P}_1, \mathrm{P}_2, \mathrm{P}_3, \mathrm{P}_4$가 사영직선 위에 놓여 있는 서로 다른 네 점이고 $\mathrm{P}'_i = \mathrm{P}_i \cap \mathbb{R}^2_1$ $(i = 1, 2, 3, 4)$일 때 복비를

$$[\mathrm{P}_1, \mathrm{P}_2, \mathrm{P}_3, \mathrm{P}_4] = [\mathrm{P}'_1, \mathrm{P}'_2, \mathrm{P}'_3, \mathrm{P}'_4]$$

로 정의한다.

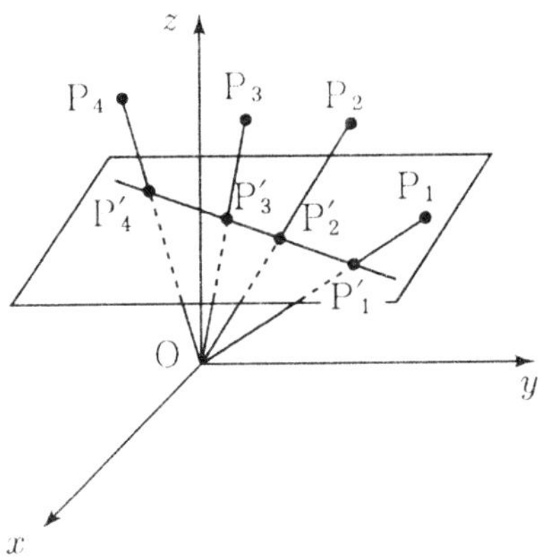

그림 6.20.

α가 $\mathbb{R}^2_1$와 평행한 평면이고 $\mathrm{P}''_i = \mathrm{P}_i \cap \alpha$ $(i = 1, 2, 3, 4)$이면 정리 6.3.2에 의해

$$[\mathrm{P}_1, \mathrm{P}_2, \mathrm{P}_3\mathrm{P}_4] = [\mathrm{P}'_1, \mathrm{P}'_2, \mathrm{P}'_3, \mathrm{P}'_4] = [\mathrm{P}''_1, \mathrm{P}''_2, \mathrm{P}''_3, \mathrm{P}''_4]$$

이므로 정의 6.3.3는 P'_i의 선택과 무관하게 잘 정의된 개념이다.

따름정리 6.3.4 사영공간에서 $\mathrm{P}_1, \mathrm{P}_2, \mathrm{P}_3, \mathrm{P}_4$가 사영직선 l 위에 놓여 있는 네 점이고 $\mathrm{P}'_1, \mathrm{P}'_2, \mathrm{P}'_3, \mathrm{P}'_4$이 중심사영(central projection)에 의한 직선 l' 위로의 상(image)이면

$$[\mathrm{P}_1, \mathrm{P}_2, \mathrm{P}_3\mathrm{P}_4] = [\mathrm{P}'_1, \mathrm{P}'_2, \mathrm{P}'_3, \mathrm{P}'_4]$$

증명. 사영직선 및 사영점과 평면 $\mathbb{R}^2_1$의 교점을 생각하면 정리 6.3.2의 (2)에 의해 성립한다. ∎

정의 6.3.5 한 점에서 동시에 만나지 않는 한 평면의 네 직선 l_1, l_2, l_3, l_4에 대하여 점 $P_1 \in l_1, P_2 \in l_2, P_3 \in l_3, P_4 \in l_4$가 한 직선에 놓여 있을 때 네 직선 l_1, l_2, l_3, l_4의 복비 $[l_1, l_2, l_3, l_4]$를

$$[l_1, l_2, l_3, l_4] = [P_1, P_2, P_3, P_4]$$

로 정의한다.

정의6.3.5는 사영평면 $\mathbb{P}^2$와 좌표공간 $\mathbb{R}^3$에 모두 적용될 수 있다. 특히 정리 6.3.2의 (2)에 의해 네 직선 l_1, l_2, l_3, l_4의 복비는 점 P_1, P_2, P_3, P_4의 선택에 무관하게 잘 정의된다.

정리 6.3.6 좌표공간 $\mathbb{R}^3$의 평면 α 또는 사영평면 $\mathbb{P}^2$ 위의 네 직선 l_1, l_2, l_3, l_4가 동시에 한 점에서 만난다고 하자. 사상 f가 평면 α에서 평면 β로의 점 O에 대한 중심사영이면

$$[f(l_1), f(l_2), f(l_3), f(l_4)] = [l_1, l_2, l_3, l_4]$$

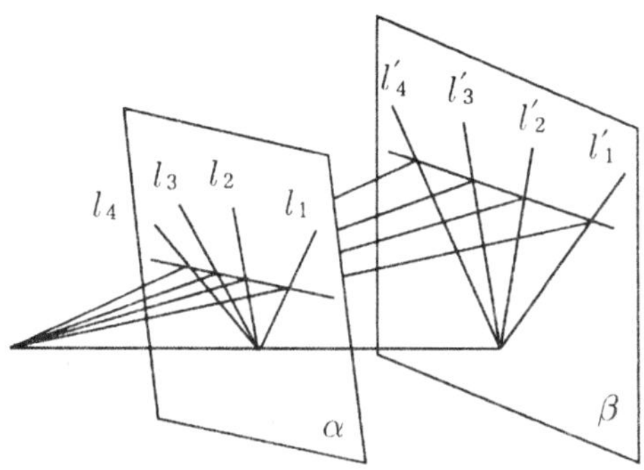

그림 6.21.

증명. m을 평면 α 위의 직선이라 하고 $m \cap l_i = \mathrm{P}_i$ $(i = 1, 2, 3, 4)$로 놓으면 정리 6.3.2에 의해

$$\begin{aligned}[l_1, l_2, l_3, l_4] &= [\mathrm{P}_1, \mathrm{P}_2, \mathrm{P}_3, \mathrm{P}_4] \\ &= [f(\mathrm{P}_1), f(\mathrm{P}_2), f(\mathrm{P}_3), f(\mathrm{P}_4)] \\ &= [f(l_1), f(l_2), f(l_3), f(l_4)]\end{aligned}$$

∎

정의 6.3.7 좌표평면이나 유클리드 평면에서 포물선, 원, 타원, 쌍곡선을 **원뿔곡선**(conic)이라고 하고, 이의 사영평면으로의 사영을 사영평면의 원뿔곡선이라고 한다.

원뿔곡선은 좌표공간 $\mathbb{R}^3$에서 원뿔과 평면의 교선으로 주어진다([7], [8] 참고).

정리 6.3.8 원뿔곡선 $\mathcal{C}$ 위의 네 점 A, B, C, D와 임의의 두 점 $\mathrm{P}, \mathrm{Q} \in \mathcal{C}$에 대하여

$$[\overleftrightarrow{\mathrm{PA}}, \overleftrightarrow{\mathrm{PB}}, \overleftrightarrow{\mathrm{PC}}, \overleftrightarrow{\mathrm{PD}}] = [\overleftrightarrow{\mathrm{QA}}, \overleftrightarrow{\mathrm{QB}}, \overleftrightarrow{\mathrm{QC}}, \overleftrightarrow{\mathrm{QD}}] \tag{6.20}$$

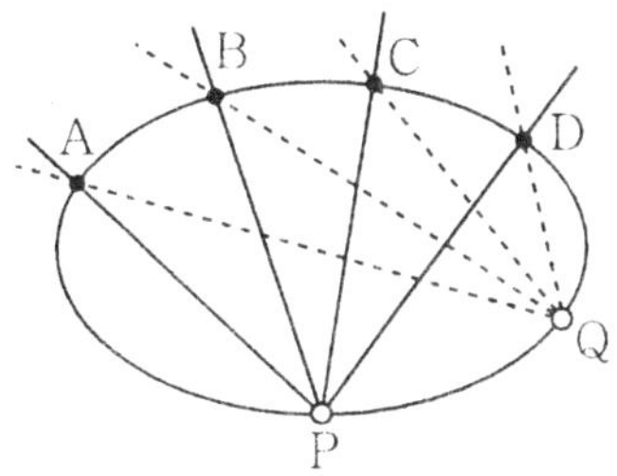

그림 6.22.

증명. 사영평면의 원뿔곡선은 유클리드 평면의 원뿔곡선을 사영시킨 곡선이므로 유클리드 평면의 원뿔곡선에 대하여 식 (6.20)이 성립함을 보이면 된다. 원뿔의 꼭짓점을 V라 할 때 원뿔곡선 $\mathcal{C}$를 꼭짓점 V로부터 원뿔에 수직인 평면으

로 사영시키면 원이 된다. 따라서 정리 6.3.6에 의해 네 점 A, B, C, D가 원 $\mathcal{C}$ 위에 놓여 있다고 가정해도 된다. 정리 6.3.2와 정의 6.3.5에 의해

$$[\overleftrightarrow{\mathrm{P'A'}}, \overleftrightarrow{\mathrm{P'B'}}, \overleftrightarrow{\mathrm{P'C'}}, \overleftrightarrow{\mathrm{P'D'}}] = \frac{\sin\angle\mathrm{A'P'C'}}{\sin\angle\mathrm{A'P'D'}} \cdot \frac{\sin\angle\mathrm{B'P'D'}}{\sin\angle\mathrm{B'P'C'}}$$

이고

$$[\overleftrightarrow{\mathrm{Q'A'}}, \overleftrightarrow{\mathrm{Q'B'}}, \overleftrightarrow{\mathrm{Q'C'}}, \overleftrightarrow{\mathrm{Q'D'}}] = \frac{\sin\angle\mathrm{A'Q'C'}}{\sin\angle\mathrm{A'Q'D'}} \cdot \frac{\sin\angle\mathrm{B'Q'D'}}{\sin\angle\mathrm{B'Q'C'}}$$

$\mathcal{C}$가 원이므로

$$\begin{aligned} \angle\mathrm{A'P'C'} &= \angle\mathrm{A'Q'C'}, \quad \angle\mathrm{B'P'D'} = \angle\mathrm{B'Q'D'} \\ \angle\mathrm{A'P'D'} &= \angle\mathrm{A'Q'D'}, \quad \angle\mathrm{B'P'C'} = \angle\mathrm{B'Q'C'} \end{aligned}$$

따라서

$$[\overleftrightarrow{\mathrm{P'A'}}, \overleftrightarrow{\mathrm{P'B'}}, \overleftrightarrow{\mathrm{P'C'}}, \overleftrightarrow{\mathrm{P'D'}}] = [\overleftrightarrow{\mathrm{Q'A'}}, \overleftrightarrow{\mathrm{Q'B'}}, \overleftrightarrow{\mathrm{Q'C'}}, \overleftrightarrow{\mathrm{Q'D'}}]$$

■

정의 6.3.9 원뿔곡선 $\mathcal{C}$ 위의 네 점 A, B, C, D의 복비 [A, B, C, D]를

$$[\mathrm{A}, \mathrm{B}, \mathrm{C}, \mathrm{D}] = [\overleftrightarrow{\mathrm{PA}}, \overleftrightarrow{\mathrm{PB}}, \overleftrightarrow{\mathrm{PC}}, \overleftrightarrow{\mathrm{PD}}]$$

로 정의한다. 여기서 점 P는 원뿔곡선 $\mathcal{C}$ 위의 임의의 점이다.

정리 6.3.8에 의해 원뿔곡선 위의 네 점에 대한 복비는 원뿔곡선 위의 점 P의 선택에 무관하게 잘 정의된다.

6.4 동차좌표

정의 6.4.1 좌표공간 $\mathbb{R}^3$에서 원점을 지나는 직선 위의 $\mathbf{0}$이 아닌 점 $[X, Y, Z]$를 그 직선의 **동차좌표**(homogeneous coordinate)라고 한다.

좌표공간 $\mathbb{R}^3$의 동차좌표는 사영평면 $\mathbb{P}^2$의 좌표를 제공해준다. 그리고 유클리드의 직교좌표 (x, y, z)와 구분하기 위해 동차좌표를 대문자 $[X, Y, Z]$로 나타내기로 한다. 직교좌표 (x, y, z)는 좌표공간 $\mathbb{R}^3$의 점과 일대일대응이지만 사영평면 $\mathbb{P}^2$의 점은 무한히 많은 동차좌표를 가질 수 있다.

정리 6.4.2 $[X, Y, Z]$와 $[X', Y', Z']$이 사영평면 $\mathbb{P}^2$의 동일한 점을 나타내는 동차좌표일 필요충분조건은

$$[X', Y', Z'] = [tX, tY, tZ]$$

를 만족시키는 0이 아닌 실수 t가 존재하는 것이다.

증명. $[X, Y, Z]$와 $[X', Y', Z']$이 원점을 지나는 동일한 직선 위의 점일 필요충분조건은

$$(X', Y', Z') = (tX, tY, tZ)$$

를 만족시키는 실수 t가 존재하는 것이다. ∎

사영평면 $\mathbb{P}^2$의 직선 l은 좌표공간 $\mathbb{R}^3$에서 원점을 지나는 평면이므로 직선 l 위의 점 $[X, Y, Z]$는 $\mathbb{R}^3$에서 상수 A, B, C에 대하여 평면의 방정식

$$AX + BY + CZ = 0 \quad (\text{단, } (A, B, C) \neq (0, 0, 0))$$

을 만족시킨다. 따라서 $[A, B, C]$를 질선 l에 대한 동차좌표 전체의 집합으로 생각할 수 있다. 즉 $[A, B, C]$를 직선 l과 같게 볼 수 있다. 더욱이 실수 t에 대하여

$$AX + BY + CZ = 0 \quad \Leftrightarrow \quad tAX + tBY + tCZ = 0$$

이므로 $(A, B, C) \neq (0, 0, 0)$이면 실수 $t \neq 0$에 대하여 $[A, B, C]$와 $[tA, tB, tC]$는 같은 직선을 나타낸다. 즉 직선의 좌표 $[A, B, C]$는 동차(homogeneous)이다.

정의 6.4.3 세 변수 x, y, z에 관한 다항식 $f(x, y, z)$가 모든 실수 t에 대하여

$$f(tx, ty, tz) = t^d f(x, y, z)$$

를 만족시킬 때 $f(x, y, z)$를 차수가 d인 **동차다항식**(homogeneous polynomial of degree d)이라고 한다.

정리 6.4.4 $f(x, y, z)$가 동차다항식이고 $\mathbf{0}$이 아닌 한 점 $(x_0, y_0, z_0) \in \mathbb{R}^3$에서 $f(x_0, y_0, z_0) = 0$이면 다항식 $f(x, y, z)$는 원점과 점 (x_0, y_0, z_0)을 지나는 직선 위에서 0이다.

증명. 점 $x_0, y_0, z_0)$와 원점을 지나는 직선 위의 점 (x, y, z)는 실수 t에 대하여 $(x, y, z) = (tx_0, ty_0, tz_0)$로 나타낼 수 있다. 따라서 $f(x, y, z) = t^d f(x_0, y_0, z_0) = 0$ ∎

정의 6.4.5 (1) 이변수다항식 $f(x, y)$에 대하여 $f(x, y) = 0$을 만족시키는 유클리드 평면 또는 좌표평면 $\mathbb{R}^2$의 점 (x, y) 전체의 집합을 $\mathbb{R}^2$의 **대수곡선**(algebraic curve)이라고 한다.

(2) 상수가 아닌 세 변수의 동차다항식 F에 대하여 $F(X, Y, Z) = 0$을 만족시키는 사영평면 $\mathbb{P}^2$ 위의 점 $[X, Y, Z]$ 전체의 집합을 사영평면 $\mathbb{P}^2$의 대수곡선이라고 한다.

보기 6.4.6 (1) 단위원 $x^2 + y^2 - 1 = 0$, 직선 $y - 2x - 5 = 0$, 포물선 $x^2 - y = 0$은 $\mathbb{R}^2$의 대수곡선이다.

(2) 사영평면 $\mathbb{P}^2$를 $\mathbb{R}^2_1 \cup \{\mathbb{R}^2_1$의 무한점$\}$으로 생각할 때 사영직선 $X+Y+X = 0$, 사영원 $X^2 + Y^2 - Z^2 = 0$, 사영포물선 $X^2 - YZ = 0$은 사영평면의 대수곡선이다.

유클리드 평면의 도형이 나타내는 점들을 $\mathbb{R}^3$에서 원점을 지나는 직선으로 바꾸어서 사영평면의 도형으로 변환시키는 것을 사영화(projectivization)라고 한다. 사영화 개념과 비슷한 대수적 개념이 동차화(homogenization)이다. 차수가 d인 다항식 $f(x_1, x_2, \cdots, x_n)$을 동차화하기 위해 $n+1$개의 변수 $X_1, X_2, \cdots, X_n, Z$를 도입한 후 $x_i\,(i = 1, 2, \cdots, n)$ 대신에 $\dfrac{X_i}{Z}$를 대입하고 분수식을 없애기 위해 Z^d를 곱하면 된다. 동차다항식으로부터 원래의 다항식을 얻기 위해서는 $X_i\,(i = 1, 2, \cdots, n)$ 대신에 x_i를 대입하고 $Z = 1$을 대입하면 된다.

보기 6.4.7 $f(x, y) = 1 + 2x - y + 3y^2 + x^3y$를 동차화하여라.

풀이. $f\left(\dfrac{X}{Z}, \dfrac{Y}{Z}\right) = 1 + 2\dfrac{X}{Z} - \dfrac{Y}{Z} + 3\left(\dfrac{Y}{Z}\right)^2 + \left(\dfrac{X}{Z}\right)^3\left(\dfrac{Y}{Z}\right)$이므로 Z^4을 곱하면

$$F(X, Y, Z) = Z^4 + 2XZ^3 - YZ^3 + 3Y^2Z^2 + X^3Y$$

역으로 동차다항식 F에서 $X = x, Y = y, Z = 1$을 대입하면

$$F(x, y, z) = 1 + 2x - y + 3y^2 + x^3 y = f(x, y)$$

∎

사영화와 동차화의 관계에 대하여 알아보자. 차수가 d이 다항식 $f(x, y)$에 대하여 평면 $z = 1$에서 방정식 $f(x, y) = 0$으로 주어지는 유클리드 곡선

$$\mathcal{C} : f(x, y) = 0, \quad z = 1$$

을 생각하자. 원점이 아닌점 (x, y, z)가 곡선 $\mathcal{C}$의 사영곡선에 있을 필요충분조건은 점 (x, y, z)와 원점을 지나는 직선이 곡선 $\mathcal{C}$와 만나는 것이다. 즉 실수 t에 대하여 (tx, ty, tz)가

$$f(tx, ty, tz) = 0, \quad tz = 1$$

을 만족시켜야 한다. $t = \dfrac{1}{z}$이므로

$$f\left(\frac{x}{z}, \frac{y}{z}\right) = 0$$

따라서 $z \neq 0$일 때 동차좌표 $[x, y, z]$가 사영곡선에 있을 필요충분조건은 동차화된 방정식 $F(x, y, z) = z^d f\left(\dfrac{x}{z}, \dfrac{y}{z}\right) = 0$인 것이다.

끝으로, 1절에서 증명한 파스칼의 정리의 일반화를 복비와 사영평면의 관점에서 알아보자.

정리 6.4.8 (파스칼의 정리) 원뿔곡선에 내접하는 육각형에서 세 쌍의 대변 (또는 그 연장)이 만나면 이들 세 교점은 한 직선 위에 있다.

증명. 원뿔곡선 $\mathcal{C}$ 위의 점 $\mathrm{A, B, C, A', B', C'}$에 대하여

$$\mathrm{P} = \overleftrightarrow{\mathrm{AB'}} \cap \overleftrightarrow{\mathrm{A'B}}, \quad \mathrm{Q} = \overleftrightarrow{\mathrm{AC'}} \cap \overleftrightarrow{\mathrm{A'C}}, \quad \mathrm{R} = \overleftrightarrow{\mathrm{BC'}} \cap \overleftrightarrow{\mathrm{B'C}}$$

가 한 직선 위에 있다는 것을 보이면 된다.

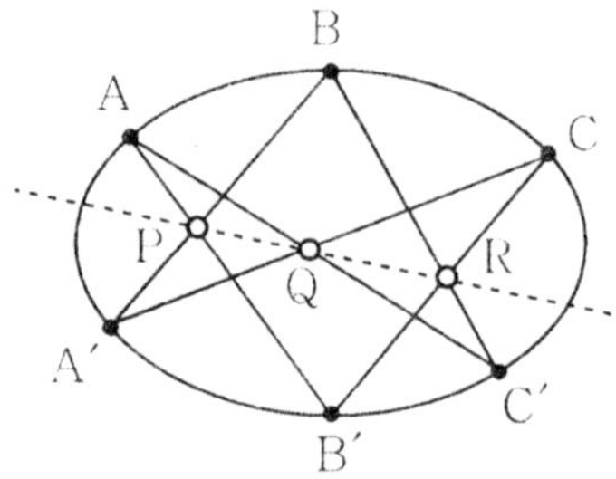

그림 6.23.

$X = \overleftrightarrow{AB'} \cap \overleftrightarrow{BC'}$, $Y = \overleftrightarrow{AC'} \cap \overleftrightarrow{B'C}$로 놓자. 점 B로부터의 사영을 생각하면 정의 6.3.9에 의해

$$[C', B', A, A'] = [\overleftrightarrow{BC'}, \overleftrightarrow{BB'}, \overleftrightarrow{BA}, \overleftrightarrow{BA'}]$$

또 정의 6.3.5에 의해

$$[X, B', A, P] = [\overleftrightarrow{BC'}, \overleftrightarrow{BB'}, \overleftrightarrow{BA}, \overleftrightarrow{BA'}]$$

따라서

$$[C', B', A, A'] = [X, B', A, P] \tag{6.21}$$

점 C로부터의 사영을 생각하면 같은 이유에 의해

$$[C', B', A, A'] = [\overleftrightarrow{CC'}, \overleftrightarrow{CB'}, \overleftrightarrow{CA}, \overleftrightarrow{CA'}]$$

이고

$$[C', Y, A, Q] = [\overleftrightarrow{CC'}, \overleftrightarrow{CB'}, \overleftrightarrow{CA}, \overleftrightarrow{CA'}]$$

이므로

$$[C', B', A, A'] = [C', Y, A, Q] \tag{6.22}$$

식 (6.21)과 식 (6.22)에 의해

$$[X, B', A, P] = [C', Y, A, Q] \tag{6.23}$$

직선 $\overleftrightarrow{PQ}$를 무한직선(line at infinity)이라 하고 사영평면 $\mathbb{P}^2$를 $\mathbb{R}_1^2 \cup \{\mathbb{R}_1^2$의 무한직선$\}$으로 생각하자. 세 점 P, Q, R가 한 직선에 있다는 것을 보이기 위해 점 R가 무한점임을 보이면 된다. 즉 $\mathbb{R}_1^2$에서 직선 $\overleftrightarrow{BC'}$과 직선 $\overleftrightarrow{B'C}$가 평행하다는 것을 보이면 된다. (그러면 $\overleftrightarrow{BC'}$를 나타내는 원점을 지나는 평면과 직선 $\overleftrightarrow{B'C}$를 나타내는 원점을 지나는 평면은 무한직선을 나타내는 xy 평면에서 교선을 갖는다.)
점 P와 점 Q가 무한점이므로 xy 평면에서 $\overleftrightarrow{AB'} \parallel \overleftrightarrow{A'B}$이고 $\overleftrightarrow{AC'} \parallel \overleftrightarrow{A'C}$이다. 또한 점 P, Q가 무한점이므로

$$\frac{\overline{B'P}}{\overline{XP}} = \frac{\overline{YQ}}{\overline{C'Q}} = 1$$

이다. 따라서 식 (6.23)로부터

$$\frac{\overline{XA} \cdot \overline{B'P}}{\overline{XP} \cdot \overline{B'A}} = \frac{\overline{C'A} \cdot \overline{YQ}}{\overline{C'Q} \cdot \overline{AY}}$$

이므로

$$\frac{\overline{XA}}{\overline{B'A}} = \frac{\overline{C'A}}{\overline{AY}}$$

그러므로 삼각형 $\triangle XAC'$과 삼각형 $\triangle YAB'$의 한 변은 직선 $\overline{AB'}$ 위에 있고 다른 한 변은 직선 $\overline{AC'}$ 위에 있으므로

$$\triangle XAC' \sim \triangle YAB' \quad (\text{닮음})$$

따라서 $\overleftrightarrow{XC''} \parallel \overleftrightarrow{B'Y}$, 즉 $\overleftrightarrow{BC'} \parallel \overleftrightarrow{B'C}$이다. 특히 $R = \overline{BC'} \cap \overline{B'C}$는 무한점이므로 $R \in \overline{PQ}$이다. ∎

연습문제

1. 다음은 메넬라우스의 정리를 다른 방법으로 증명한 것이다. 각 단계를 정당화하여라.

(1) 점 D가 직선 AB 위의 점으로 두 직선 CD와 XY가 평행하도록 택하면 닮음삼각형의 비례식에 의해

$$\frac{\overline{BX}}{\overline{CX}} = \frac{\overline{BZ}}{\overline{DZ}}, \quad \frac{\overline{CY}}{\overline{AY}} = \frac{\overline{DZ}}{\overline{AZ}}$$

(2) 따라서

$$\frac{\overline{CY}}{\overline{AY}} \cdot \frac{\overline{AZ}}{\overline{BZ}} = \frac{\overline{BZ}}{\overline{DZ}} \cdot \frac{\overline{ZD}}{\overline{AZ}} \cdot \frac{\overline{AZ}}{\overline{BZ}} = 1$$

2. 다음은 체바의 정리에 대한 역을 증명한 것이다. 각 단계를 정당화하여라.

> **정리** X, Y, Z가 삼각형 △ABC의 세 변 BC, CA, AB 또는 그 연장선 위의 세 점일 때, X, Y, Z가 세 변 위에 있거나 그 가운데서 한 점이 변 위에 있으며 식 (6.4)를 만족시키면 세 직선 AX, BY, CZ는 한 점에서 만나거나 평행하다.

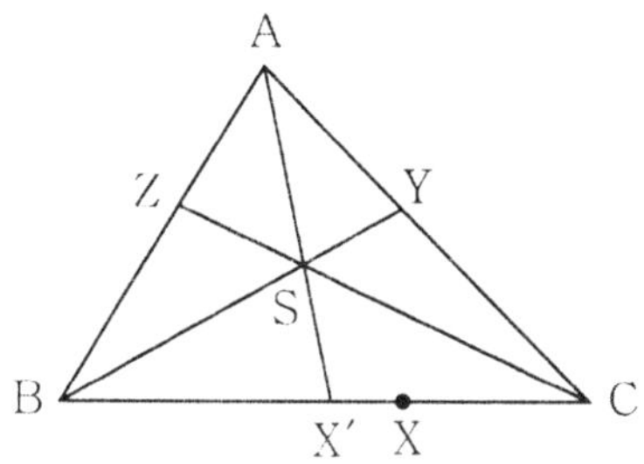

그림 6.24.

증명. B ∗ X ∗ C이고 두 직선 BY와 CZ의 교점을 S라 할 때, 다음의 두 가지 경우로 나누어서 생각하자.

(i) $AS \cap BC = \{X'\}$

이 경우 $X = X'$임을 보이면 된다. 체바의 정리에 의해

$$\frac{\overline{BX'}}{\overline{CX'}} \cdot \frac{\overline{CY}}{\overline{AY}} \cdot \frac{\overline{AZ}}{\overline{BZ}} = 1 \tag{6.24}$$

가정 (6.4)와 식 (6.24)에 의해

$$\frac{\overline{BX'}}{\overline{CX'}} = \frac{\overline{BX}}{\overline{CX}}$$

점 X와 X′이 모두 직선 BC 위에 놓여 있으므로 $X = X'$이다.

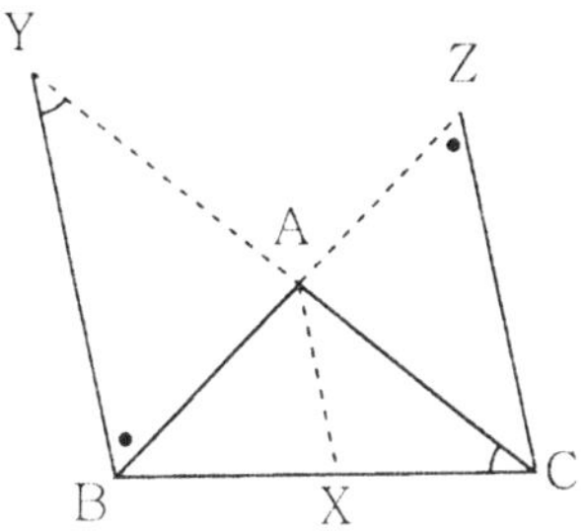

그림 6.25.

(ii) BY ∥ CZ

이 경우에는 △ACZ ∼ △ABY(닮음삼각형)이므로

$$\frac{\overline{AZ}}{\overline{BZ}} = \frac{\overline{AC}}{\overline{CY}} \tag{6.25}$$

식 (6.25)을 가정 (6.4)에 대입하면

$$1 = \frac{\overline{BX}}{\overline{CX}} \cdot \frac{\overline{CY}}{\overline{AY}} \cdot \frac{\overline{AZ}}{\overline{BZ}} = \frac{\overline{BX}}{\overline{CX}} \cdot \frac{\overline{AC}}{\overline{AY}}$$

따라서

$$\frac{\overline{BX}}{\overline{CX}} = \frac{\overline{AY}}{\overline{AC}}$$

이므로

$$AX \parallel BY \parallel CZ$$

∎

3. 정리 6.1.8을 증명하여라.

(**도움말:** 두 원 O_1, O_2의 반지름의 길이를 각각 r_1, r_2라 하고, P를 근축 위의 임의의 점이라고 하면 정의에 의해

$$\overline{PO_2}^2 - \overline{PO_1}^2 = r_2^2 - r_1^2$$

점 P에서 직선 O_1O_2에 내린 수선의 발을 Q라고 하고 피타고라스의 정리를 이용하면

$$\overline{\mathrm{QO_2}}^2 - \overline{\mathrm{QO_1}}^2 = \overline{\mathrm{PO_2}}^2 - \overline{\mathrm{PO_1}}^2 = r_2^2 - r_1^2$$

임을 보일 수 있다.)

4. 다음 다항식을 동차화하여라.

(1) $f(x) = 2 + x + 4x^2 + 3x^3$

(2) $g(x, y, z) = 1 + xyz$

5. $\mathbb{P}^2 = \mathbb{R}_1^2 \cup \{\mathbb{R}_1^2$의 무한직선$\}$으로 생각할 때 좌표공간 $\mathbb{R}^3$의 직선 $y - x = 0,\ z = 0$의 사영방정식을 구하여라. 또 평면 $x + y + z = 0$의 $\mathbb{R}_1^2$으로의 사영방정식을 구하여라.

(**도움말:** $z = 1$을 대입한다.)

참고문헌

[1] A. Baragar. *A Survey of Classical and Modern Geometries with Computer Activities.* Prentice Hall, 2001.

[2] R. Bonolar. *Non-Euclidean Geometry.* New York.

[3] H. S. M. Coxeter. *Projective Geometry, Second Edition.* Springer, 1987.

[4] H. S. M. Coxeter and S. L. Greitzer. *Geometry Revisited.* The Mathematical Association of America, 1967.

[5] M. J. Greenberg. *Euclidean and Non-Euclidean Geometries, Development and History, Third Edition.* W. H. Freeman and Company, 1993.

[6] T. L. Heath. *Euclid's Elements.* New York, 1956.

[7] G. A. Jennings. *Modern Geometry with Applications.* Springer.

[8] B. Kolman and D. R. Hill. *Elementary Linear Algebra, 7th edition.* Prentice Hall.

[9] S. Stahl. *The Poincaré Half-Plane: A Gateway to Modern Geometry.* Jones and Bartlett, 1993.

찾아보기

저자 소개

윤갑진

1987년 서울대학교 사범대학 수학교육학과 졸업(이학사)
1989년 서울대학교 대학원 수학과 졸업(이학석사)
1995년 미국 뉴욕주립대학교 스토니부룩 졸업(이학박사)
1996년 명지대학교 수학과 조교수
2000년 명지대학교 수학과 부교수
2005년 명지대학교 수학과 교수

기하학 -유클리드 기하학 비유클리드 기하학-

2009년 8월 20일 1판1쇄 발행
2023년 6월 2일 1판6쇄 발행

저 자 윤갑진
발행자 오판근
발행처 교우사

주 소 서울특별시 동대문구 약령시로 8 교우빌딩 2층
전 화 925-2861~2, 편집부 / 925-2825, 홈쇼핑 / 969-5762
팩 스 070-7966-8610

E-mail kyowoo@kyowoo.co.kr
홈페이지 http://www.kyowoo.co.kr
북스토어(쇼핑몰) http://www.kyowoo.co.kr

등 록 1994. 3. 24 제6-0256호

ISBN 978-89-8172-810-6 (93410)
값 22,000원